21世纪高等学校网络空间安全专业系列教材

数字认证技术

◎ 朱岩 陈娥 编著

清華大學出版社
北京

内 容 简 介

作者以多年本科生与研究生教学实践为基础编写了教材《数字认证技术》。本书分为基础篇和高级篇两篇共 12 章，内容包括数字认证技术基础、代数与密码基础、认证理论基础、数据完整性验证、数字来源认证与数字签名、身份认证、多媒体认证、生物认证等，覆盖了网络空间安全专业本科生和研究生教学的主要知识点。

本书的特色是注重数字认证技术的系统性和培养学生安全协议设计能力。为了方便本科生直观地理解各种数字认证方案，本书有大量翔实的应用实例供其参考，并有相当数量的课后习题可供思考和练习。

本书可作为网络空间安全学科“数字认证技术”及相关课程的教材或参考书，也可作为应用型本科和成人高校相关专业的教材。

图书在版编目（CIP）数据

数字认证技术 / 朱岩, 陈娥编著. —北京：清华大学出版社，2022.6
21 世纪高等学校网络空间安全专业系列教材
ISBN 978-7-302-60416-7

Ⅰ. ①数… Ⅱ. ①朱… ②陈… Ⅲ. ①电子签名技术-高等学校-教材 Ⅳ. ①TN918.912

中国版本图书馆 CIP 数据核字(2022)第 050363 号

责任编辑：黄 芝
封面设计：刘 键
责任校对：李建庄
责任印制：朱雨萌

出版发行：清华大学出版社
网 址：http://www.tup.com.cn，http://www.wqbook.com
地 址：北京清华大学学研大厦 A 座 邮 编：100084
社 总 机：010-83470000 邮 购：010-62786544
投稿与读者服务：010-62776969，c-service@tup.tsinghua.edu.cn
质 量 反 馈：010-62772015，zhiliang@tup.tsinghua.edu.cn
课 件 下 载：http://www.tup.com.cn，010-83470236
印 装：三河市金元印装有限公司
经 销：全国新华书店
开 本：185mm×260mm 印 张：12.5 字 数：287 千字
版 次：2022 年 8 月第 1 版 印 次：2022 年 8 月第 1 次印刷
印 数：1~1500
定 价：59.80 元

产品编号：094999-01

前　言

网络空间安全是国家安全的重要基石之一。数字认证作为信息安全领域的一门重要理论与技术，在保障信息系统安全、互联网安全和数字经济安全等领域具有至关重要的应用价值和前景。在科学研究方面，近年来数字认证技术在理论和实践上也得到了长足进步，新理论、新方法不断涌现，其内涵和外延也得到了日益发展，在研究领域已经涵盖数据完整性验证、数据来源认证、数字签名、身份认证、多媒体认证、生物认证等诸多方面，在应用范围上也从传统的哈希（Hash）函数、消息认证码、数字签名发展到更大的范围、更加开放的公钥密码体制、身份标识管理、访问授权管理等综合认证体制，使得数字认证技术成为网络空间安全研究中的热门方向。

然而，数字认证技术作为“网络空间安全”学科的一门重要课程，多年来被附属于密码学课程中，尚缺少专门教材和著作以完整技术体系的方式阐述其原理、理论、方法及工程实践，导致学生无法及时系统化地掌握相关理论与技术，也不能获得最新进展和创新性成果。因此，编写适合未来网络安全发展需求并满足“网络空间安全”学科发展需要的数字认证技术专业教材，对加强网络安全学科建设和健全网络空间安全人才培养体系具有重要意义。

有鉴于此，本书作者在多年本科教学和研究生培养基础上，于 2014 年底启动了本书撰写的策划工作，并获得了北京科技大学教材项目（JC2014YB050）的资助。终于在 2016 年完成了本书的主体写作工作；此后，为了保证本书质量，作者进行了长期的修正，力求减少错误，最终于 2021 年完成全书校对工作。此外，本书内容也得到了多个国家自然科学基金课题（基金号 61170264、61472032、61628201、61972032）的有力支持。

作为一本网络空间安全专业的本科教材，本书取材新颖、阐述严谨、内容丰富、重点突出、推导简捷、思路清晰、深入浅出、富有启发性，全书分为基础篇和高级篇两篇，方便教学与自学。在内容选择上，本书不仅从更广视角展现了数字认证理论及其相关技术在当前和未来网络环境中的作用，更通过大量示例使抽象的数学构造变得生动直观，同时保证所涉及的概念、方法和技术的表述准确、明了，利于读者理解。

本书由中国密码学会安全协议委员会委员、北京科技大学朱岩教授和陈娥博士后编写。此外，北京科技大学计算机与通信工程学院的于汝云博士、博士研究生殷红建、郭光来、陆海、硕士研究生王迪、王静、宋晓旭等都不同程度地参与了本书撰写和校对工作。北京科技大学闵乐泉、北京大学冯荣权、哈尔滨工程大学杨永田、中国科学院信息工程研究所吕克伟、清华大学王道顺等专家认真地审阅了书稿，从科学谋篇到整体布局、从开篇绪论到内容细节等，提出了很多宝贵的意见。这里向他们及本书所列参考文献的作者们，以及为本书出版给予热心支持和帮助的朋友们表示衷心的感谢。

本书可作为本科院校信息安全或网络空间安全专业理工科相关课程的教材，也可作为计算机相关专业高年级本科生和理工科研究生“密码学”相关课程的参考用书。《数字认证技术》是网络空间安全学科教学改革的一个尝试，效果如何还有待实践的检验。希望广大师生和同仁在使用过程中能给作者以指教，进一步推进教学改革，促进网络空间安全人才培养与国家网络安全事业发展，培养更多卓越网络空间安全领域的人才。

朱岩　陈娥

2022 年 4 月

目录

基础篇

高 级 篇

基　础　篇

第1章 绪 论

学习目标与要求

1. 掌握数字认证的基本概念。
2. 掌握数字认证技术的内涵与分类。
3. 了解网络安全与科学网络安全观。

1.1 引 言

随着计算机和通信技术的发展，越来越多的计算机、移动设备、传感器通过计算机网络连接在一起，构成了一个庞大而复杂的互联网（Internet）系统。伴随着 Internet 在全世界范围内的迅速普及，信息技术在日常生活中得到了越来越广泛的应用，可以说现代社会已进入网络信息时代，网络信息化的影响无处不在，并成为人们生活、工作密不可分的部分。然而，伴随着网络的发展，网络安全问题也日益严重，例如：恶意程序、计算机病毒、木马程序、僵尸网络、零日漏洞等，这些问题在一定程度上影响了互联网的发展，也对网络经济、数字化社会等带来了巨大负面影响。

信息安全的作用是对信息系统的保密性、完整性和可用性等方面进行保护，其包括物理安全、网络系统安全、数据安全、信息内容安全和信息基础设施安全等。针对网络安全问题的威胁，各种信息安全技术和网络防范措施近年来也得到了长足的发展和广泛的应用，例如，数据加密技术、安全网关技术、入侵检测技术、恶意代码分析技术、漏洞扫描技术、访问控制技术等，这些技术为网络空间安全提供了强有力的保障。

数字认证（digital authentication）是一种极其重要的信息安全机制，它通过在计算机网络中核实目标对象所宣称的属性及其发送者或发送者身份的真实性等行为，能够为保证网上数字信息的共享安全建立一种信任验证机制。

数字认证技术是指以数字方式确认对象具有某一实体所宣称属性真实性的手段和方法。

具体而言，数字认证已发展成一门学科，它包括了对网络中所有实体，如人、设施、程序、链接、数据、信息流等进行正确性验证的理论与技术，其对保障信息系统安全的研究与实践具有重要意义。

1.2 信息系统概况

数字认证技术是一种随着信息安全技术与互联网发展及应用的实际需求而出现的新兴技术，与计算机及网络中的软硬件发展和时代需求密不可分。

首先，随着计算机和网络技术的迅猛发展，计算机硬件系统已经由专用计算机到通用计算系统、个人计算机、超级计算机，逐步演化为集簇计算（cluster computing）、网格计算（grid computing）、社会计算（social computing）、云计算（cloud computing）、边缘计算（edge computing）等等多种更加复杂的形式。从上述演化过程不难看出，计算机系统演化具有从小规模系统发展到大规模系统的特征，更具有规模加速扩张的趋势。特别是 Internet 与 4G/5G 无线技术的迅速普及和持续发展，信息系统中每台计算机都已成为整个互联网的分支节点，这种趋势可以用“网络就是计算机”来形容。

其次，为了与计算机硬件系统发展相适应，计算机软件模型与系统也经历了不断演化的过程。从早期面向过程模型、面向对象模型到并行计算（parallel computing）模型、分布计算（distributed computing）模型、中间件（middleware）模型、客户/服务器（Client/Server, C/S）架构、浏览器/服务器（Browser/Server, B/S）架构、在线社会网络（Online Social Network, OSN）架构，再到目前流行的服务计算（service computing）模型等。每次计算机体系结构的变革必然跟随着软件体系结构的进步，两者是相辅相成的。不难发现，当前的计算机软件系统呈现出应用范围日益扩大、数据流动性增强、服务全球化的特点，这种变革趋势成了未来信息系统发展的主要方向。

从上述信息系统演化过程不难发现，随着计算机软硬件体系的不断演化，信息系统的边界也日趋模糊，系统开放性显著增大，信息网络化和资源全球化趋势明显，也就更容易产生各种安全性问题。这一过程促使信息安全技术不断地发展与革新，以应对日益变化的网络环境和应用需求。例如，现代密码技术发展经历了对称密码、简单公钥密码、群组公钥密码、量子密码及后量子密码等阶段。再如，访问控制模型也已经由自主访问控制、强制访问控制、基于角色的访问控制（Role-Based Access Control, RBAC）发展到基于属性的访问控制（Attribute-Based Access Control, ABAC）。而数字认证技术作为一种主要的信息安全技术，其应用范围不断扩大，技术上也不断完善，例如，从采用对称密钥或简单公钥认证的线路级认证，到采用对称密钥或群组公钥认证的企业级 Kerberos 认证方案，再到采用公钥基础设施（Public Key Infrastructure, PKI）或复杂群组认证技术的全球化标识管理系统，整体趋向于专业化、复杂化。

1.3 信息安全与挑战

安全是一个抽象而内涵丰富的概念。安全问题无处不在，如食品安全、生产安全、交通安全等。通常我们泛指一切带来异常（非正常）行为且产生资产损失和秩序上混乱的事件为安全事件。安全是事物的一种属性，是事物应对异常情况时能够把影响限定在预期影响范围内的一种响应活动，通常这种预期影响范围的异常情况会产生某种负面效果，但却是事物可以承受的。或者说，安全是指对意外事件产生意料之中的结果。这一概念中的意外事件包括非人为偶发故障、人为失误或恶意破坏，并且这些事件通常能够产生不良效果，甚至带来人员伤害和经济损失。

信息安全则是指信息系统将各种意外情况所引发的安全事件控制在可控范围内或者预先进行必要的防护措施的工作，其涉及物理安全、网络系统安全、数据安全、信息内容安全和信息基础设施安全等。

信息安全是指信息系统的硬件、软件及数据资源受到保护，不受偶然或者恶意原因导致的破坏、更改、泄露，保障网络系统连续、可靠、正常地运行。

信息系统中一切有价值的资源共同构成了网络“资产”，网络攻击的目标就是非法获取网络“资产”。在网络中存在着大量资源，如硬件、软件和数据资源。硬件资源包括处理数据、存储数据和数据通信中的各种设备；软件资源包括操作系统和各种应用软件与服务；数据资源则包括网络中的文件、数据库、网络数据包等。为保障网络资产的安全，通常需要采取必要的安全措施和技术手段，使攻击者（也被称为敌手）破坏安全措施的攻击成本与被保护资产的价值成正比。

信息系统的攻击行为多种多样，但主要的表现形式包括两大类：被动攻击与主动攻击。被动攻击即网络窃听，是攻击者在不对网络环境进行任何修改的情况下采用观测方式获取有价值信息的行为，包括分析出信息内容和通信量分析等攻击方式，特点是非常难以检测，但易于防范。主动攻击指攻击者对某个连接中的协议数据单元进行各种更改、删除、迟延、复制、伪造等恶意行为，其通常可分为如下 4 类攻击方式：

篡改攻击： 攻击者在读取数据后对数据进行非法篡改，从而达到使接收者无法获得真实信息而使系统产生错误或故障的目的。

伪造攻击： 攻击者在了解通信协议的前提下伪造数据发给通信各方，导致通信各方的信息系统无法正常工作或者造成数据错误，这种攻击的攻击者通常并不依赖于先行获取的原始数据。

重放攻击： 攻击者在不了解网络协议格式或内容的情况下，通过对线路上数据进行窃听并将收到的数据再度发给接收方的方式，这将导致接收方的信息系统产生错误或混乱，进而无法正常工作。

阻断攻击： 攻击者在不破坏物理线路的前提下，通过干扰被攻击系统内（存储、计算、带宽等）资源的分配或耗尽系统内资源的方式，达到影响系统可用性的目的。

重放攻击可以针对加密信息进行，在无须解密数据情况下达到攻击目的。常见的阻断攻击是通过分布式拒绝服务（DDoS）攻击，发送垃圾报文堵塞网络和使之过载，或者建立大量无效链接使服务器过载，这一方式通常无法用技术手段防范。总之，主动攻击的特点是易于检测，但难以防范。

目前，人们研制了许多信息安全技术用于防范系统安全风险和抵抗各种攻击。总的说来，现代安全技术主要实现如下安全性要求或安全目标：

① 保密性（confidentiality）：保证非授权状态下无法获取信息；

② 完整性（integrity）：信息不能被改变、破坏和丢失，应保持原始状态；

③ 真实性（authenticity）：确保主体和客体正确地被标识；

④ 可用性（availability）：信息系统中资源可按要求被获取；

⑤ 可控性（controllability）：资源以指定的方式被访问；

⑥ 不可否认性（non-repudiation）：行为主体不能对其行为进行抵赖。

不同种类的攻击会危害到信息系统中的各个安全目标。例如，篡改攻击中攻击者通过对数据的篡改会破坏数据完整性和真实性；伪造攻击中攻击者所伪造的数据可能会破坏数据来源真实性；重放攻击可能并不危害通信保密性，但有可能破坏通信数据的真实性或不可否认性；阻断攻击则通常会破坏系统的可用性。

另一方面，在信息系统中实现上述安全目标是一个巨大而艰难的挑战。这种挑战的复杂性源于信息系统的复杂性、安全设计的困难，以及管理上的混乱等原因。导致信息系统不安全的根源通常包括：

网络通信的脆弱性： 网络通信是网络设备之间、网络设备与主机节点之间进行信息交换的保障，然而网络协议或通信系统的安全缺陷往往危及系统的整体安全。

操作系统的脆弱性： 目前的操作系统（如 Windows、MacOS、Linux）都存在着各种软件和服务漏洞，这些漏洞一旦被发现和利用都将对整个网络系统造成巨大的损失。

应用系统的脆弱性： 随着网络的普及，应用系统网络化和开放性的增强，应用系统存在的安全漏洞一旦被发现和利用都将可能导致数据被窃取或破坏，进而导致应用系统瘫痪，甚至威胁到整个网络的安全。

网络管理的脆弱性： 在网络管理中常常会出现安全意识淡薄、安全制度不健全、岗位职责混乱、审计不力、设备选型不当和人事管理漏洞等问题，这种人为造成的安全问题也会威胁到整个网络的安全。

就安全技术而言，在上述安全目标中的保密性通常可由密码加密技术加以保证，而数字认证技术则能够保障信息系统提供信息的完整性、真实性、不可否认性和可控性，

从而保证系统的可用性。因此，数字认证技术作为保障目前互联网安全的核心技术而越来越受到重视，也成为构建国家网络安全的核心技术。

1.4 数字认证的概念与内涵

“认证”在人们日常生活中就是指一种行为，用于确保通信中的实体是它所声称的实体。这里的实体范围较为广泛，包括人、设施、数据、通信等。例如，认证某一设备来源于某一公司，认证某一时间内某人在某处。不同的实体进行认证所采用的方法不同，导致认证方法和认证目的千差万别。例如，对于人这一主体的认证，可以认证他本人具有某种特有的生物特征或者某种行为特征；但是对于数据，我们可能只关心它是否被篡改（完整性）等。认证（authentication）通常是一个两方或多方之间的交互行为，如果认证行为不需要交互过程而采用单方方式，则它被称为验证（verification）。

就信息安全而言，“数字认证”是一种采用数字化手段确认数据或实体某一属性真实性的行为。这涉及确认某人或软件的真实身份并追查其起源，或者保证产品是其包装和标签所宣称的。广义上讲，数字认证也泛指在计算机系统或网络中可用于计算机程序来实现的认证技术。然而，与人相比较，由于计算机能力的局限性，对一些认证行为实现是较为困难的，例如，儿童很早就可以分清男女，但是用计算机来实现这一功能却很困难。另一方面，计算机进行识别也有一些优点，例如，人眼对图像差异的感知并不灵敏和准确，但是计算机程序却可以很容易察觉像素级别图像的不同。

按照认证的对象和目的，通常可将数字认证技术分为以下三类。

实体认证（entity authentication）：对信息系统使用者（实体）的身份进行确认的过程；

消息认证（message authentication）：对信息系统中的数据或通信中的消息来源进行认证；

数据完整性验证（data integrity verification）：确保数据没有被未经授权的或未知的手段修改。

在技术上，数字认证技术是一门多学科的综合性技术，包括密码学、信息隐藏、模式识别等理论和技术。针对数字认证的研究对象不同，需要采用的技术也不同，图 1.1给出了常见数字认证技术的分类。

例如，对于实体认证，可以考虑生物认证技术（如指纹、掌纹、声纹、步态识别等），但是在一些网络应用中，口令认证是最常见的形式，而密码协议实现的令牌认证等也为高安全应用提供了基础；对于消息认证而言，通常采用的是基于公钥密码的数字签名（digital signature）技术，但如果被验证数据允许被改动，则可以采用基于信息隐藏的数字水印（digital watermarking）或数字指纹（digital fingerprinting）技术[①]；对于完整性验证而言，不可改动文本的验证通常可通过密码哈希（Hash）函数实现，而图像等数据文档则可以采用脆弱水印等技术。

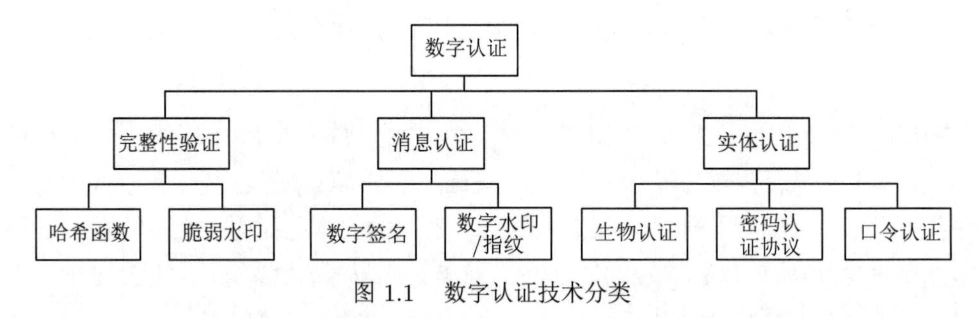

图 1.1　数字认证技术分类

为了方便读者快速理解和掌握数字认证技术中的专业词汇，表 1.1 给出了一些常见词汇的解释。

表 1.1　数字认证相关词汇解释（来源：应用密码学手册）

词　汇	解　释
数据完整性	确保数据没有被未经授权的或未知的手段所修改
实体认证	实体（例如，人、电脑终端、信用卡等）身份的佐证
消息认证	信息来源的佐证，也被称为数据来源认证
签名	一种将信息捆绑到实体上的方法
授权	正式批准去做或正式批准的东西被传输到另一个实体
凭证	由可信实体对信息的背书
时间戳	记录信息被创建或存活的时间

总之，数字认证是确认数据或实体（人、设备或软件等）某一属性真实性的行为。随着信息技术的发展和各种新型网络技术的不断涌现，数字认证的内涵、要求、技术领域和方法也在不断地被丰富，它在日常生活中扮演着越来越重要的角色。

1.5　科学网络安全观

面对日益严重的网络安全态势，一些不正确的安全观念极大地影响着网络整体安全性，所以需要辩证地、正确地理解安全这个概念，建立正确的网络安全观。

首先，人们经常碰到一个现象就是把安全当作一个抽象的概念，或者不加限定地谈论安全。例如，“某系统是安全的”。事实上，所有人必须认识到“没有抽象安全”这一事实，即安全是一个确定的概念，在谈及安全问题时必须加入限定安全的条件，特别是

① 数字水印与数字指纹的区别在于前者的所有作品拷贝所包含的版权信息是相同的，而后者每一个拷贝都隐藏有唯一性标识信息，因此这两者是不同的。

必须明确表述是针对何种攻击下的安全，例如，我们可以说某个加密方案是“针对密文攻击”下的安全，或者某个签名方案可达到“面向存在性伪造攻击”下的安全。

其次，安全性的获得是有代价的，安全是有等级的，即安全强度。通常衡量安全强度的方法是以敌手攻破安全措施所需要付出的代价（时间、设施成本、人力等）为依据的。在信息系统中受保护对象是有价值的财产，即安全的对象是资产。资产是有价的，保护资产所需采用的安全机制通常是与资产价值成正比的。对于一个有限价值的资产使用过强的安全强度也是不可取的。

此外，网络空间不是“法外之地”，要坚持依法治网、依法办网、依法上网，要让互联网在法治轨道上健康地运行。为了依法保障网络运行安全、数据安全、信息内容安全，我国已颁布实施了一系列信息与网络安全相关法律法规，包括作为网络安全基本法的《中华人民共和国网络安全法》、国家互联网信息办公室等 12 部门发布的《网络安全审查办法》，以及正在制定中的《中华人民共和国数据安全法（草案）》《中华人民共和国个人信息保护法（草案）》等。

密码是数字认证的主要支撑技术，也是保障网络与信息安全的核心技术和基础支持，其直接关系到国家的核心利益。2020 年 1 月 1 日起施行的《中华人民共和国密码法》（下称《密码法》）作为我国密码领域的第一部法律，勾勒出了我国密码法律制度的顶层设计和整体规划。首先，根据《密码法》法条定义，密码是指采用特定变换的方法对信息等进行加密保护与安全认证的技术、产品和服务，密码分为核心密码、普通密码和商用密码三级。其次，根据《保守国家秘密法》相关法条规定，国家秘密的密级分为绝密、机密、秘密三级。《密码法》规定，核心密码、普通密码本身即为国家秘密。核心密码用于保护国家绝密级、机密级、秘密级信息，普通密码用于保护国家机密级、秘密级信息，商用密码用于保护不属于国家秘密的信息。此外，《密码法》规定公民、法人和其他组织可以依法使用商用密码保护网络与信息安全。同时，国家鼓励和支持密码科学技术研究和应用，依法保护密码领域的知识产权，促进密码科学技术进步和创新。但是，任何组织或者个人不得利用密码从事危害国家安全、社会公共利益、他人合法权益的违法犯罪活动。

数字签名是目前使用最广的数字认证技术，它被广泛应用于各种电子商务、电子政务等活动中。作为数字签名的法律基础，2005 年 4 月 1 日起施行的《中华人民共和国电子签名法》（2015 年修订，下称《电子签名法》）从功能、效果的角度对电子签名进行了定义，即电子签名是指数据电文中以电子形式所含、所附用于识别签名人身份并表明签名人认可其中内容的数据。其中，数据电文是指以电子、光学、磁或者类似手段生成、发送、接收或者存储的信息。

在技术上，《电子签名法》规定了“可靠的电子签名与手写签名或者盖章具有同等的法律效力”，同时也规定了可靠的电子签名需具备以下四个特征：①专有性：电子签名制作数据用于电子签名时，属于电子签名人专有；②防篡改：签署后对电子签名、数据电文内容和形式的任何改动应能够被发现；③控制权：签署时电子签名制作数据仅由电子签名人控制；④完整性：签署后的数据电文以及电子签名应内容完整，无丢失或增添。此外，《电子签名法》还规定了电子签名实现方式的核心是基于 PKI 公钥密码技术的数字签名以及权威认证机构提供的可信时间戳。

1.6 数字认证历史与前景展望

当你真正认识某人时，只需看看他们就可以很容易地验证他们的身份。然而，随着社会变得越来越复杂，身份验证也变得更加复杂，人类不得不开发新的方法来鉴定他们不直接认识的人。人际关系依赖于信任，因而认证的历史可以被追溯到很久以前的第一个被公众信任的书面文档。早在人类形成部落的时候，人们就发现了在夜晚使用特定的声音或观察词来“验证”彼此的方法。在公元元年前后，古罗马士兵经常使用口令（watchwords）来进行敌我识别，也会采用戒指来标识军权。

中国古代采用认证技术也具有悠久的历史。例如，“口令”被用于认证已经有两千年历史，众所周知三国时期“鸡肋”的故事；采用印章和“证书认证”至少有两千多年历史；指纹也在中国古代被用于身份确认，当时人们以指纹或手印画押。

当认证被作为一门专业技术来研究和使用，就诞生了现代认证技术。在西方，1890 年以后警察逐渐将指纹作为辨认罪犯的方法之一。20 世纪 60 年代随着计算机技术的发展，美国联邦调查局和法国巴黎警察局等开始研究计算机指纹识别技术。20 世纪 90 年代用于个人身份鉴别的自动指纹识别系统被开发完成并推广应用。下面将以故事形式介绍现代数字认证技术的发展过程。

1.6.1 开端：口令认证

20 世纪 60 年代，计算机仍是一种巨大而昂贵的大型设备，它通常只在大学和大型企业中使用。由于它需要满足许多使用需求，故麻省理工学院开发了兼容分时操作系统（Compatible Time-Sharing System, CTSS），允许许多用户共享一台计算机中的算力资源。当用户通过终端访问这些集中的计算机，产生了文件系统共享的问题，因此麻省理工学院的研究员、CTSS 的先驱之一费尔南多・科巴特（Fernando Corbató）于 1961 年设计使用了口令技术来保护多用户分时系统上的用户文件隐私。

具有讽刺意味的是，另一位博士研究员艾伦・舍尔（Allan Scherr）也在短短一年后使用黑客技术攻击了 CTSS 中的口令系统。为了增加个人使用 CTSS 的时间权限，舍尔找到了文件的位置并获得了所有用户的口令。1966 年 CTSS 系统出现了一个明显的“错误”：它向所有登录该系统的用户显示了完整的口令文件。几年后，舍尔承认窃取了原始的主口令文件，并承认该“错误”是他将口令交给其他人的方法。不管怎么说，口

令是我们对计算机进行身份验证的第一种方法，只是它立即向业界展示了它自身存在的一些安全问题。

1.6.2 发展：Hash 技术

20 世纪 70 年代是数字认证技术发展的关键时期。贝尔实验室的研究员罗伯特·莫里斯（Robert Morris）创造了一种 UNIX 操作系统保护主口令文件的方法。他从 CTSS 密码泄露事件的教训中得出将口令存储在明文文件中是一个坏主意，因此他使用了一个被称为 Hash 函数的加密概念来存储密码，并保证计算机仍然可以在不必存储实际口令的情况下对其进行验证。这个想法很快被大多数其他操作系统所采用，并且受应用需求所驱使，由密码学家持续改进而不断发展。例如，当攻击者找到“强力”破解散列算法的方法时，业界开发了更强大的密码学散列函数；针对重放攻击，在散列口令系统中添加了新的随机性元素（称为 Salts），使散列值对某个认证过程更为独特。

20 世纪 70 年代另一个重要事件是公钥或非对称密码的发现。这一发现的基础是由惠特菲尔德·迪菲（Whitfield Diffie）和马丁·赫尔曼（Martin Hellman）提出的 DH 密钥交换技术，它可保证在不安全信道下实现安全密钥交换。以此研究为基础，三位著名的研究人员（Ron Rivest、Adi Shamir 和 Leonard Adleman）创建了流行的 RSA 非对称密钥算法，为进一步的数字认证技术研究奠定了理论基础。

简而言之，莫里斯在 20 世纪 70 年代开发了基于 Hash 的口令存储系统，使认证技术比以前更加安全。一个无关但具有讽刺意味的事实是，莫里斯也是 1988 年有史以来第一个创造计算机蠕虫的人。

1.6.3 成熟：一次性认证技术

20 世纪 80 年代之后，数字认证技术伴随着现代密码学的成长迅速走向成熟，包括：从 80 年代数字签名被提出，到各种类型签名方案被提出，如群签名、环签名、门限签名等；美国麻省理工学院开发的 Kerberos 系统；2006 年被提出的开放授权 OAuth 协议等。现代的数字认证技术已经不仅仅是小范围组织内的安全技术，而是演化为大系统下的综合性技术。为了解决这一问题，近年来身份管理（IDentity Management, IDM）系统被提出。它是指在一个广义的管理区域中，对该系统内的个人进行身份识别管理，通过授权或加以限制的方式来控制个人接近系统内部的资源。

如图 1.2 所示，身份管理系统中的实体（包括人和物）是由若干职务、身份或角色构成的，例如，某个人既是某个企业的研究人员，也是某大学的教授，那么他就有多种身份。而上述身份又可以被细分为若干身份属性，如前例中，作为研究人员，他可能是化学部的产品检查员；作为教授，他可能是生物系的副主任，等等。这种细致的刻画可以将信息系统中的实体予以清晰地表示，从而为人员、设备、资源访问控制和管理奠定基础。建立身份管理系统可以将大系统内的各种关系和行为进行有效、清晰地管理。

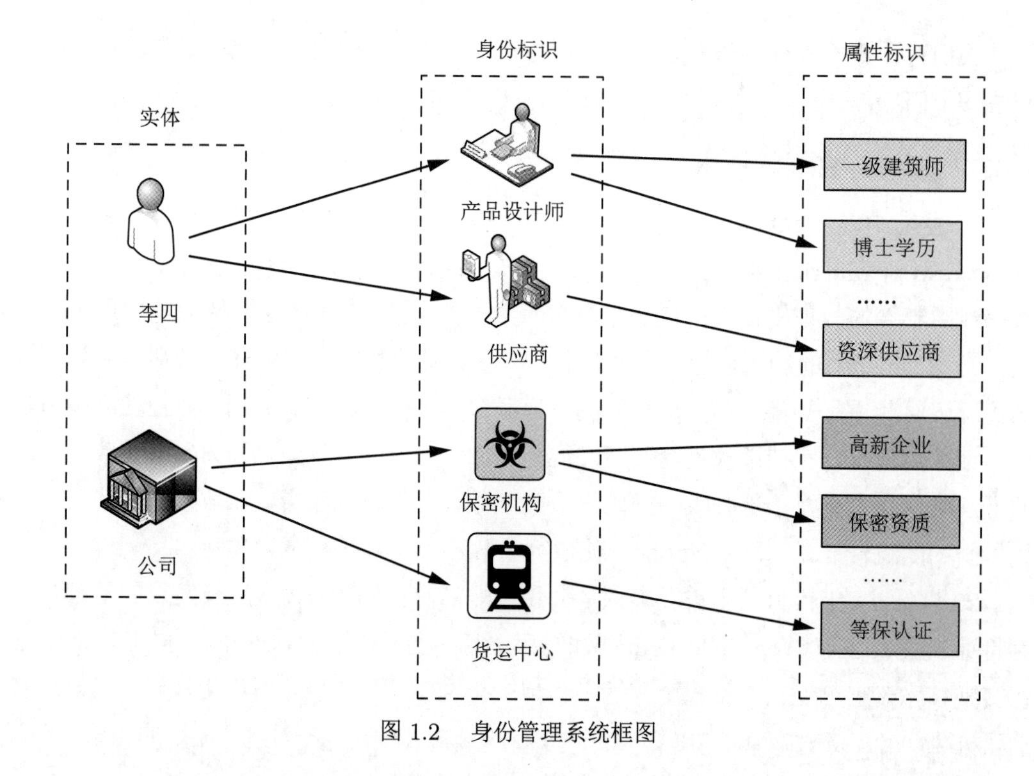

图 1.2　身份管理系统框图

1.6.4　展望：无处不在的认证

随着对数字认证技术研究的不断深入，数字认证技术正在成为一种社会工程。例如，为了实现网络交易和网上支付，网络银行、电子货币等已经被提出和广泛使用，这种网上支付需要数字认证技术完成全国范围乃至全球范围内的用户认证，与此配套的是全国范围内的用户可信度评估、用户购买的可信性分析等，这就要求我们在国家层面上建立一整套的数字认证技术体系。总之，学习数字认证技术必须树立大系统、大工程思想，而不应仅仅把它作为一种独立的安全技术。

1.7　小　　结

本章中，我们对数字认证技术的概念、内涵、分类、历史回顾、技术展望等进行了简单阐述。通过对本章的阅读，可以熟悉和掌握数字认证中的各种专业词汇的内容和定义，并建立正确安全观和全局观。

习　　题

1. “没有抽象的安全”应如何理解？
2. 安全的定义是什么？什么是网络安全？

3. 数字认证的内涵是什么？分类有哪些？

4. 简述信息系统安全所面临的安全风险与攻击类型，进而阐述安全要求。

5. 通过阅读了解我国网络安全相关法律、法规，阐述为什么法制建设是保证信息安全的基础。

6. 以学校为例，构建一个简单身份管理系统。

7. 简单讨论你身边的认证技术，并思考身份认证技术的未来。

第 2 章

代数与密码基础

学习目标与要求

1. 掌握群、环、域的概念。
2. 掌握费马小定理和欧拉定理。
3. 熟悉基本密码学问题。

2.1 引　　言

本章主要介绍一些基础数学知识，如基本符号、群、环、域等，以及在密码学中的一些基本困难问题和假设。

2.2 符号定义

令 $\mathbb{N}$ 表示自然数集合，$\mathbb{Z}$ 表示整数集合，$\mathbb{Z}_p$ 表示模 p 下的整数集合。$[1,k]$ 表示集合 $\{1,\cdots,k\}$，使用 $a=b \mod n$ 表示模同余，即，$a\equiv b \pmod{n}$。

令 A 表示一个算法，$A(\cdot)$ 和 $A(\cdot,\cdot)$ 分别表示具有一个输入和两个输入的情况。本书也用 $A(x)$ 表示一个（随机）算法 $A(\cdot)$ 在输入 x 时的输出分布。如果一个算法的输出概率分布能够集中到几个元素上，则称该算法是**可判定的**，例如，布尔逻辑中采用真（表示为 1）与假（表示为 0）作为输出元素。

本文采用 $x\leftarrow S$ 表示一个从概率分布 S 下采样得到元素 x 的实验。如果 $\mathcal{F}$ 是一个有限集，那么 $x\leftarrow \mathcal{F}$ 表示在集合 $\mathcal{F}$ 上的均匀采样实验。本文将采用逗号分隔构成一个实验的两个有序事件，例如，$x\leftarrow S,(y,z)\leftarrow A(x)$。

令符号 $\{(y,z):x\leftarrow S,(y,z)\leftarrow A(x)\}$ 表示在执行了两个有序事件 $x\leftarrow S$ 和 $(y,z)\leftarrow A(x)$ 后两个变量 y,z 的二元组集合。如果 $P(\cdot,\cdot)$ 用来表示二元谓词，那么

$$\Pr[P(y,z)=1:x\leftarrow S,(y,z)\leftarrow A(x)] \tag{2.1}$$

表示在执行了两个有序事件 $x\leftarrow S,(y,z)\leftarrow A(x)$ 之后，该谓词 $P(y,z)$ 为真时的概率。同时，我们遵循标准条件概率定义 $\Pr[A|B]$，表示 A 事件以事件 B 为条件。

2.3 群

群是最基本的代数结构，掌握群的结构和研究方法，就可以利用类似的方法了解其他对象的结构。群是一个对象集合，在这个集合中任意两个对象之间定义一种运算。设 G 是一个非空集合，从 $G \times G$ 到 G 的一个二元运算

$$\sigma : (a, b) \mapsto a \circ b \tag{2.2}$$

被称为集合 G 上的运算 $\circ$，或称集合 G 在运算 $\circ$ 下封闭。

定义 2.1（群） 非空集合 G 对于运算 $\circ$ 构成一个群，记为 $(G, \circ)$，如果运算 $\circ$ 满足条件：

① 封闭性：$\forall a, b \in G$，有 $a \circ b \in G$；

② 结合律：$\forall a, b, c \in G$，有 $a \circ (b \circ c) = (a \circ b) \circ c$；

③ 单位元：存在唯一的元素 $e \in G$，使得对 $\forall a \in G$，均有 $a \circ e = e \circ a$，则元素 e 被称为单位元；

④ 逆元：$\forall a \in G$，存在 $a^{-1} \in G$，使得 $a \circ a^{-1} = a^{-1} \circ a = e$。

在不引起混淆的情况下通常省略运算符 $\circ$，用 G 表示一个群。

定义 2.2（阿贝尔群） 若群 $(G, \circ)$ 满足交换律，即对 $\forall a, b \in G$，有 $a \circ b = b \circ a$，则称 $(G, \circ)$ 为阿贝尔群或可换群。

一般群中的运算用乘法 $\circ$ 表示，即用 ab 来表示 $a \circ b$。在群中交换律未必成立，即设 $a, b \in G$，ab 和 ba 不一定相等。

设 G 是一个群，H 是群 G 的一个非空子集。若 H 关于 G 的运算也构成群，则称 H 为群 G 的一个子群。

定义 2.3 设 G 是一个群，H 是群 G 的一个子群。对 $\forall a \in G$，则群 G 的子集

$$aH = \{ah | h \in H\}, \quad Ha = \{ha | h \in H\} \tag{2.3}$$

分别被称为 H 在 G 中的左陪集和右陪集。

当 G 是可换群时，子群 H 的左、右陪集是相等的。

定义 2.4 设 G 为群，则乘法运算具有以下性质：

① G 中元素 c 满足 $c^2 = c$，当且仅当 $c = e$；

② G 中任意有限个元素 $a_1, a_2, \cdots, a_k$ 连乘只计先后次序，不计括号。对 $\forall a \in G$，记 a^i 为 i 个 a 连乘，其中，i 为正整数。规定 $a^0 = e$；当 i 为负整数时，定义 $a^i = (a^{-1})^{-i}$；并且有

$$a^i \cdot a^j = a^{i+j}, \forall i, j \in \mathbb{Z} \tag{2.4}$$

设 G 为群，在其中任意选取一个元素 a，则有 $a^{-1} \in G$，于是有无穷序列

$$\cdots, a^{-k}, \cdots, a^{-1}, a^0 = e, a, a^2, \cdots, a^k, \cdots \tag{2.5}$$

构成 G 的子集合，记作 $\langle a \rangle$。$\langle a \rangle$ 在 G 的乘法下构成的群，被称为以 a 为生成元的循环群，简称为循环群。

定义 2.5（循环群和群的生成元） 对群 G，如果存在一个元素 $a \in G$，那么对 $\forall b \in G$，都存在一个整数 $i \geqslant 0$，使得 $b = a^i$, 则群 G 就被称为循环群，元素 a 被称为 G 的一个生成元，G 也被称为由 a 生成的群，由 $\langle a \rangle$ 表示。

定义 2.6（群的阶） 群 G 的元素个数称为 G 的阶，记为 $|G|$。

定义 2.7（有限群和无限群） 如果集合 G 中的元素个数是有限的，即 $|G| < \infty$，那么群 G 就称为有限群，否则 G 称为无限群。

所有整数构成的集合记作 $\mathbb{Z}$，有理数构成的集合记作 $\mathbb{Q}$，所有实数构成集合记作 $\mathbb{R}$，故 $\mathbb{Z} \subset \mathbb{Q} \subset \mathbb{R}$。

2.4 同 余 类

考虑所有整数构成的集合 $\mathbb{Z}$，给定一个正整数 n，在 $\mathbb{Z}$ 中引入关系：对于 $\forall a, b \in \mathbb{Z}$，如果 $n|(a-b)$，则称 a 和 b 模同余，即它们用 n 除后，余数相同，记作

$$a \equiv b \pmod n \tag{2.6}$$

注意，本书在 $=$ 和 $\equiv$ 不引起混淆的情况下将不对两者进行区分。不难验证“同余是一种等价关系”，即同余关系满足以下 3 个性质：

① 反身性：对 $\forall a \in \mathbb{Z}$，有 $a \equiv a \pmod n$；

② 对称性：若 $a \equiv b \pmod n$，则 $b \equiv a \pmod n$；

③ 传递性：若 $a \equiv b \pmod n$，且 $b \equiv c \pmod n$，则 $a \equiv c \pmod n$。

同余将 $\mathbb{Z}$ 分成若干等价类，若每个等价类中的元素被 n 除后余数相同，则其被称为**同余类**。

对 $\forall m \in \mathbb{Z}$，用 n 除 m 得 $m = qn + r$，其中余数 $r \in \{0, 1, \cdots, n-1\}$，记作

$$C_r = \{m \in \mathbb{Z} | m \equiv r \pmod n\}, \forall r \in \{0, 1, \cdots, n-1\} \tag{2.7}$$

由上可知，在模 n 情况下，$\mathbb{Z}$ 共有 n 个同余类 $C_0, C_1, \cdots, C_{n-1}$，因此，它们构成了整数集合 $\mathbb{Z}$ 的商集合（表示为 $\mathbb{Z}/n\mathbb{Z}$ 或 $\mathbb{Z}_n$），即

$$\mathbb{Z}_n = \{C_0, C_1, \cdots, C_{n-1}\} \tag{2.8}$$

下面将在上述商集合上定义加法和乘法操作如下：

$$C_i + C_j = C_{i+j} \pmod n, \qquad C_i \cdot C_j = C_{i \cdot j} \pmod n \tag{2.9}$$

因此，商集合 $\mathbb{Z}_n$ 在加法下构成 n 阶交换群。令

$$\mathbb{Z}_n^* = \mathbb{Z}_n - \{C_0\} = \{C_1, C_2, \cdots, C_{n-1}\} \tag{2.10}$$

那么，当且仅当 n 为素数时，$\mathbb{Z}_n^*$ 在乘法下构成群。读者可举例加以研究。

通常，若 n 为素数，改记 n 为 p，于是便有

$$\mathbb{Z}_p = \{C_0, C_1, \cdots, C_{p-1}\}, \qquad \mathbb{Z}_p^* = \mathbb{Z}_p \setminus \{C_0\} \tag{2.11}$$

如果群 G 中任何子集 H 也构成群，那么它被称为 G 的子群。G 关于子群 H 的所有不同左陪集的个数被称为子群 H 的指数，记作 $[G:H]$。

定理 2.1（拉格朗日定理）　设 H 为有限群 G 的子群，则 $|G| = [G:H]|H|$。

拉格朗日定理是有限群论中的第一个计数定理，非常有用。令 $d = [G:H]$，可以得到如下关系：

① 给定任意子群 H，如果 $a^{-1}b \in H$，可诱导出等价关系：$a \simeq b$；

② 在等价关系 $\simeq$ 下，以 a 为代表元的等价类为 $aH = \{ah | \forall h \in H\}$；

③ 存在关于等价关系 $\simeq$ 的代表元集 $\{g_1, g_2, \cdots, g_d\}$，于是 $G = \bigcup\limits_{i=1}^{d} g_i H$。

关系 3 表明两两不同的等价类共有 d 个，由拉格朗日定理可知 $|G| = d|H|$。

例如，给定素数 p，令 $H_0 = \{m \in \mathbb{Z} | m \equiv 0 \pmod p\} = \{\cdots, -2p, -p, 0, p, 2p, \cdots\}$，则由它构成的加法等价类为 $k+H = \{k+m \in \mathbb{Z} | m \equiv 0 \pmod p\} = \{\cdots, -2p+k, -p+k, k, p+k, 2p+k, \cdots\}$。由于同一等价类中元素的等价性，因此可以使用代表元给出如下简化定义：

$$\mathbb{Z}_p = \{0, 1, 2, \cdots, p-1\}, \qquad \mathbb{Z}_p^* = \{1, 2, \cdots, p-1\}$$

2.5　阶和费马小定理

给定任意群 G 中的元素 g，使得 $g^m = e$ 的最小正整数 m 被称为元素 g 的阶，记作 $|g| = m$ 或者 $ord(g) = m$，即

$$|g| = \min_{m, m>0} \{g^m = e\} \tag{2.12}$$

如果不存在正整数 m，使得 $g^m = e$，则可称元素 g 的阶为无限的，即 $|g| = \infty$，此时称 g 为无限元。

定理 2.2　设 G 为有限群，且 $|G| = n$，任取 G 中元素 g，则 $|g| \mid n$。

证明 由 G 为有限群可知，G 中元素 g 的阶为有限阶，设 $|g|=m$。构造群 G 的子集为

$$\langle g\rangle=\{g,g^2,\cdots,g^{m-1},g^m=e\}$$

可知该集合中任意元素不相同。任意两个元素的乘积仍然在 $\langle g\rangle$ 中，所以 $\langle g\rangle$ 为有限群 G 的子群，由拉格朗日定理可知

$$n=|G|=[G:\langle g\rangle]|\langle g\rangle|=[G:\langle g\rangle]m=[G:\langle g\rangle]|g|$$

因此，可由 $|g||n$，问题得证。

定理 2.3（费马小定理） 若 p 为素数，a 是正整数且不能被 p 整除，则

$$a^{p-1}\equiv 1 \pmod p \tag{2.13}$$

其中，a 是正整数且不能被 p 整除意味着 $a\neq 1$ 且 a 不是 p 的倍数。

这一定理表明在群 $\mathbb{Z}_p$ 下元素的阶为 $p-1$ 的一个分解因子。例如，在表 2.1中给出了 $2^i \pmod{19}$ 的值，可以由 $\mathbb{Z}_{19}^*$ 看出 $|2|=18$。但是对于 $5^i \pmod{19}$，如表 2.2所示，其阶数为 $|5|=9$。事实上，阶数可以为 $p-1$ 的任何一个分解因子，如表 2.3 所示。

表 2.1 2^i mod 19 的值

$2=2$	$2^2=4$	$2^3=8$	$2^4=16$	$2^5=13$
$2^6=7$	$2^7=14$	$2^8=9$	$2^9=18$	$2^{10}=17$
$2^{11}=15$	$2^{12}=11$	$2^{13}=3$	$2^{14}=6$	$2^{15}=12$
$2^{16}=5$	$2^{17}=10$	$2^{18}=1$		

表 2.2 5^i mod 19 的值

$5^1=5$	$5^2=6$	$5^3=11$	$5^4=17$	$5^5=9$
$5^6=7$	$5^7=16$	$5^8=4$	$5^9=1$	$5^{10}=5$
$5^{11}=6$	$5^{12}=11$	$5^{13}=17$	$5^{14}=9$	$5^{15}=7$
$5^{16}=16$	$5^{17}=4$	$5^{18}=1$		

表 2.3 在 $\mathbb{Z}_{19}^*$ 下不同元素阶的值

$ord(1)=1$	$ord(2)=18$	$ord(3)=18$	$ord(4)=9$	$ord(5)=9$
$ord(6)=9$	$ord(7)=3$	$ord(8)=6$	$ord(9)=9$	$ord(10)=18$
$ord(11)=3$	$ord(12)=6$	$ord(13)=18$	$ord(14)=18$	$ord(15)=18$
$ord(16)=9$	$ord(17)=9$	$ord(18)=2$		

费马定理的另一种经常使用的形式由下面推论给出：

定理 2.4（费马小定理 2）　若 p 为素数，a 是任意正整数，则

$$a^p \equiv a \pmod p \tag{2.14}$$

注意，定理的第一种形式要求 a 和 p 互素，但是第二个定理没有这种要求。例如，当 $p=5$ 和 $a=10$ 时，则有 $a^p=0 \pmod 5$。

2.6　欧拉定理

定义 2.8（欧拉定理）　给定正整数 n，不超过 n 且和 n 互素的正整数个数记作 $\varphi(n)$，其被称为欧拉函数。

因此，$\varphi(1)=\varphi(2)=1$，$\varphi(3)=\varphi(4)=2$。

欧拉定理在代数中也是极为重要的计数定理，此处可以将其表示为

$$\varphi(n)=\sum_{\gcd(a,n)=1,1\leqslant a\leqslant n} 1 \tag{2.15}$$

下面给出欧拉函数的性质和计算公式。

定理 2.5　欧拉函数 $\varphi(n)$ 有下面性质：

① 对任意正整数 n，$n=\sum_{d|n}\varphi(d)$；

② 若正整数 n 和 m 互素，则有乘积性质

$$\varphi(nm)=\varphi(n)\varphi(m) \tag{2.16}$$

③ 设正整数 $n>1$ 的因子分解为 $n=p_1^{e_1}p_2^{e_2}\cdots p_s^{e_s}$，其中，$p_1,p_2,\cdots,p_s$ 为互不相同的素数，$e_1,e_2,\cdots,e_s$ 为正整数，则

$$\varphi(n)=n\left(1-\frac{1}{p_1}\right)\left(1-\frac{1}{p_2}\right)\cdots\left(1-\frac{1}{p_s}\right) \tag{2.17}$$

例如，在 RSA 密码体制中，令合数 $N=pq$，其中，p,q 为大素数。则 N 的欧拉函数为 $\varphi(N)=\varphi(p)\varphi(q)=(p-1)(q-1)$。

再如，在 Paillier 密码体制中，同样令 $N=pq$，其中，p,q 为大素数。那么 N^2 的欧拉函数为 $\varphi(N^2)=\varphi(p^2q^2)=\varphi(p^2)\varphi(q^2)=pq(p-1)(q-1)=N\varphi(N)$。

欧拉函数的一种重要应用是下面欧拉定理：

定理 2.6（欧拉定理）　对任意互素的整数 a 和 n，则

$$a^{\varphi(n)} \equiv 1 \pmod n \tag{2.18}$$

欧拉定理是对费马小定理的一个推广，它不要求 n 为素数，但是仍然要求 a 与 n 互素。这一定理在分析 RSA 密码体制和相关构造时非常有用，例如，在乘法群 $\mathbb{Z}_N^*$ 中，显然存在与 N 互素的整数 a，有 $a^{\varphi(N)}\equiv 1 \pmod N$；在乘法群 $\mathbb{Z}_{N^2}^*$ 中，显然存在与 N 互素的整数 a，有 $a^{N\varphi(N)}\equiv 1 \pmod {N^2}$。

2.7 环　和　域

定义 2.9　一个非空集合 R 被称为环，在 R 上定义两个二元运算加法（+）和乘法（·），它们满足如下性质：

① R 在加法下是一个阿贝尔群，加法单位元记作 0（称为零元）；

② R 在乘法下满足封闭性和结合律；

③ R 中乘法对加法的左右分配律成立，即对任意的 $a,b,c\in R$，有

$$a\cdot(b+c)=a\cdot b+a\cdot c,\qquad (b+c)\cdot a=b\cdot a+c\cdot a \tag{2.19}$$

环也被记作 $(R,+,\cdot)$，通常情况下用 R 表示环。若 · 满足交换律，即 $\forall a,b\in R$，有 $a\cdot b=b\cdot a$，则 $(R,+,\cdot)$ 为可交换环。若环 R 中存在元素 e，使对 $\forall a\in R$，有 $a\cdot e=e\cdot a=a$，则称 R 是一个有单位元的环，并称 e 为 R 的乘法单位元，记作 1（称作乘法单位元）。

下面介绍一个重要概念——有限域。

定义 2.10　设 F 是有单位元的交换环，且 F 中每个非零元都在乘法运算下可逆，则可称 F 是一个域。

有限域在密码学中和密码协议中有着广泛的应用。在公钥密码学中，Diffie 和 Hellman 的开创性工作和 Diffie-Hellman 密钥交换协议，以及 GDHE 假设最初都是在特殊形式的有限域中提出来的。一些新的密码体制，例如高级加密标准、XTR 密码体制都是在更一般形式的有限域上实现的。有限域也是椭圆曲线的基础。

定义 2.11（有限域）　给定域 $(F,+,\cdot)$，如果域 F 中元素个数有限，则称 $(F,+,\cdot)$ 为有限域。

定义 2.12（素数阶的有限域）　令 p 为任意素数，则 $\mathbb{Z}_p$（整数模 p）是一个 p 阶有限域（即含有 p 个元素），记为 F_p，其中，域运算为模 p 加法和模 p 乘法。

事实上，$\mathbb{Z}_p$ 是一个加法环，$\mathbb{Z}_p$ 的非零元（记为 $\mathbb{Z}_p^*$）构成一个乘法群。

2.8 中国剩余定理

中国剩余定理是数论中最为有用的定理之一。

定理 2.7（中国剩余定理）　令 $m_1,m_2,\cdots,m_s$ 为两两互素的正整数（$\gcd(m_i,m_j)=1$ 对任何 $i\neq j$）。那么 s 个同余方程

$$\begin{cases} x \equiv a_1 \pmod{m_1} \\ x \equiv a_2 \pmod{m_2} \\ \quad\vdots \qquad\qquad \vdots \\ x \equiv a_s \pmod{m_s} \end{cases} \tag{2.20}$$

在模 M 下存在唯一解 x，其中，$M = m_1 \cdot m_2 \cdot \cdots \cdot m_s$。

中国剩余定理可以通过下面的孙子定理进行求解。

定理 2.8（孙子定理）　对所有 $i = 1, \cdots, s$，计算

$$\begin{cases} b_i = M/m_i \\ b_i' \equiv b_i^{-1} \pmod{m_i} \end{cases} \tag{2.21}$$

那么，可计算

$$x \equiv \sum_{i=1}^{s} a_i b_i b_i' \pmod{M} \tag{2.22}$$

证明　根据等式 (2.22)，令 $c_i \equiv a_i b_i b_i' \pmod{M}$，则可得到如下等式：

$$c_i = a_i b_i b_i' \equiv a_i \pmod{m_j} \quad \text{for } i = j \tag{2.23}$$

$$c_i = a_i b_i b_i' \equiv 0 \pmod{m_j} \quad \text{for } i \leqslant j \tag{2.24}$$

显然 $x \pmod{m_j} \equiv \sum_{i=1}^{s} (c_i \mod m_j) \equiv a_i \pmod{m_j}$，因此满足原线性同余方程组，问题得证。

例如，假定 $s = 3, (m_1, m_2, m_3) = (7, 11, 13)$。那么可知 $M = 1001$，同时，$(b_1, b_2, b_3) = (143, 91, 77)$，再根据扩展欧几里得算法 (extended Euclidean algorithm) 可计算各元素逆元为 $(b_1', b_2', b_3') = (5, 4, 12)$。由此，可得如下方程：

$$x = 715a_1 + 364a_2 + 924a_3 \pmod{1001}$$

当 $x \equiv 5 \pmod{7}$，$x \equiv 3 \pmod{11}$ 和 $x \equiv 10 \pmod{13}$ 时，可以恢复 x 为

$$x = 715 * 5 + 364 * 3 + 924 * 10 = 13907 \equiv 894 \pmod{1001}$$

定理 2.9　对任意整数 n，当分解 n 为素数乘积形式 $n = p_1^{k_1} \cdots p_s^{k_s}$，那么采用中国剩余定理可得

$$\mathbb{Z}_n = \mathbb{Z}_{p_1^{k_1}} \times \cdots \times \mathbb{Z}_{p_s^{k_s}} \tag{2.25}$$

上述定理表示了一种同构关系，也就是任意一个在 $\mathbb{Z}_n$ 中的 x 可表示为在 $\mathbb{Z}_{p_1^{k_1}} \times \cdots \times \mathbb{Z}_{p_s^{k_s}}$ 上的一个 s 元组 $(a_1, a_2, \cdots, a_s)$。同时，上述定理意味着在 $\mathbb{Z}_n$ 上的运算等价于对应的 s 元组上的运算，即在笛卡儿积的每个分量上独立地执行运算。例如，有两个等价关系如下：

$$x \leftrightarrow (a_1, a_2, \cdots, a_s)$$

$$y \leftrightarrow (b_1, b_2, \cdots, b_s)$$

那么，由于 $\mathbb{Z}_n$ 为环，故可有相应的加法和乘法运算如下：

$$x + y \leftrightarrow (a_1 + b_1, a_2 + b_2, \cdots, a_s + b_s)$$

$$x \cdot y \leftrightarrow (a_1 \cdot b_1, a_2 \cdot b_2, \cdots, a_s \cdot b_s)$$

2.9 生 日 攻 击

生日攻击这个术语来自于所谓的生日问题，在一个教室中最少应有多少学生才使得至少有两个学生的生日在同一天的概率不小于 1/2？这个问题的答案为 23。

生日攻击的概率可以被理解为密码学 Hash 函数的碰撞概率，根据组合原理，有以下定理：

定理 2.10 给定函数 $f(\cdot)$，令其值域空间大小为 n，那么对于 $m=\sqrt{2n\ln\left(\frac{1}{1-\varepsilon}\right)}$ 次采样，使得任意不同的 $x_i \neq x_j$，且 $f(x_i) = f(x_j)$ 的发生概率为 ε。

证明 $\Pr[n, m]$ 表示任意两个采样发生碰撞的概率。该概率可以理解为往 n 个盒子随机投 m 个球，然后检查是否有某个箱子中装了至少两个球的概率如下：

$$\begin{aligned}\Pr[n,m] &= 1 - \left(\frac{n}{n}\frac{n-1}{n}\cdots\frac{n-(m-1)}{n}\right)\\ &= 1 - \left(1-\frac{1}{n}\right)\left(1-\frac{2}{n}\right)\cdots\left(1-\frac{m-1}{n}\right)\\ &> 1 - (\mathrm{e}^{-1/n}\mathrm{e}^{-2/n}\cdots\mathrm{e}^{-(m-1)/n})\\ &= 1 - \mathrm{e}^{-m(m-1)/2n} \approx 1 - \mathrm{e}^{-m^2/2n}\end{aligned}$$

令 $\Pr[n, m]$ 表示为 ε，则可得到的 m 的大小约为

$$m \approx \sqrt{2n\ln\left(\frac{1}{1-\varepsilon}\right)} \tag{2.26}$$

因此，问题得证。

例如，当 $n = 365$ 时，令两个学生同一天生日的概率为 1/2，那么只需要班级人数至少为 $m \approx \sqrt{2 * 365\ln 2} \approx 23$，这远远低于普通人的直觉。

在分析密码系统中的碰撞概率时，假设碰撞概率为 1/2，那么将有 $m \approx 1.1774\sqrt{n} \approx \sqrt{n}$。因此，可以认为强力破解下的安全强度为函数输出空间开平方。当用 κ 表示安全强度，并且令 $n = 2^{\kappa}$，则 $m \approx 2^{\kappa/2}$，也就是强力碰撞下，安全强度减少一半。

2.10 计算复杂性

一个算法的复杂性由该算法所需求的最大时间 (T) 和存储空间 (S) 来度量。由于算法用于同一问题的不同规模实例所需求的时间和空间往往不同，所以总是可以

将它们表示成问题实例的规模 n 的函数，其中，n 表示描述该实例所需的输入数据长度。

一个算法的复杂性通常用称为“大 O”的符号来表示，它表示了算法复杂性的数量级。其定义如下：

定义 2.13　$f(n)=O(g(n))$ 意味着存在一个常数 c 和 n_0, 使得对一切 $n\geqslant n_0$，有 $f(n)\leqslant cg(n)$，即

$$O(g(n))=\{f(n):\exists c>0,\exists n_0,\text{s.t. }\ \forall n\geqslant n_0,0\leqslant f(n)\leqslant cg(n)\} \tag{2.27}$$

例如，假定 $f(n)=17n+10$，则 $f(n)=O(n)$，因为取 $g(n)=n$，$c=18$，$n_0=10$ 时，当 $n\geqslant n_0$ 时，有 $f(n)\leqslant cg(n)$。

若 $f(n)$ 是 n 的一个 t 次多项式，即 $f(n)=a_tn^t+a_{t-1}n^{t-1}+\cdots+a_1n+a_0$，其中，$t$ 为常数。此时，该多项式表示为 $f(n)=O(n^t)$，即所有常数和低阶项都可忽略不计。

用数量级来度量一个算法的时间和空间复杂性，其优点在于它与所用的处理系统无关，因此它不需要知道不同指令的确切运行时间，不需要知道用于表示不同类型的数据所用的比特数，甚至连处理器的速度也不必知道。同时，它又能体现出时间和空间的需求是怎样被输入数据的长度所影响。例如，如果 $T=O(n)$，那么输入长度加倍，算法的运行时间也加倍。如果 $T=O(2^n)$，那么输入长度增加 1 比特，算法的运行时间加倍。

算法通常按时间（或空间）复杂性来分类。多项式时间算法（polynomial time algorithm）是指时间复杂性为 $O(n^t)$ 的算法，其中，t 为常数，n 是输入数据长度。若 $t=0$，就称它是常量的；若 $t=1$，就称它是线性（linear）的；若 $t=2$，就称它是二次（quadratic）的；等等。

指数时间算法（exponential time algorithm）是指时间复杂性为 $O(t^{h(n)})$ 的算法，其中 t 为常量，$h(n)$ 是一个多项式，当 $h(n)$ 大于常数而低于线性函数时，诸如时间复杂度为 $O(n^{\log_2 n})$，$O(\mathrm{e}^{\sqrt{n\ln n}})$ 的算法，被称为超多项式时间算法（super-polynomial time algorithm）。

当 n 很大时，不同类型的算法的复杂性可能会差别极大。例如，考察每微秒 (μs) 能执行一条指令，即每秒 10^6 条指令，或每天 8.64×10^{10} 条指令的机器。表 2.4给出了不同类型的算法在 $n=10^6$ 时的运行时间。当 $O(n^3)$ 时，在多处理器的并行机上执行算法在普通计算机上就变得不可行了。然而，可以设想采用一百万个处理器的机器就可在大约 11.6 天内完成计算。

进一步来说，一个算法用于某个问题的具有相同规模 n 的不同实例，其时间和空间需求也可能会有很大差异，所以有时需要研究其平均时间复杂性函数 $\bar{T}(n)$ 和平均空间复杂性函数 $\bar{S}(n)$，它们分别表示这种算法解规模为 n 的该问题的所有实例的时间和

空间需求的平均值。

表 2.4　不同复杂度算法运行时间比较

多项式类别	复　杂　性	$n=10^6$ 时的运算次数	实 际 时 间
常数	$O(1)$	1	1μs
线性	$O(n)$	10^6	1s
二次	$O(n^2)$	10^{12}	11.6 天
三次	$O(n^3)$	10^{18}	32000 年
指数	$O(2^n)$	$10^{301,030}$	约 $3\times10^{301,016}$ 年

2.11　密码基础问题及假设

在本书基本篇中，所有的密码学构造都是建立在 RSA 和 ElGamal（基于离散对数问题）密码体制基础上的。上述公钥密码体制实现了可证明的安全，也就是能将密码系统的安全规约到某个特定困难问题的求解困难假设下，这意味着对密码系统的破译对应着困难问题的求解。

首先，介绍一个基本概念：单向函数（One-Way Function，OWF），它是密码学构造的基础，在密码学中起到基石性的地位。

定义 2.14（单向函数）　一个函数 $f:\{0,1\}^l\rightarrow\{0,1\}^k$ 被称为密码学 Hash 函数，如果它满足下面属性：

① **前向容易**：给定 x，可在多项式时间内计算 $y\leftarrow f(x)$；

② **反向困难**：已知 y，找出 x，使得 $f(x)=y$ 是困难的。

单向函数分为两类：强单向函数（strong OWF）与弱单向函数（weak OWF），两者之间的区别在于反向困难的程度。

① **强单向性**：对任何多项式时间敌手 A 找出 x 的成功概率 ε 是可忽略的：

$$\Pr[f(A(1^l,y))=y]\leqslant\varepsilon(l) \tag{2.28}$$

② **弱单向性**：对任何多项式时间敌手 A 找出 x 的失败概率 ε' 是不可忽略的：

$$\Pr[f(A(1^l,y))\neq y]>\varepsilon'(l) \tag{2.29}$$

这里，ε 和 ε' 是与函数输入长度相关的函数。需要说明的是，一般所谓的单向函数是指强单向函数，但可证明存在将弱单向函数转换为强单向函数的方法。

为了便于理解，现将常见困难问题定义如下：

定义 2.15（RSA 问题）　设 $N=p\cdot q$ 是两个相同规模的大素数的乘积，e 是与 $\varphi(N)$ 互素的整数。对给定的 $y\in\mathbb{Z}_N$，计算 y 的模 e 次根 x，即满足下面等式的 $x\in\mathbb{Z}_N$：

$$x^e\equiv y \bmod n \tag{2.30}$$

定义 2.16（RSA 假设） 对任何两个足够大的素数的乘积 $N = p \cdot q$，RSA 问题是难解的，且可能和分解 N 一样困难。

令 n 为正整数，$QR_n = \{y|\exists x, y \equiv x^2 \pmod{n}\}$ 被称为模 n 平方剩余类，它的补集 $QNR_n = \mathbb{Z}_n \setminus QR_n$ 被称为模 n 非平方剩余类。当 $N = p \cdot q$ 为 RSA 中的大整数时，可以证明下面计算平方剩余问题（quadratic residue problem）与 RSA 的大整数分解假设等价。

定义 2.17（计算平方剩余问题） 设 $N = p \cdot q$ 是两个相同规模的大素数的乘积，且 $p, q \equiv 3 \pmod{4}$，对给定的 $y \in QR_N$，计算 y 的平方根 x，使得 $y \equiv x^2 \pmod{N}$。

在上述问题中，平方根的数目是 4 个，但当 $p, q \equiv 1 \pmod{4}$ 时不知道是否存在确定性算法能够计算模 p, q 下二次剩余的平方根。

定义 2.18（判定平方剩余问题） 设 $N = p \cdot q$ 是两个相同规模的大素数的乘积，对给定的 $y \in \mathbb{Z}_N$，判定是否 $y \in QR_N$。

在本书密码构造中采用的另一类困难问题是建立在离散对数（Discrete Logarithm, DL）问题基础上的。

定义 2.19（离散对数问题） 设 G 是一个阶为 p 的乘法循环群，g 是 G 的生成元，给定 $h \in \langle g \rangle$，计算 x，使得 $h = g^x$。

基于离散对数问题能够派生出一系列的困难问题，最常见的是 Diffie-Hellman 问题，包括：

定义 2.20（计算 Diffie-Hellman 问题，CDH） 令 g 为乘法循环群 G 中的一个 p 阶生成元，随机选择 $a, b \in \mathbb{Z}_p^*$，且 x, y 未知，给定一个三元组 $(g, g^x, g^y) \in G^3$，计算 g^{xy}。

定义 2.21（判定 Diffie-Hellman 问题，DDH） 令 g 为群 G 中的一个 p 阶生成元，随机选择 $x, y \in \mathbb{Z}_p^*$，给定一个四元组 $(g, g^x, g^y, Z) \in G^4$，判定 $Z = g^{xy}$，其中，p 为一个大素数。

2.12 加密技术介绍

数据加密的基本过程就是对原来为明文的文件或数据按某种算法进行处理，使其成为一段不可读的乱码，通常称之为“密文”，此密文只能在输入相应的密钥之后才能显示出明文内容，通过这样的途径保护数据不被非法分子窃取、阅读。

加密技术包括两个元素：算法和密钥。算法是将普通的文本（或者可以理解的信息）与一串数字（密钥）结合，产生不可理解的密文的步骤，密钥是用来对数据进行编码和解码的算法的输入。在安全保密工作中，可通过适当的密钥加密技术和管理机制来保证网络的信息通信安全。密钥加密技术的密码体制分为对称密钥体制和非对称密钥体制两种。相应地，对数据加密的技术也分为两类，即对称加密（私人密钥加密）和非对称加密（公开密钥加密）。

对称加密采用了对称密码算法，它的特点是文件加密和解密过程中使用相同的密钥。对称加密算法的特点是算法公开、计算量小、加密速度快、加密效率高，主要用于数据加密。对称加密以数据加密标准（Data Encryption Standard，DES）、先进加密标准（Advanced Encryption Standard，AES）算法为典型代表，它是美国政府机关为了保护信息处理中的计算机数据而使用的一种加密方式，是一种常规密码体制的密码算法，目前已广泛用于电子商务系统中。对称加密的算法公开，安全性依赖于密钥的保密。

与对称加密算法不同，非对称加密算法需要两个密钥：公开密钥（简称公钥）和私有密钥（简称私钥）。公开密钥与私有密钥是相对应的，且无法由其中的公钥推导出对应的私钥。如果用接收者的公钥对数据进行加密并在不安全信道中进行传输，那么只有对应的接收者私钥才能解密，因此，公钥加密具有对接收者的身份进行认证的功能。与对称加密相比，非对称加密的特点是加密和解密花费时间长、速度慢，只适合对少量数据进行加密。非对称加密算法通常以 RSA 算法为代表。

习　题

1. 计算 $2^{100000} \pmod 7$。
2. 计算 $2^{100000} \pmod{77}$。
3. 设 p 为素数，证明：$(a+b)^p = a^p + b^p \pmod p$。
4. 证明：

① $\varphi(n) = n/2$ 当且仅当 $n = 2^k$ 时, 对于所有 $k \in \mathbb{N}$;

② $\varphi(n) = n/3$ 当且仅当 $n = 2^k \cdot 3^i$ 时, 对于所有 $k, i \in \mathbb{N}$。

5. 由孙子定理求同余方程的解

$$\begin{cases} x = 1 \pmod 7 \\ x = 4 \pmod 9 \\ x = 3 \pmod 5 \end{cases}$$

6. 证明 Welson 定理：设 p 为素数，则 $(p-1)! \equiv -1 \pmod p$。
7. 由孙子定理求同余方程的解

$$\begin{cases} x = 1 \pmod 6 \\ x = 4 \pmod 9 \\ x = 7 \pmod{15} \end{cases}$$

第 3 章 认证理论基础

学习目标与要求

1. 理解数字认证过程本质是一个交互证明过程这一概念。
2. 掌握交互证明过程需要满足的两个属性：完整性和完备性。
3. 理解在交互证明过程中证明者与验证者之间计算能力的差异。

3.1 引 言

本章从复杂性理论与交互证明（interactive proof）的角度来阐述数字认证的理论基础。尽管后续将介绍各种消息认证、身份认证及不同种类的数字签名方案或系统，但是无论这些方案之间的区别多大，其本质都是交互证明系统，都需要符合交互证明系统（interactive proof system，简称证明系统）规定的基本特征和安全要求。通过学习本章，读者将了解一个重要的事实：对于一个设计合理的数字认证协议而言，即使在使用一个计算能力非常有限的设备去执行它时，也能充分防范足够聪明或具有较强计算能力的敌手对该设备进行欺骗。此外，读者也能了解到制约数字认证协议的各种因素以及数学基本模型，为学习后续内容打好基础。

3.2 交互证明系统

在通常情况下数字认证过程被认为是一个交互证明过程。在这个交互过程中包括两个实体：证明者（Prover，P）和验证者（Verifier，V），认证过程就是证明者期望通过信息交互使验证者能够接受他的某种宣称的过程。在计算机理论中这个交互证明过程可由交互证明系统所描述。交互证明系统是一类计算模型，像其他计算模型一样，其目标是对一个语言类 L 和一个给定的输入 x 进行验证，判断 x 是否在 L 中。在上述证明过程中，两个实体（验证者和证明者）都被看作是某种类型的计算机（也被称为图灵机，Turing Machine）。它的交互证明过程为：

> 给定输入 x，通过验证者和证明者之间交换信息，最终由验证者根据证明者给出的信息（或证据）判断输入 x 是不是在语言 L 中。

为了从数字认证系统的角度更好地理解这一抽象模型，不妨将语言类 L 比做所有授权标识字符串构成的集合，输入 x 是任何标识字符串，交互证明过程就是判定关系 $x \in L$ 是否成立。如果关系成立，则验证者 V 输出为真（True 或 1），否则为假（False 或 0）。再如，对于一个指纹身份认证系统，语言类 L 可以理解为所有授权用户指纹特征信息构成的集合，输入 x 是任何采集到的指纹特征，认证系统就是判定该指纹特征是否存在于集合 L 中。

为了达到上述证明之目的，也可将交互证明视为二人博弈的过程。在博弈过程中，首先要求证明者满足“忠诚性假定”，即证明者愿意向验证者进行其所宣称的证明，并能够遵循交互证明的相关规定。也就是说，即便证明者有能力在博弈中获胜（去证明某种宣称），但他不尽力导致输掉博弈通常是非常容易的，因此需要在博弈中排除掉这种情况。除此之外，证明者与验证者之间也需要满足下面规定。

① **能力假设**：验证者具有多项式时间确定图灵机的计算机能力，但是证明者具有强大的计算能力；

② **运行规则**：博弈双方共走 m 步（保证在有限时间内终止博弈），且由验证者（或证明者）先行等规定；

③ **胜负规则**：当且仅当 x 属于 L，证明者在以 x 为输入的对局中有必胜策略。

此处可以通过棋类系统更好地理解上述证明系统的规定。例如，围棋的运行规则是黑棋先行，黑先白后，交替下子，但白棋多占 3 又 3/4 棋子来弥补黑棋的先行优势。另一个例子是五子棋中先行的一方优势很大，有研究表明在双方都不犯错误情况下谁先下子谁就会赢。由此可知，运行规则中约定的先行方在博弈中占有优势。胜负规则用于规定博弈中如何确定获胜方，例如围棋按照所占空间多者为胜。

在此基础上，可以采用具有交互带的图灵机模型来描述上述系统，图 3.1 便对上述模型进行了描述：证明者和验证者分别用一台图灵机表示，每个图灵机具有一个工作带；其次，两台图灵机之间共享一条交互带，证明者可以向其中写入或读取信息，验证者也可以读写信息，通常是由一方写入而由另一方读出；进而，此处假设证明者和验证者之

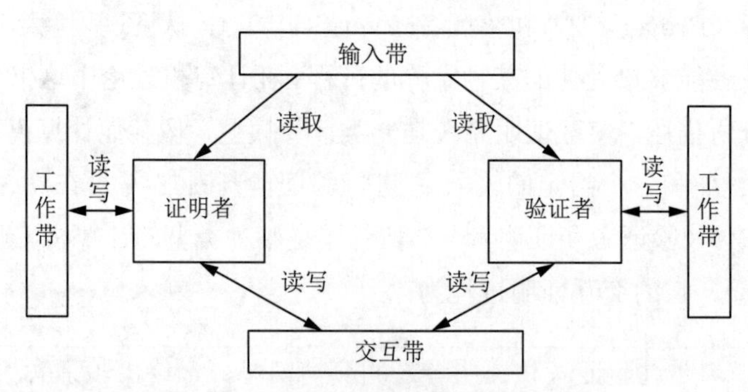

图 3.1 交互证明系统的图灵机表示

间共享一个随机输入带，两者都可以从该带中读取随机字符串用于概率选择。随机输入带的引入是为了在交互证明中引入“随机数发生器”，从而使得证明过程存在不确定性的猜测，这样的模型也被称为概率交互证明系统。

上述图灵机模型的优点就在于其可以用来衡量交互证明系统的性能，评估证明者和验证者的计算性质。在交互过程中，证明者和验证者双方每次送给对方的符号被表示为 $y_1, y_2, \cdots, y_m$，其中，y_i 可依赖于 x 和 $y_1, \cdots, y_{i-1}$ 来确定。此处将其关系表示为 $y_i = R(x, y_1, \cdots, y_{i-1})$，其中，$R(\cdot)$ 为有效可计算函数。如果经过 m 步后，验证者能够证明所有交互符号 $x, y_1, y_2, \cdots, y_m$ 均满足某种预定的条件 $R(x, y_1, y_2, \cdots, y_m)$，则证明者获胜，否则验证者获胜。这个过程可表示为：

$$x \in L \Leftrightarrow (\forall y_1, \exists y_2, \cdots, \forall y_{m-1}, \exists y_m, R(x, y_1, y_2, \cdots, y_m))$$

上述模型是建立在计算模型上的，对于一个安全协议设计而言，更需要关注的是协议的安全性。如果说对于一个有效的输入 $x \in L$，存在一个忠诚的证明者 P 能证明它属于 L，则这将被认为是交互证明系统的应有功能。而用于认证的交互证明系统更关心无效输入下的证明者行为，显然，对于无效输入 $x \notin L$，一般希望证明者即便具有很强乃至无限的计算能力也不能对验证者进行欺骗，即向验证者 V 证明错误的结果 $x \in L$。

3.3　模型与计算能力假设

数字认证研究的对象是各种安全协议，评价安全协议的标准就是看协议是否能够抵抗敌手的各种攻击。敌手攻击的种类是繁多的，但对认证协议而言，最重要的是保证敌手无法对其进行欺骗性的宣称。

根据交互证明系统的定义，协议中的敌手显然就是证明者，他要向验证者证明某种虚假的宣称。以一个简单门禁系统为例，它由进门读卡器、门禁控制器、控制门开关的电路以及射频 IC 卡构成。其中，门禁控制器由一台用于 IC 卡认证功能的小型计算机或单片机构成，而射频 IC 卡内部则集成了一个小型集成电路。可以看出这样一个门禁系统成本不高，作为验证者的门禁控制器和作为证明者的射频 IC 卡的计算能力都非常有限。此处便需要思考这样一个问题，当攻击者采用一个后端为大型机（或未来量子计算机）的设备进行攻击，这样的门禁系统是否就是不堪一击的？显然，需要设计一个好的认证协议，使拥有合法射频 IC 卡的授权用户可以快速实现身份认证，而使具有较强计算能力的攻击者通过认证变为困难的。

因此，依据证明者与验证者的计算能力对比，可以发现一个根本性的问题：

敌手（证明者）的能力越强，他是否就越可能进行欺骗？或者说，是否在认证协议中要求验证者的能力一定具有与证明者对等或更强的计算能力？

这是个比较有意思的问题，其内涵可以看成是：证明者的能力是否决定命题的证明结果或命题的正确与否？命题的证明是否与验证者的能力有关？证明命题与证明者和验证者之间的计算能力相关吗？是不是一个非常“弱智力”的验证者能被“强智力”的证明者所欺骗？如果一个“聪明”的证明者能够将“假命题”证明为真的，命题的证明是“绝对”还是“相对”的？等等。

令 $L \subset \{0,1\}^*$ 是一个语言类，可以将它理解为某种宣称的集合。根据上述胜负规则和对证明者不可欺骗性的要求，交互证明系统定义如下：

定义 3.1 由证明者与验证者 (P, V) 构成的一个交互证明系统，如果它满足下面两个条件，则有以下结果。

① 完整性（completeness）。如果 $x \in L$，则存在诚实的证明者 P，使得 V 与 P 的交互之后，以绝对优势（或接近概率 1）接受 x 并输出“$x \in L$”如下：

$$\Pr[(\mathrm{P},\mathrm{V})(x) = 1 | x \in L] = 1 \tag{3.1}$$

② 完备性（Soundness）。如果 $x \notin L$，则对任意的证明者 P*，V 与 P* 交互之后，仅以较小（可忽略）概率 ε 输出“$x \in L$”如下：

$$\Pr[(\mathrm{P}^*,\mathrm{V})(x) = 1 | x \notin L] < \varepsilon \tag{3.2}$$

上述定义中，完整性用于表明对于真命题 $x \in L$，证明系统存在一个有效的交互过程以接近 1 的概率通过证明；反之，对于一个伪命题 $x \notin L$，那么任何的攻击者 P* 想通过交互证明的概率都是足够小（可忽略的）。因此，完整性被用于定义证明系统的正确性，而完备性则被用于定义证明系统的不可欺骗性。注意，由于在完整性与完备性定义中的前提假设不同（分别为 $x \in L$ 和 $x \notin L$），因此这两个概率相互之间无关。

下面将给一个简单例子来验证交互证明系统的存在。假设存在一个山洞，如图 3.2所示，进入洞穴后有两条道路，但是不知道这两条路径是否相通。

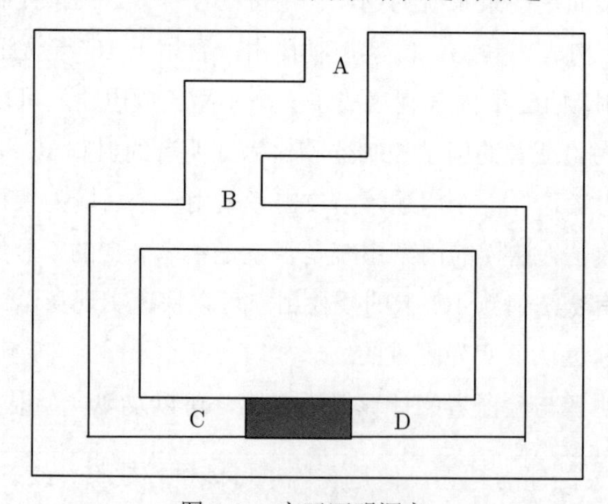

图 3.2 交互证明洞穴

假设证明者 P 是个探险家，他知道是否两条路径连通，并想向验证者 V 证明这一事实，但是验证者 V 担心证明者 P 欺骗他，因此设计了下面的游戏流程：

① P 走进洞穴，可以选择一条路径到达 C 或者 D 点，V 站在 A 点，但看不到 P 选择了哪个路径；

② 在 P 进入洞穴后，V 走进 B 并向 P 喊话，让 P 从左通道或者右通道出来；

③ P 答应了，并从指定通道走出；

④ 如果 P 从指定的通道走出，V 认可道路连通（输出 1）；否则，否认这一结论（输出 0）。

下面将分析上面游戏的有效性。上述游戏中的命题 x 为：洞穴两条路径是连通的，L 表示事实。此处分两种情况进行讨论。

① 完整性：如果洞穴两条路径是连通的，即 $x \in L$，那么对于一个忠诚的证明者 P 来说，他总能按照 V 的要求走出，因此，这种情况的交互游戏获胜（输出 1）的概率为 1，即 $\Pr[(\mathrm{P},\mathrm{V})(x)=1|x \in L]=1$。

② 完备性：如果洞穴两条路径是不连通的，那么对于任何证明者而言，他都可以事先猜测验证者的喊话，从而在第一步中选择验证者要求的方向进入通道，如果这种猜测是正确的，那么他就能获得成功；否则由于岩石的阻挡，他只能验证失败。因此，这一验证结果取决于对验证者的猜测，如果验证者的喊话是完全随机的，即发出指令“由左通道（或右通道）出来”的概率各为 1/2，即 $\Pr[(\mathrm{P},\mathrm{V})(x)=1|x \notin L]=1/2$。

注意，在交互证明系统中，哪一方先行选择是很重要的。上例中是证明者先行，即证明者先选择一条路径，但验证者不知道，因而可获得至少 1/2 的成功概率。但是，如果验证者可以先为证明进行选择，那么他可以直接指定证明者进入通道的方向，验证过程将会更为简单，且不含有随机性。

3.4 交互证明系统举例

下面将以平方剩余（也称二次剩余）的判定问题为例讨论一个实际的交互证明协议。首先，回忆二次剩余问题，二次非剩余类定义如下：

定义 3.2（二次非剩余类） 令 x 和 n 为正整数，如果存在整数 y，使得 $y^2 \equiv x \pmod n$，则称 x 是在模 n 下的二次剩余，记 $x \in QR_n$，而 $QNR_n=\{x|x \notin QR_n\}$ 则被称为二次非剩余类。

例如，令 $n=13$，当 $x=4$ 时，可以计算 $2^2 \equiv 4 \pmod{13}$ 和 $11^2=121 \equiv 4 \pmod{13}$。因此，4 属于二次剩余类（$4 \in QR_{13}$）。但是，当 $x=5$ 时，找不到一个数的平方模 13 后等于 5，因此 5 属于二次非剩余类（$5 \in QNR_{13}$）。如表 3.1所示，此处列出了所有模 13 的二次剩余关系。因此，可知 $QR_{13}=\{0,1,3,4,9,10,12\}$ 和

$QNR_{13} = \{2, 5, 6, 7, 8, 11\}$。

表 3.1 二次剩余表（模 13）

x	y	x	y
1	1,12	4	2,11
9	3,10	3	4,9
12	5,8	10	6,7

需要说明的是，当 n 为素数时，二次剩余的判定是容易的，但是当 n 为合数时，二次剩余的判定依赖于 n 分解后的素因子。如果 n 的分解未知时，二次剩余的判定是困难的。

下面将给出一个二次剩余判定的证明系统。这个交互证明协议被描述在表 3.2中。在这个协议中，给定 n 和一个自然数 x，希望证明证明者 P 具有对任意给定数 x 进行二次剩余判定的能力。

表 3.2 基于二次非剩余判定的交互证明协议

步 骤	证 明 者	验 证 者
第一步		验证者随机选择整数 $b \in \{0,1\}$，以及一个自然数 $z \in \mathbb{Z}_n^*$，然后计算数值 w 如下：$w \equiv \begin{cases} z^2 \pmod n & b=1 \\ x \cdot z^2 \pmod n & b=0 \end{cases}$ 并将其送给证明者
第二步	证明者判定 w 是否属于 QR_n，如果是，则令 $b'=1$；否则，令 $b'=0$。并将所得结果 $b' \in \{0,1\}$ 传送给验证者	
第三步		验证者检测是否 $b=b'$，如果是，输出 1，否则输出 0

在表 3.2 中，协议由验证者 V 开始，他选择一个随机比特 b 以及一个自然数 z，然后依据 b 生成挑战问题 w，并将其发送给证明者 P；证明者 P 只需要通过对 w 的二次剩余判定即可对 b 给出一个猜测 b'；最后，验证者 V 检查是否 $b=b'$，如果等式成立，则输出 1；否则，输出 0。因此，最终输出结果给出了证明者 P 是否具有对给定数 x 进行二次非剩余判定能力的判定。

定理 3.1 上述二次非剩余判定的交互协议是一个交互证明系统。

证明 根据交互证明系统的定义，可证明该协议满足下面性质：

① **完整性**：如果 $x \in QNR_n$，那么对任何数 $z \in \mathbb{Z}_n^*$，挑战 $w = x \cdot z^2 \pmod n$ 也

属于平方非剩余类。根据这一性质，当验证者选择 $b=1$ 时，挑战 w 属于平方剩余类；但 $b=0$ 时，挑战 w 属于平方非剩余类。如果证明者能够判定 w 是否属于平方剩余类，则可根据 w 正确猜测出 b，因此，证明者能以概率 1 使得 $b=b'$，也就意味着验证者将以概率 1 接受证明者的证明，成功概率计算如下：

$$
\begin{aligned}
&\Pr[(\mathrm{P},\mathrm{V})(x)=1|x\in QNR_n]\\
=&\Pr[b=b'|x\in QNR_n]\\
=&\Pr[b'=1|b=1,x\in QNR_n]\cdot\Pr[b=1|x\in QNR_n]+\\
&\Pr[b'=0|b=0,x\in QNR_n]\cdot\Pr[b=0|x\in QNR_n]\\
=&\Pr[w\in QR_n|w\equiv z^2 \pmod n, x\in QNR_n]\cdot\Pr[b=1]+\\
&\Pr[w\in QNR_n|w\equiv xz^2 \pmod n, x\in QNR_n]\cdot\Pr[b=0]\\
=&1\cdot\Pr[b=1]+1\cdot\Pr[b=0]=1
\end{aligned}
$$

② **完备性**：如果 x 是二次剩余类，那么无论验证者选择何种 b，所发送的 w 都是二次剩余的，因此，证明者将无法进行判定 b，因此他只能以概率 1/2 猜测 b。因此，V 将以概率 1/2 接受证明者的证明。上述性质可由下面等式证明：

$$
\begin{aligned}
&\Pr[(\mathrm{P}^*,\mathrm{V})(x)=1|x\in QR_n]\\
=&\Pr[b=b'|x\in QR_n]\\
=&\Pr[b'=1|b=1,x\in QR_n]\cdot\Pr[b=1|x\in QR_n]+\\
&\Pr[b'=0|b=0,x\in QR_n]\cdot\Pr[b=0|x\in QR_n]\\
=&\Pr[w\in QR_n|w\equiv z^2 \pmod n, x\in QR_n]\cdot\Pr[b=1]+\\
&\Pr[w\in QNR_n|w\equiv xz^2 \pmod n, \exists y, y^2=x \pmod n]\cdot\Pr[b=0]\\
=&\Pr[w\in QR_n|w\equiv z^2 \pmod n]\cdot\Pr[b=1]+\\
&\Pr[w\in QNR_n|w\equiv (yz)^2 \pmod n]\cdot\Pr[b=0]\\
=&1\cdot\Pr[b=1]+0\cdot\Pr[b=0]=\Pr[b=1]=1/2
\end{aligned}
$$

为了将验证者的欺骗成功概率降低到任意小的 ε，可采用 k 次协议执行的方式，直到完备性概率满足 $1/2^k<\varepsilon$。令 $(\mathrm{P}^*,\mathrm{V})^{(i)}$ 表示第 i 次协议执行，则上面完备性概率要求每次证明都是成功的，也就是满足如下等式：

$$
\begin{aligned}
&\Pr[(\mathrm{P}^*,\mathrm{V})(x)=1|x\in QR_n]\\
=&\prod_{i=1}^{k}\Pr[(\mathrm{P}^*,\mathrm{V})^{(i)}(x)=1|x\in QR_n]=\frac{1}{2^k}
\end{aligned}
$$

因此，协议满足完整性和完备性，问题得证。 ■

例 3.1 在上例中，首先来看完整性例子：令 $n=13$ 且 $x=2$，

① 如果 V 选择 $b=1$ 且 $z=5$，那么 $w=12$ 是二次剩余类。

② 如果 V 选择 $b=0$ 且 $z=5$，那么 $w=11$ 是二次非剩余类。

再来看完备性的例子：令 $n=13$ 且 $x=3$，

① 如果 V 选择 $b=1$ 且 $z=5$，那么 $w=12$ 是二次剩余类；

② 如果 V 选择 $b=0$ 且 $z=5$，那么 $w=10$ 也是二次剩余类。

注意，上述证明过程对 n 没有任何前提假设，也无须采用 RSA 密码中大整数 $N=p\cdot q$ 的条件。原因在于，x 的二次剩余性质决定了协议结果的概率，这个概率是与证明者的猜测无关的，或者说 1/2 的猜测成功概率是仅由验证者对 b 的选择概率决定的；因此，只要 x 属于二次剩余类，证明者无论具有怎样（无穷）的计算能力都无法进行欺骗（改变成功概率 $1/2^k$）。

3.5 协议信息泄露

在设计证明协议时，证明者 P 所具有的计算能力有可能会被验证者 V 利用，实现对某些问题的计算或泄露出某些秘密信息。为了说明这一问题存在，下面仍然以二次剩余问题的求解为例，证明协议中的信息泄露问题。

令 $N=p\cdot q$，不妨假设 p 和 q 是两个大素数，保证 N 的分解是计算上困难的，且 $p\equiv q\equiv 3 \pmod 4$，然后将 N 作为公共参数发送给协议双方。表 3.3给出了一个交互协议，协议中证明者宣称：他能够有效地判定任意给定 $\mathbb{Z}_N$ 中的数是否在平方剩余类中。该协议只需要两次交互过程：验证者 V 传送给 P 值 y，它是一个随机选择的模 N 的二次剩余；然后，P 计算 y 的二次方根 x，并传送给 V；最后，V 验证 $y\equiv x^2 \pmod N$ 是否成立。其中，$p\equiv q\equiv 3 \pmod 4$ 是保证证明者能够有效计算 y 的二次方根。①

表 3.3 具有信息泄露的二次剩余判定交互证明协议

步 骤	证 明 者	验 证 者
第一步		随机选择一个正整数 $z\in\mathbb{Z}_N^*$，然后计算数值 $y\equiv z^2 \pmod N$，并将 y 送给证明者
第二步	判定 y 是否属于 QR_N，如果是，则计算 x，使得 $y\equiv x^2 \mod N$，传送 x 给验证者	
第三步		检测是否 $y\equiv x^2 \mod N$? 如果是，输出 1，否则输出 0

① 令 $p\equiv q\equiv 3 \pmod 4$ 是素数，那么 $N=p\cdot q$ 被称为 Blum 整数，且 $(q+1)/4$ 和 $(p+1)/4$ 均为整数。在已知 p 和 q 时，可以通过中国剩余定理计算出平方剩余数的四个平方根。

不难证明上述协议能够对证明者是否具有平方剩余判定和求根能力进行有效判定。但是协议也存在着证明者对 N 分解的泄露：

定理 3.2（信息泄露） 如果上述协议输出 1，那么验证者能够通过该协议以 1/2 概率获得 N 的分解。

证明 在一次成功的协议执行过程中，第一步 V 先选择 z，使得 $y \equiv z^2 \mod N$；第二步中，P 返回 x，如果 $x \neq z$ 且 $y \equiv x^2 (\mathrm{mod}\, N)$。显然，有相等关系 $y \equiv x^2 \equiv z^2 (\mathrm{mod}\, N)$ 存在。因而，$N|(z^2-x^2)$，也就是 $pq|(z-x)(z+x)$。由于 $x, z \in \mathbb{Z}_N^*$，故有 $0 < z+x < 2N$ 且 $-N < z-x < N$。

根据上述分析，可知有下面四种情况：

① 当 $p|(z-x)$ 且 $q|(z+x)$ 时，可计算 $p = \gcd(N, z-x)$ 和 $q = \gcd(N, z+x)$；

② 当 $q|(z-x)$ 且 $p|(z+x)$ 时，可计算 $q = \gcd(N, z-x)$ 和 $p = \gcd(N, z+x)$；

③ 当 $N|(z+x)$ 时，$z \equiv -x \ (\mathrm{mod}\ N) = N - x$；

④ 当 $z - x = 0$ 时，$z = x$。

上述情况分别对应于平方剩余 y 在模 N 下的四个根，但只有前两种情况下可实现大整数 N 的分解。

下面计算成功分解 N 的概率。在验证者 V 将 y 给了证明者 P 之后，P 并不能判定四个根中哪个是验证者的随机选择 z，因此，他返回 x 是 z 或 $N-z$ 的概率是 1/2，但这不能成功分解 N；而其他两种情况下都可以成功分解 N，概率是 1/2，也就是，N 的分解将以 1/2 概率被泄露。问题得证。■

3.6 零知识证明系统

由于交互证明系统中证明者具有较强的计算能力或拥有特殊的秘密，通过上述协议分析可知，设计不当的协议可能会使得敌手利用上述能力或透露其中的秘密。为了避免上述安全风险发生，需要协议满足零知识性（zero-knowledge）。也就是在证明过程中验证者能够验证证明者的宣称，但是不能获得证明者所掌握的知识，那么这便被称为证明者具有零知识性，该系统也被称为零知识证明系统（zero-knowledge proof system）。上述零知识性定义如下：

定义 3.3（证明的零知识性） 在交互证明系统中一方 A^* 对语言 L 被称为具有（完美或计算）零知识性，只要对于每个可能策略 B（作为协议另一方），存在一个多项式时间的模拟器 S，使得下面两个概率分布是（统计或计算上）不可区分的。

① $\{(A^*, B)(x)\}_{x \in L}$ 表示对公共输入 $x \in L$，A 与 B 交互过程中 B 所有看到的信息；

② $\{S^B(x)\}_{x \in L}$ 表示模拟器 S 对公共输入 $x \in L$ 模拟协议运行的输出。

其中，S^B 表示模拟器 S 针对策略 B 构造的多项式算法。

从原理上讲，零知识性来源于模型检验（Model Checking）思想。首先，协议的真实运行（上述定义中的第一种情况）中敌手得到的信息与不需要任何交互下的模拟运行（上述定义中的第二种情况）是"一样"的；其次，基于上述两种情况的一致性，如果模拟运行是不要特别知识的，那么真实协议运行也就没有泄露任何知识。

这里，"知识"是指具有解决某种问题的能力。在交互证明系统中，验证者通常不需要具有特定的知识，而证明者则是通过所掌握的知识（也被称为秘密）使验证者相信他的某种宣称，因此，零知识就是指证明者的秘密是否丢失。在上述定义中，第一个分布也被表示为 B 的视，即，$\text{View}_B(x) = \{(A^*, B)(x)\}_{x\in L}$。如果上述两个概率分布是统计不可取分的，那么可以记作

$$\{(A^*, B)(x)\}_{x\in L} \simeq \{S^B(x)\}_{x\in L}$$

此时，可称交互证明系统具有完美零知识性。

下面仍然以平方剩余的判定为例说明零知识证明系统的构造。令 $N = p\cdot q$ 是 RSA 类型的大整数，令一个随机整数 $x \in \mathbb{Z}_N$，则系统公钥为 $pk = (x, N)$，证明者的私钥是 $sk_A = w$，且 $x \equiv w^2 \pmod N$。

表 3.4 显示了一个具有零知识性的二次剩余判定的交互证明协议，协议中证明者的宣称是：x 属于模 N 下的平方剩余类，即 $x \in QR_N$。

表 3.4　具有零知识性的二次剩余判定的交互证明协议

步　骤	证　明　者	验　证　者
第一步	随机选择一个正整数 $u \in \mathbb{Z}_N^*$，然后计算数值 $y \equiv u^2 \pmod N$，并将 y 送给验证者	
第二步		随机选择一比特 $b \in_R \{0,1\}$，并把它送给证明者
第三步	如果 $b=0$，发送 $v=u$ 到验证者； 如果 $b=1$，发送 $v \equiv w\cdot u \pmod N$ 给验证者	
第四步		如果 $b=0$，那么 $V_{pk}(y,v)=\begin{cases}1, & y\equiv v^2 \mod N\\ 0, & 其他\end{cases}$ 如果 $b=1$，那么 $V_{pk}(y,v)=\begin{cases}1, & xy\equiv v^2 \mod N\\ 0, & 其他\end{cases}$ 最后输出 $V_{pk}(y,v)$ 的值

下面仅就交互证明系统中的证明者零知识性进行证明，而该系统的完整性和完备性留给读者自行证明。

定理 3.3　上述二次剩余判定交互证明协议满足证明的零知识性。

证明　首先，协议的真实执行中验证者的视，以及它在协议运行成功（输出为 1）时的分布定义如下：

$$\text{View}_B(x) = \{(A^*, B)(x)\}_{x\in L} = (y, b, v) \in_R \{QR_N, \{0,1\}, \mathbb{Z}_N\}$$

其次，构造一个多项式时间的协议模拟器 S^B 如下：

第一步：随机选择一比特 $b \in_R \{0,1\}$；

第二步：随机选择整数 $v \in_R \mathbb{Z}_N$；

第三步：按照如下方式计算 y 如下。

$$y \equiv \begin{cases} v^2 \pmod N & b=0 \\ v^2/x \pmod N & b=1 \end{cases} \tag{3.3}$$

显然由此得到的 $S^B(x) = (y, b, v)$ 是有效的协议模拟。如果 $x \in QR_N$，那么 $y = v^2$ 或者 $y = v^2/x \pmod N$ 都是有效的平方剩余，即 $y \in_R QR_N$（但如果 $x \notin QR_N$，那么 $y \equiv v^2/x \pmod N$ 也是非平方剩余）。因此，$S^B(x) \in_R \{QR_N, \{0,1\}, \mathbb{Z}_N\}$，也就是说，$\{(A^*, B)(x)\}_{x\in L} \simeq \{S^B(x)\}_{x\in L}$，因而，上述协议满足证明的零知识性要求，问题得证。■

3.7　由 NP 类问题理解交互证明系统

为了进一步讨论交互证明系统中的证明者与验证者之间计算能力的差异，本节以计算复杂性理论中的 NP 类和 P 类问题之间的转化关系为例对这种差异性进行分析，读者可选修本节。

通常上讲，P 类问题是指多项式时间内确定图灵机（deterministic turing machine）可计算问题构成的集合，而 NP 类问题则是指多项式时间内由非确定图灵机（non-deterministic turing machine）可计算问题构成的集合。就复杂性理论而言，对于任何 NP 类问题，总存在一个 P 类算法实现对问题解进行验证，下面定理为 NP 类问题的协议构造奠定了基础。

定理 3.4　如果语言 L 属于 NP 类（$L \in NP$），当且仅当存在算法 M 属于 P 类（$M \in P$）[①]和多项式 $p(\cdot)$，使得

$$x \in L \Longleftrightarrow \exists y \in \{0,1\}^{p(|x|)}, M(x,y) = 1 \tag{3.4}$$

---

① 确定图灵机 M 满足如下三个性质：

- 对于任意输入 x 和 y，M 在多形式时间内停机并输出 0 或 1；
- 对于所有 $x \in L$，存在一个长度为 $p(|x|)$ 的串 y，使得 $M(x,y) = 1$；
- 对于所有 $x \notin L$ 和任意长度为 $p(|x|)$ 的串 y，必然有 $M(x,y) = 0$。

其中，$p(|x|)$ 表示以串 x 长度（表示为 $|x|$）为输入的多项式值。

基于上述刻画方式，通常来说非确定型计算问题是“猜测加验证”的方式。这一定理也表明，任何 NP 类问题总存在一个确定性的算法进行验证。给定每个 $x \in L$，定理中能够使 x 通过验证的长为 $p(|x|)$ 的字符串被称为“证据”或“佐证”(Witness)。

根据上面定理，可构建一个简单的 NP 类问题的交互证明协议。

第一步：验证者 V 首先发送 x 给证明者 P；

第二步：证明者 P 返回证据 y 到验证者 V；

第三步：验证者 V 执行确定性多项式时间判定算法 M 对 (x, y) 进行判定。

上述协议中验证者只需要采用算法 M 即可实施协议，但证明者需要具备对给定的 x 找出证据 y 的能力，通常这种获得证据的能力是依靠巨大计算能力实现的或是依赖某种解决问题的“诀窍”(可理解为拥有某种秘密)，这从另一个侧面说明，验证者与证明者能力的不均衡性。

对于一个交互证明系统而言，从算法复杂性角度我们希望满足如下要求：

一个有效的交互证明系统只需要验证者和“合法”证明者具有多项式时间的计算能力；而非法证明者或恶意攻击者即便具有巨大的运行时间和空间也不能改变证明结果。

最后，可以看出一个命题的验证过程是与证明者的计算能力无关的，即使证明者具有非常强的欺骗能力，只要无法改变待验证的事实状态（如山洞联通问题中把两个通道打通），便无法对一个能力很弱的验证者进行欺骗。通过本章的讨论，还能看出命题的证明是没有任何前提假设存在的，在真理面前人人平等，定理的证明是客观的、稳定的、不以人的认识为转移的。

习　题

1. 简述交互证明系统的三个性质。

2. 当 $n = 21$ 和 $x = 15$ 时，对基于二次剩余问题的证明协议进行安全性分析。

3. 当 $n = 31$，如何计算 $y = 5$ 的平方根？对于素数 n，请给出计算平方根的数学公式。

4. 试用中国剩余定理分析 $N = pq$，且 $p \equiv q \equiv 3 \pmod 4$ 时，如何计算平方根？例如，$p = 19$ 和 $q = 31$ 时，计算 366 的平方根。

5. 在山洞的零知识证明协议中，如果由验证者先开始协议，结果会怎样？

6. 在表 3.3 中，试用零知识证明方法讨论具有信息泄露的二次剩余判定交互证明协议的非零知识性。

7. 请证明表 3.4 中交互证明协议的完整性与完备性。

第4章 数据完整性认证

学习目标与要求

1. 理解数据完整性验证的基础知识。
2. 掌握 Hash 函数构造方法和基于 Hash 的完整性验证方法。
3. 掌握消息认证码的构造。

4.1 绪　　论

消息认证就是验证消息完整性的过程，当接收方收到发送方的报文时，接收方需要验证收到的报文是真实的和未被篡改的。它包含两层含义：一是验证信息在传送过程中未被篡改或伪造；二是验证信息的发送者是真实的而不是冒充的，即数据来源认证。本章将集中于介绍上述消息认证中的第一个问题，即数据完整性验证问题。

数据完整性验证是对数据是否被改变进行的验证，任何的数据变化都应被这一验证发现。此处给出如下准确定义：

定义 4.1（数据完整性）　数据完整性验证是一种验证消息的变更状态，防止恶意攻击者对交换数据进行修改、插入、替换和删除的技术，或者说如果其被修改、插入、替换和删除，则可以被该技术检测出来。

在数据交换中，由于各种原因（包括物理上损耗、敌手攻击等），数据可能被异常改变，这里的数据可能是文件、网络数据包、数据库中的表、交互中的消息等。在网络通信环境下，数据完整性验证也被称为消息完整性验证。

消息完整性验证问题由来已久，所采用的方法也多种多样。在古代，人们已经对信件采用了带有徽章的“蜡封”的方式，通过检查信件蜡封的破损情况来保证消息不被篡改、阅读和伪造。其他方法还包括采用特定的书写方式、书写工具、书写载体等。由此可见，完整性验证的技术并不是单一的、固定的。

随着数字社会的到来，传统的通过媒介方式进行消息完整性验证的方法已不可用，因此保护计算机或网络中数字信息的完整性需要采用一些其他可行的技术。目前经常使用的技术包括纠错码、Hash 函数、数字水印等。本章将对上述方法进行简单分类，而后重点对基于 Hash 函数的完整性验证方法进行介绍，内容包括 Hash 函数的定义、多种构建方法、长数据处理技术以及带密钥的 Hash 函数构造等。特别是，本章内容引入了基于 NP 困难问题的 Hash 构造方法，克服了传统教材中 Hash 函数构造方法只基于分组密码的单一性缺点。

4.2 数据完整性验证方法

数据完整性验证的通用方法是消息发送者在消息中加入一个与该消息相关联的验证码并经加密后发送给接受者(如果对消息无保密性要求，则只需加密验证码即可)。接受者利用约定的算法对解密后的消息再次求取验证码，并将得到的验证码与收到的验证码进行比较，若二者相等便接收，否则拒绝接收。

上述过程已经成为目前完整性验证的基本流程。然而，这里需要注意的是消息与验证码之间的关系，显然在此需要两者之间建立非常紧密的关系来保证完整性验证的安全。根据待验证数据与验证块之间的依附关系，可将完整性验证分为两类。

① **带验证块的验证方式**：在不改动待验证数据的情况下，通过增加额外的验证块来存储校验信息，实现数据完整性验证；

② **不带验证块的验证方式**：通过修改待验证数据来加入额外的校验信息，实现数据完整性验证。这种方式通常被称为数字水印或数字指纹技术。

第二种方法的前提是验证信息的加入并不影响待验证数据的使用，这意味着待验证数据中存在较大的数据冗余，这些数据冗余使得额外验证信息的加入成为可能。例如，视频和音频文件中存在信息冗余，同时人类听觉和视觉的感知能力也允许细小的更改不影响视听质量，在这种情况下，采用数字水印或数字指纹技术（如脆弱水印）实现完整性验证是必然的选择。然而，数字消息中最常见的文本文件则很难通过不被察觉的方式添加验证信息，尤其一些受法律或法规约束的文本，其任何改动都是不被允许的，因此这类数据仍然需要采用带验证块的验证方式。

如图 4.1 所示，带验证块的验证方式也包括两类技术：基于 Hash 函数的验证方法和基于纠错码的验证方法。这两者的使用场景有所不同，通常需要根据出现数据可能发生错误的性质来加以区分。如果数据错误（被称为干扰）具有确定的概率分布（如信道传输错误），那么可根据概率分布来采用编码理论进行纠错编码以设计验证码，达到发现错误和纠正错误的目的；如果数据错误不具有确定的概率分布，甚至会有人为的伪造或篡改，那么这种情况下通常就需要采用基于 Hash 函数的验证方法。

根据待验证数据在使用中潜在改变方式的不同，可将其分为两类：非攻击下的改变和恶意攻击下的改变。非攻击下所发生的数据改变通常是指数据在传输、存储、处理中所经受的异常变化，例如，信道干扰、分块存储中的数据块丢失等。这种改变通常是随机出现的，不带有明确的攻击企图。另一类是指人为对数据和验证块的攻击，其带有明显的恶意企图，并通常伴随着专业的攻击手段，显然，对这种攻击的防范比前一种更加困难，需要采用更加严格的密码方式。根据上述两种分类方式，可将基于 Hash 函数的验证方法分为两类。

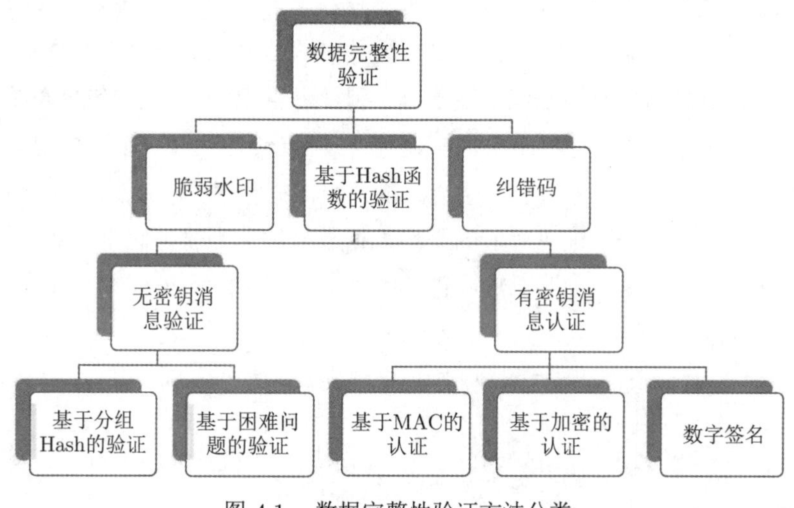

图 4.1　数据完整性验证方法分类

① **无密钥的 Hash 验证方式**：不改动待验证数据的情况下，通过增加额外的验证块来存储校验信息，实现数据完整性验证，但这种校验信息会被明文传输，因此该方式不能抵抗人为攻击；

② **有密钥的 Hash 验证方式**：不改动待验证数据的情况下，通过增加额外的验证块来存储校验信息，实现数据完整性验证，其校验信息以基于密钥处理的密文形式被传送，因此能够抵抗人为攻击。

基于纠错码的验证也属于无密钥的验证，尽管在错误检测中非常有用，但其并不可能可靠地验证数据完整性。这是因为纠错码中采用的校验多项式是线性结构，可以非常容易地被人为改变，之后被传输的数据仍能在校验中被通过，因此其安全性不足。所以除了一些特殊设计的纠错码，通常的纠错码并不适合在安全应用中被使用，本书将不对此进行介绍。

在论述密码学 Hash 函数之前，此处将进一步研究数据完整性验证中数据块与验证块之间的关系。如前所述，对于文本一类数据，通常采用尾随一个验证块的方式进行完整性验证或身份认证。虽然同样采用这种方式的纠错码并不安全，但是基于 Hash 函数的验证方法却能抵抗恶意的数据伪造攻击，即其可保证敌手难以在验证块不变的情况下伪造一个数据块。本节将说明其中的原理，并阐述一个构造密码学 Hash 函数的重要目标：如何采用较短的校验信息来发现尽可能多的数据错误。

在研究完整性验证中数据块与验证块的关系之前，此处先给出一个重要的“碰撞”

概念：在数据块后添加了一个校验块之后，如果两个不同数据块能够得到相同的验证码，便可以称其产生了一个碰撞。也就是说，对于一个验证块生成函数 f 和任意的不同数据块 m 和 m' 而言，如果 $f(m)=f(m')$，则可称它们产生了碰撞。

定理 4.1 令数据块长度为 l，验证码长度为 k 且 $k\leqslant l$，那么两个数据产生随机验证码碰撞的碰撞概率与待验证数据长度 l 无关，只与验证码长度 k 相关。

证明 假设从数据块到验证码的映射 $f:\{0,1\}^l\rightarrow\{0,1\}^k$ 是均匀分布的随机单射，也就是说，给定数据 m，函数 $f(m)$ 可能是 2^k 个验证码中任意一个数。显然，当 $l\geqslant k$ 时，数据的数目大于验证码的数目，就会出现几个数据映射到一个验证码的情况，也就是产生了碰撞。假设一个验证码对应的平均数据数目被称为验证码重复率 T。

根据上述定义，可知下面关系成立：

当 $l=k$ 时，验证码重复率为 $T=2^k/2^k=1$；

当 $l=k+1$ 时，验证码重复率为 $T=2^{k+1}/2^k=2$；

……

当 $l=k+m$ 时，验证码重复率为 $T=2^{k+m}/2^k=2^m$。

由此可知，验证重复率为 $T=2^l/2^k=2^{l-k}$，这相当于 2^l 个球中每 T 个球具有相同颜色，总共有 2^k 种颜色。

当两个数据产生相同验证码时发生的碰撞，其碰撞概率可以被理解为给定一个球 m，从 2^l 个球中取出另一只一样颜色球 m' 的概率，具体碰撞概率为

$$\Pr[f(m)=f(m')]=T/2^l=2^{l-k}/2^l=1/2^k$$

由此可知，碰撞概率只与验证码长度 k 相关，而与待验证数据长度无关，因此，问题得证。 ■

在上述证明中，验证码重复率 T 表示了具有相同验证码的消息数目，但其与碰撞概率无关。注意，上面结论必须建立在数据块到验证码的映射是均匀分布随机单射的假设下。而且，当消息长度比验证码长度每大 1 比特，则验证重复率就增加一倍。当 $l-k\gg 0$，那么 T 也必然大于 0。

上述定理阐述了下列事实：

① 只要验证码长度足够长，那么数据产生碰撞的概率便可以足够的小；

② 可设计固定长度的验证码，实现对于任意长度的待验证数据的验证。

这是两个重要的结论，它为构建后续的安全 Hash 函数提供了前提，也打下了良好的数学基础。此外，Hash 函数一个重要指标是编码效率 R，它是指 Hash 函数的输出与输入数据长度之比，例如本节 Hash 函数的编码效率为 $R=k/l$，通常 $\dfrac{1}{5}\leqslant R\leqslant\dfrac{1}{3}$。

4.3 密码学 Hash 函数

Hash 函数也被称为杂凑函数或散列函数，从严格意义上讲，其输入为一个可变长度串 x，返回一个固定长度串，该串被称为输入 x 的 Hash 值（消息摘要）。但在实际应用中，输入 x 的长度被固定到某一特定长度 l，且要求其大于输出长度（保证碰撞存在）。因为 Hash 函数是多对一的函数，所以一定要将某些不同的输入转化为相同的输出。这就要求给定一个 Hash 值，其求逆应该是比较难的，但由给定的输入计算 Hash 值必须是很容易的，因此也可称 Hash 函数为单向 Hash 函数。再考虑到前述所讨论的碰撞性，此处需要对密码学 Hash 函数提出如下两点要求：

首先，密码学 Hash 函数需要抗原像（preimage free）攻击，也就是给定任何 y，找到一个 x，使得 $f(x) = y$ 是困难的。这一性质遵循单向函数“反向困难”的定义。因而，密码学 Hash 函数的前提是单向函数存在。

其次，密码学 Hash 函数要求是抗碰撞的（也被称为抗二次原像攻击，Second Preimage Free），即给定 x，找到另一个不同的 x'，使得 $h(x) = h(x')$ 也是困难的。

综合上述两点，定义密码学 Hash 函数如下：

定义 4.2（密码学 Hash 函数） 令 $l > k$，一个函数 $h : \{0,1\}^l \to \{0,1\}^k$ 被称为密码学 Hash 函数。如果它满足下面属性：

① 有效计算：给定 x，可在多项式时间内计算 $y \leftarrow h(x)$。

② 单向性：已知 y，找出 x，使得 $h(x) = y$ 困难。

③ 弱碰撞：已知 x，找出 x' 且 $x' \neq x$，使得 $h(x') = h(x)$ 困难。

上述定义中，也可省略对单向性的要求，因为如下定理存在：

定理 4.2 弱碰撞性预示着单向性。

证明 假设存在一个有限时间内解决 Hash 函数 h 中单向性问题的预言机（Oracle），即，$\text{Oracle}(h, y) = x$，使得 $h(x) = y$ 成立。那么给定一个 x，并提交 $y = h(x)$ 给该 Oracle，如果 Oracle 返回 x'，如果 $x = x'$，那么重复上面过程；否则，输出 x' 作为弱碰撞问题的结果。在上述过程中，重复运行次数与 Hash 函数在原像集合 $\{x : h(x) = y\}$ 大小相关。如果存在 Hash 碰撞，则 $\Pr[x' \neq x] \geqslant \dfrac{1}{2}$。[①] 弱碰撞问题得到解决的概率 $\Pr[\text{Oracle}(h, y) = x' \vee x \neq x'] = \Pr[\text{Oracle}(h, y) = x'] \cdot \Pr[x \neq x'] \geqslant \Pr[\text{Oracle}(h, y) = x']/2$，因此，如果预言机解决 Hash 函数的单向性问题的概率 $\Pr[\text{Oracle}(h, y) = x']$ 足够大，则上述碰撞问题求解概率也足够大，此时弱碰撞性不再成立。因而，逆反命题成立，问题得证。 ■

由于上述定理中的蕴含关系，在密码学 Hash 函数定义中可以去掉单向性的要求，

① 当存在 Hash 碰撞时，$m = |\{x : h(x) = y\}| \geqslant 2$，进而 $\Pr[x' \neq x] \leqslant \dfrac{1}{2} = \dfrac{m-1}{m} = 1 - \dfrac{1}{m} \geqslant \dfrac{1}{2}$。

而仅保留弱碰撞性。上述 Hash 函数的定义满足了密码学的较低安全性，但有些情况下需要密码学 Hash 函数具有如下更强的安全性。

定义 4.3（抗碰撞 Hash 函数） 令 $l > k$，如果一个函数 $h:\{0,1\}^l \to \{0,1\}^k$ 满足下面属性，便可被称为抗碰撞 Hash 函数。

① h 是一个密码学 Hash 函数；

② 强碰撞：找出任意 $x' \neq x$，使得 $h(x) = h(x')$ 困难。

显然，强碰撞性要比弱碰撞性更加严格，此处给出如下简单证明：

定理 4.3 强碰撞性预示着弱碰撞性。

证明 假设存在一个解决 h 中弱碰撞问题的预言机 Oracle，即，$\text{Oracle}(h, x) = x'$，使得 $h(x') = h(x)$ 成立。那么对一个给定的抗碰撞 Hash 函数而言，只需要随机选择一个 x，并提交给该 Oracle，如果 Oracle 返回 x' 且 $x \neq x'$，那么输出 (x, x')。显然，(x, x') 使得强碰撞性不再成立。因而，逆反命题成立，问题得证。■

上述定义并没有涉及密钥，也就是说 Hash 函数的安全性不是基于某种秘密的私密性，而是 Hash 函数的数学属性本身决定的。从广义上讲，给定密钥空间 $\mathcal{K}$，密码学 Hash 函数 $H:\mathcal{K}\times\{0,1\}^* \to \{0,1\}^k$ 是一个能将任意长度消息压缩到固定长度比特串的函数。但在实际系统中，通常会限制每一次 Hash 函数的输入长度，再通过递归多次调用实现无限长输入的输出。因此，密码学 Hash 函数被进一步定义为 $H:\mathcal{K}\times\{0,1\}^l \to \{0,1\}^k$，这里仅定义了 Hash 函数的压缩性质，其他性质与前述定义一致。

4.4 基于分组密码的 Hash 构造

采用分组密码构造是目前设计 Hash 函数最经常被使用的方法，典型的标准包括 MD4、MD5、SHA-1、SHA-2 等，其中，SHA 是标准 Hash 算法（Standard Hash Algorithm）的缩写，SHA-2 是第二代标准，它由 6 个函数构成，包括 SHA-224、SHA-256、SHA-384、SHA-512、SHA-512/224、SHA-512/256 等，后面的数字表示输出的长度，可根据不同应用需要选择使用。

分组密码是指一种将数据分解为若干分组，并以分组为单位循环进行处理的密码设计技术。通常情况下，一轮数据处理并不足以达到数据混淆的目的，因此需要采用多轮处理的方式获得最后的结果。但是与分组加密不同，Hash 函数的设计要更加简单，原因在于加密需要考虑信息加密后的恢复，因此每次运算都需要设计成为密钥下的随机置换（可理解为符号之间的换位）；而 Hash 函数只要保证输出结果的随机性，不需要考虑消息的恢复。

分组 Hash 函数的构造结构可被描述如下：假设输入数据 $\boldsymbol{W}$ 可被分解为 l 个分组，即 $\boldsymbol{W} = (w_1, w_2, \cdots, w_l)$，且 $w_i \in \mathcal{W}$（对于 $i \in [1, l]$），每次由函数 $f:\mathcal{K}\times\mathcal{W}\times\mathcal{M}^k \to \mathcal{M}$

处理一个分组，其中，$\mathcal{K}$、$\mathcal{W}$、$\mathcal{M} \in \{0,1\}^s$ 分别为 s 比特长的密钥、数据（也被视为“填料”）和状态分组。Hash 函数操作是一个迭代过程，第 i 次处理为

$$M_{i+k} \leftarrow f_{K_i,w_i}(M_i,\cdots,M_{i+k-1}), i=1,\cdots,n \tag{4.1}$$

其中，K_i 为第 i 次迭代所使用的密钥，$n>k$ 且 f 是一个非线性函数。通常情况下，k 是每次处理中的分组数目，n 是 k 的倍数，也被称为 Hash 函数的轮数。

如果把这一过程看成一个“搅拌机”，那么 Hash 函数的输入数据作为“填料”将不断地被加入到迭代过程中。由于输入数据是有限的，在这些数据输入完后，通过对其简单组合将形成新的“填料”。因此，分组 Hash 构造与通常理解的函数处理不同，后者是对输入数据进行变换，而分组 Hash 函数则是由输入数据控制对系统状态的变换，这是一种设计上的显著不同。此外，上述系统状态的变换要求是非线性的（也就是无法由线性方程对该变换进行表示，进而对上述迭代过程也不能进行表示），其通常依靠 f 中存在的一个“非线性盒”来实现。

在给定初始的 k 个状态 $M_1,\cdots,M_k$ 后，n 次处理可表示为：

$$\begin{cases} M_{k+1} & \leftarrow & f_{K_1,w_1}(M_1,M_2,\cdots,M_k) \\ M_{k+2} & \leftarrow & f_{K_2,w_2}(M_2,M_3,\cdots,M_{k+1}) \\ \vdots & & \vdots \\ M_{n+k-1} & \leftarrow & f_{K_{n-1},w_{n-1}}(M_{n-1},M_n,\cdots,M_{n+k-2}) \\ M_{n+k} & \leftarrow & f_{K_n,w_n}(M_n,M_{n+1},\cdots,M_{n+k-1}) \end{cases} \tag{4.2}$$

最终，Hash 函数的输出为最后 k 个状态，即 $(M_{n+1},M_{n+2},\cdots,M_{n+k}) \leftarrow \text{Hash}(\boldsymbol{W})$。令每个分组长度为 $|M_i|=s$ 比特，则函数 f 每次只处理 $k\cdot s$ 比特。

如果每个分组占用一个寄存器，那么硬件设计仅需要 k 个寄存器，并用新产生的分组替代序号最小的分组，其他分组顺序右移，上述设计的好处是易于硬件实现。

下面针对上述 Hash 函数构造模型，简要分析 Hash 函数破解的难度。如图 4.2 显示了基于分组技术的 Hash 函数构造框图。不难看出，上述 Hash 函数可以被看成由初始状态 $(M_1,M_2,\cdots,M_k)$ 到最终状态 $(M_{n+1},M_{n+2},\cdots,M_{n+k})$ 的过程，期间经过了由消息 $(w_1,w_2,\cdots,w_l)$ 控制的 n 次状态转换。这一过程可转化为如下问题：

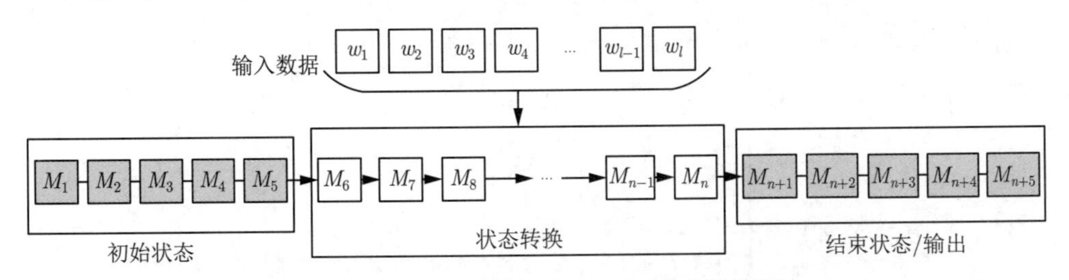

图 4.2 基于分组技术的 Hash 函数构造框图

定义 4.4（分组 Hash 函数求逆问题） 给定一个 Hash 函数输出 $(M_{n+1}, M_{n+2}, \cdots, M_{n+k})$ 和初始状态 $(M_1, M_2, \cdots, M_k)$，则分组 Hash 函数求逆（或碰撞）过程也就是在已知最终状态 $(M_{n+1}, M_{n+2}, \cdots, M_{n+k})$ 的情况下找到一组消息 $(w_1, w_2, \cdots, w_l)$，使其控制一个函数将输出数据由终止状态还原到初始状态 $(M_1, M_2, \cdots, M_k)$ 的过程。

不难发现随着轮数 n 的增大，分组 Hash 函数求逆问题难度也逐渐增大。在没有任何先验知识的情况下，只要轮数足够多，由结束状态反推结果与初始状态相同的概率等于 $1/2^{ks}$。

4.4.1 SHA-1 算法构造

SHA-1 是一个输入为 512 比特、输出为 160 比特的压缩函数，其定义如下：

$$\text{SHA}-1 : \{0,1\}^{128} \times \{0,1\}^{32*16} \to \{0,1\}^{160} \tag{4.3}$$

第一个输入参数是 128 比特的密钥 K，该密钥被定义为常数，第二个输入参数是 32*16=512 比特的输入消息。

SHA-1 面向字进行处理，字长度为 32 比特，在 SHA-1 中状态分组为 M，初始状态由 5 个字组成。初始的五个状态分别为

$$\begin{aligned} &M_1 = \text{C3D2E1F0}, \quad M_2 = 10325476, \quad M_3 = \text{98BADCFE}, \\ &M_4 = \text{EFCDAB89}, \quad M_5 = 67452301 \end{aligned} \tag{4.4}$$

如图 4.3 所示，给定初始的五个状态 $M_1, \cdots, M_5$ 后，SHA-1 处理要进行 $n = 80$ 轮迭代。对于第 $i = 1, \cdots, 80$ 次迭代的过程采用了反馈移位寄存器方式，表示为

$$\begin{aligned} M_{i+5} &= \text{ROTL}^5(M_{i+4}) + f_i(M_{i+3}, M_{i+2}, M_{i+1}) + M_i + w_i + K_i \\ M_{i+3} &= \text{ROTL}^{30}(M_{i+3}) \end{aligned} \tag{4.5}$$

其中，ROTL^j 表示循环左移 j 位，$+$ 表示模 2^{32} 整数加运算。

关于输入数据（填料），512 比特的输入 W 需要被进一步划分成 16 个 32 比特的字，即 $W_i = (w_1, w_2, \cdots, w_{16})$。这 16 组输入只能完成前 16 次迭代，第 16 次迭代之后用到的所有填料 w_i 由之前的填料组合产生，表示如下：

$$w_i = \text{ROTL}^1(w_{i-3} \oplus w_{i-8} \oplus w_{i-14} \oplus w_{i-16}), i = 17, \cdots, 80 \tag{4.6}$$

每次迭代都使用一个非线性函数 f_t，每个函数 f_t（$1 \leqslant t \leqslant 80$）操作三个 32 位字 (X, Y, Z), 并产生一个 32 位字作为输出。函数定义如下：

$$f_t(X,Y,Z) = \begin{cases} (X \wedge Y) \vee ((\neg X) \wedge Z), & 1 \leqslant t \leqslant 20 \\ X \oplus Y \oplus Z, & 21 \leqslant t \leqslant 40 \\ (X \wedge Y) \vee (X \wedge Z) \vee (Y \wedge Z), & 41 \leqslant t \leqslant 60 \\ X \oplus Y \oplus Z, & 61 \leqslant t \leqslant 80 \end{cases} \tag{4.7}$$

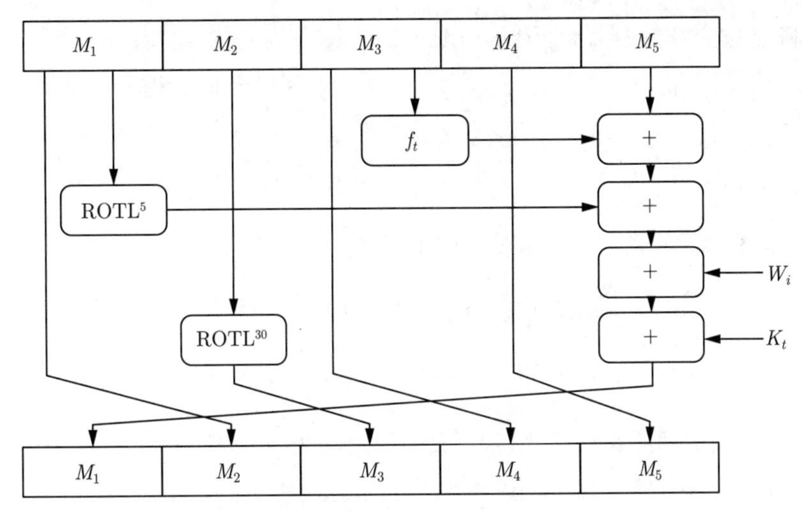

图 4.3　采用移位寄存器实现的 SHA-1 迭代过程

此外，SHA-1 一共需要 80 个 32 位的密钥常量 $K = (K_1, \cdots, K_{80})$，该密钥定义如下：

$$K_t = \begin{cases} \text{5A827999}, & 1 \leqslant t \leqslant 20 \\ \text{6ED9EBA1}, & 21 \leqslant t \leqslant 40 \\ \text{8F1BBCDC}, & 41 \leqslant t \leqslant 60 \\ \text{CA62C1D6}, & 61 \leqslant t \leqslant 80 \end{cases} \tag{4.8}$$

表 4.1 总结了 SHA-1 中的参数，帮助读者采用基于分组密码的 Hash 构造理解 SHA-1 算法。

表 4.1　SHA-1 算法参数表

参　数	描　述	长　度
s	分组长度	32 比特
k	每次处理的状态分组长度	5 分组 = 160 比特
n	总轮数	80 轮
l	输入消息分组长度	16 分组 = 512 比特

4.4.2　SHA-256 算法构造

SHA-256 是一个输入为 512 比特、输出为 256 比特的压缩函数，定义如下：

$$\text{SHA} - 256 : \{0,1\}^{64*32} \times \{0,1\}^{32*16} \rightarrow \{0,1\}^{256} \tag{4.9}$$

其中，第一个输入参数是 $64 * 32$ 比特的密钥 K，该密钥被定义为常数，第二个输入参数是 $32 * 16 = 512$ 比特的输入消息。

下面将首先介绍数据填料方法。SHA-256 输入为 512 比特，但其每个分组单位依然为 32 比特，即 $W=(w_1,w_2,\cdots,w_{16})$。然后其会扩展这些数据进入到 64 个分组：

$$w_i=\sigma_1(w_{i-1})+w_{i-7}+\sigma_0(w_{i-15})+w_{i-16},\quad i=17,\cdots,64 \tag{4.10}$$

其中，两个函数 $\sigma_0(X)$ 和 $\sigma_1(X)$ 定义如下：

$$\begin{cases}\sigma_0(X)=\mathrm{ROTR}^7(X)\oplus\mathrm{ROTR}^{18}(X)\oplus\mathrm{SHR}^3(X)\\ \sigma_1(X)=\mathrm{ROTR}^{17}(X)\oplus\mathrm{ROTR}^{19}(X)\oplus\mathrm{SHR}^{10}(X)\end{cases} \tag{4.11}$$

其中，ROTR^i 表示循环右移 i 比特，SHR^i 表示右移 i 比特。

其次，SHA-256 要进行 $n=80$ 轮迭代，给定初始的 8 个状态 $M_1,\cdots,M_8$ 如下：①

$$\begin{aligned}&M_1=\text{0x6a09e667},\quad M_2=\text{0xbb67ae85},\quad M_3=\text{0x3c6ef372},\quad M_4=\text{0xa54ff53a},\\&M_5=\text{0x510e527f},\quad M_6=\text{0x9b05688c},\quad M_7=\text{0x1f83d9ab},\quad M_8=\text{0x5be0cd19}\end{aligned} \tag{4.12}$$

如图 4.4 所示，第 $i=1,\cdots,80$ 次迭代的过程表示为

$$\begin{cases}T=\Sigma_1(M_{i+3})+f_1(M_{i+3},M_{i+2},M_{i+1})+M_i+w_i+K_i\\ M_{i+4}=M_{i+4}+T\\ M_{i+8}=\Sigma_0(M_{i+7})+f_0(M_{i+7},M_{i+6},M_{i+5})+T\end{cases} \tag{4.13}$$

其中，两个函数 f_0 和 f_1 定义如下：

$$\begin{cases}f_0(X,Y,Z)=(X\wedge Y)\oplus(Y\wedge Z)\oplus(X\wedge Z)\\ f_1(X,Y,Z)=(X\wedge Y)\oplus(\neg X\wedge Z)\end{cases} \tag{4.14}$$

此外，Σ_0 和 Σ_1 定义如下：

$$\begin{cases}\Sigma_0(X)=\mathrm{ROTR}^2(X)\oplus\mathrm{ROTR}^{13}(X)\oplus\mathrm{SHR}^{22}(X)\\ \Sigma_1(X)=\mathrm{ROTR}^6(X)\oplus\mathrm{ROTR}^{11}(X)\oplus\mathrm{SHR}^{25}(X)\end{cases} \tag{4.15}$$

在实践上，可采用移位寄存器实现上述 SHA-256 的迭代过程。

如同 8 个初始状态的设置一样，在 64 轮状态更新中，每一轮使用的密钥 K_t 定义为整数区间 [2,311] 中 64 个素数的立方根的分数部分。这里将不再进行列出，读者可查阅相关资料。此外，表 4.2 总结了 SHA-256 中的参数。

① 这些初值是对自然数中前 8 个素数（2,3,5,7,11,13,17,19）的平方根的小数部分。

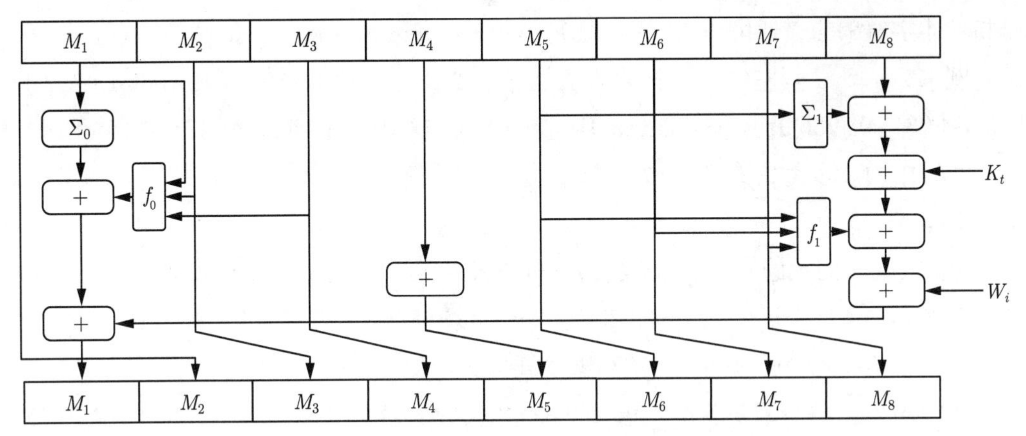

图 4.4 采用移位寄存器实现的 SHA-256 迭代过程

表 4.2 SHA-256 算法参数表

参 数	描 述	长 度
s:	分组长度	32 比特
k:	每次处理的状态分组长度	8 分组 = 256 比特
n:	总轮数	64 轮
l:	输入消息分组长度	16 分组 = 512 比特

4.5 基于 NP 困难问题的 Hash 构造

密码学 Hash 函数本质就是一种单向函数，而这种单向性在现在密码学中广泛存在，因此其也为其他类型的 Hash 函数构造奠定了基础。特别是在可证明安全方面，一些基于 NP 类问题的 Hash 函数已经被提出并获得应用。下面将介绍两类这种构造：基于平方剩余问题和基于格的 Hash 函数构造。

4.5.1 SQUASH 函数构造

为了解释基于 NP 类问题的 Hash 构造，此处将介绍一类基于计算平方剩余问题的 Hash 函数构造，其被称为 SQUASH 函数。给定一个 RSA 类型的大整数 $N = pq$，其中，p 和 q 是大素数且 $p = q = 3 \pmod 4$，计算平方剩余问题是指给定 (y, N)，求整数 x 使得 $y = x^2 \pmod N$。

2007 年 A. Shamir 给出了一个由上述问题构造的 $\text{SQUASH} : \mathbb{Z} \times \mathbb{Z} \to \{0,1\}^m$ 函数 [1]，该函数定义如下：

$$\text{SQUASH}_{s,N}(x) = \text{LSB}_m((x+s)^2 \pmod N) \tag{4.16}$$

其中，s 为一个秘密（可视为密钥），x 为输入数据，$\text{LSB}_m(z)$ 表示对 z 所表示的二进制字符串 $z = (z_n, z_{n-1}, \cdots, z_1, z_0)_2$ 取截断后的最不重要 m 比特。本书最不重要比特是指上述字符串的最低位 m 比特，即 $\text{LSB}_m(z) = (z_{m-1}, \cdots, z_1, z_0)_2$。

例 4.1 令 $n = 310$，则选择的大整数 $N = 2^{310} - 1 = 2\,085\,924\,839\,766\,513\,752\,338\,888\,384\,931\,203\,236\,916\,703\,635\,113\,918\,720\,651\,407\,820\,138\,886\,450\,957\,656\,787\,131\,798\,913\,023$ 作为 Hash 函数的模数，令 SQU ASH 输出的最后 160 比特作为输出，即 $m = 160$。

给定 Hash 函数的一个整数输入 $x = 127\,599\,907\,887\,667\,047\,973\,807\,783\,429\,085\,695\,105\,613\,964\,504\,583\,392\,083\,319\,884\,898\,805\,488\,251\,473\,654\,988\,270\,661\,610$，计算 $x^2 = 16\,281\,736\,492\,941\,115\,324\,797\,611\,261\,389\,320\,453\,539\,058\,933\,126\,753\,914\,383\,327\,360\,730\,050\,292\,978\,662\,385\,739\,396\,298\,622\,806\,497\,317\,732\,614\,326\,314\,959\,672\,260\,567\,511\,706\,614\,843\,374\,456\,888\,398\,202\,077\,617\,168\,807\,346\,479\,067\,127\,792\,100$。

然后，计算模 N 下的平方剩余，即 $x^2 \pmod N = 1\,271\,934\,152\,710\,931\,387\,629\,417\,338\,477\,998\,327\,250\,034\,398\,774\,964\,146\,238\,800\,204\,923\,092\,694\,508\,367\,000\,725\,110\,648\,689$。最后的 Hash 输出为最后 m 比特，即 $\text{SQUASH}(x) = 950\,431\,102\,765\,948\,996\,223\,433\,902\,420\,184\,249\,323\,677\,544\,305$。

这里有个问题是 N 必须作为附带信息被提供，显然并不符合通常 Hash 函数的定义，为了解决这一问题，Shamir 提出采用 $N = 2^n - 1$ 形式，其中，$x \leqslant 2^n$。不难推导出下面形式：

$$(x+s)^2 = y_1 2^n + y_0 = y_1 + y_0 \pmod{2^n - 1} \tag{4.17}$$

这种方式不仅容易存储 N 而且可简化计算。Shamir 建议 $1200 < n < 1300$。

例 4.2 继续上例，可将前述 x^2 在整数上的表示分为如下两部分：

$$\begin{aligned} y_1 &= 7\,805\,524\,045\,038\,745\,425\,315\,654\,953\,420\,365\,823\,502\,987\,848\,539\,846\,019 \\ &\quad 944\,400\,317\,619\,850\,879\,671\,563\,015\,943\,695\,757 \\ y_0 &= 1\,264\,128\,628\,665\,892\,642\,204\,101\,683\,524\,577\,961\,426\,531\,410\,926\,424\,300 \\ &\quad 218\,855\,804\,605\,472\,843\,628\,695\,437\,709\,166\,952\,932 \end{aligned} \tag{4.18}$$

不难发现 $y_1 + y_0$ 结果依然和上面相同。然而，上述方案中 N 的分解并不困难，这时可以给出它的分解形式：$N = 3^1 \times 11^1 \times 31^2 \times 311^1 \times 11\,161^1 \times 11\,471^1 \times 73\,471^1 \times 715\,827\,883^1 \times 2\,147\,483\,647^1 \times 4\,649\,919\,401^1 \times 18\,158\,209\,813\,151^1 \times 5\,947\,603\,221\,397\,891^1 \times 29\,126\,056\,043\,168\,521^1$。那么根据中国剩余定理，给定某一个目标 Hash 值 y，可随机进行前半部的填充，进而求得原像，也就是找到了一个 Hash 碰撞，因此由于 N 的选择不当，上述构造是不安全的。

为了保证安全，根据平方剩余问题的安全性要求，需要保证 $N = 2^n - 1$ 作为大整数的分解是未知的。这是因为只有当 N 的整数分解是未知时，平方剩余问题才不能由中国剩余定理求解。Shamir 建议可采用 $N = 2^{1277} - 1$。因为目前为止，该数的分解包含了一个 385 位十进制数的整数因子，且该因子还没有被分解。

4.5.2 基于格的 Hash 函数构造

格密码（Lattice-based cryptography）是一种近年来备受关注的公钥密码体制，这里的格（lattice）是指由一个给定线性无关向量组的所有整数系数经线性组合所得到的点空间。为了方便读者理解，本节仅使用矩阵的概念来构造一种密码学 Hash 函数，对格密码感兴趣的读者可参见本书高级篇中相关介绍。

对于指定的安全参数 n，选择一个 $n \times m$ 维的矩阵 $\boldsymbol{A} = \{a_{ij}\} \in \mathbb{Z}_q^{n\times m}$，其中，$a_{ij} \in \mathbb{Z}_q$，$m$ 和 q 是两个整数且 $m > n$。一种基于格的 Hash 函数 $h_A : \{0,1\}^m \to \mathbb{Z}_q^n$ 定义如下：

$$h_{\boldsymbol{A}}(\boldsymbol{x}) = \boldsymbol{A}\boldsymbol{x} \pmod q = \sum_{i=1}^{m} x_i \boldsymbol{A}_i \pmod q$$

其中，$\boldsymbol{x} = (x_1, \cdots, x_m)^{\mathrm{T}} \in \{0,1\}^m$ 且 $\boldsymbol{A}_i$ 表示矩阵 $\boldsymbol{A}$ 的第 i 列，即 $\boldsymbol{A} = (\boldsymbol{A}_1, \cdots, \boldsymbol{A}_m)$。此外，对于固定的实数 c，使得 $n \log q < m < \dfrac{q}{2n^4}$ 且 $q = O(n^c)$ 成立。

例 4.3 令 $c = 7$，则有 $q = n^7 - 1$ 且 $7n \log n < m < \dfrac{n^3}{2}$。因此可定义 $m = n^2$。此时，Hash 函数的编码效率 $R = \dfrac{n \log q}{n^2} = \dfrac{c \log n}{n}$。由于 n 的增长速度大于 $\log n$，因此，随着 n 的增大，R 将变小。

下面以 $n = 4$ 为例演示上述 Hash 函数的计算过程。令 $m = 16$ 且 $q = n^7 - 1 = 16\,383$。首先，根据上述参数均匀随机选择 4×16 的矩阵 $\boldsymbol{A}$，如表 4.3所示；给定任意消息 $\boldsymbol{x} = (0,0,1,1,1,0,1,0,0,1,1,1,0,1,1,1)^{\mathrm{T}}$，可以计算出函数输出值为 $h_{\boldsymbol{A}}(\boldsymbol{x}) = \boldsymbol{A}\boldsymbol{x} = (14\,697, 16\,126, 1\,456, 11\,197)$。

表 4.3 基于格的 Hash 函数的例子

变 量 名	取 值
$\boldsymbol{A}$	$\{\{8535, 8703, 12\,772, 3702, 5096, 6523, 5594, 3605,$ $16\,331, 14\,008, 14\,045, 5174, 14\,538, 4111, 579, 15\,148\},$ $\{13\,232, 13\,190, 1273, 14\,400, 14\,041, 6795, 78, 2386,$ $8061, 8658, 20, 6658, 338, 3051, 2376, 14\,720\},$ $\{10\,833, 1091, 4148, 5087, 13\,931, 12\,852, 7975, 745,$ $15\,333, 6459, 1119, 5462, 10\,407, 13\,225, 9505, 77\},$ $\{4078, 8556, 5569, 11\,398, 9265, 374, 394, 7352, 4749,$ $16\,348, 9563, 3547, 1414, 9578, 7066, 4001\}\}$
$\boldsymbol{x}$	$\{0,0,1,1,1,0,1,0,0,1,1,1,0,1,1,1\}$
$h_{\boldsymbol{A}}(\boldsymbol{x})$	$\{14\,697, 16\,126, 1456, 11\,197\}$

可以看出上述基于格的 Hash 函数构造具有如下特点：① 容易计算：只需要简单代数运算，不需要大整数运算（因为 q 很小）；② 计算复杂性低：至多需要 $m*n$ 次加法运算。此外，这种基于格的 Hash 函数目前被认为具有抗量子计算机攻击的能力。

下面将对上述 Hash 构造的安全性进行分析。

定义 4.5（小整数解问题困难假设） 给定参数 $n,m,q\in\mathbb{N}$[对某一常数 c，满足 $n\log q<m<\dfrac{q}{2n^4}$ 且 $q=O(n^c)$]，小整数解（SIS）问题定义如下：

输入： 矩阵 $\boldsymbol{A}\in\mathbb{Z}_q^{n\times m}$；

输出： 向量 $\boldsymbol{x}\in\{-1,0,1\}^m\backslash\{0\}^m$，满足 $\boldsymbol{Ax}=0\pmod q$。

假设不存在概率多项式时间（PPT）内的有效算法能够求解上述问题，我们称其为矩阵 $\boldsymbol{A}$ 的小整数解问题困难假设。

定理 4.4 小整数解困难假设预示上述 Hash 函数 $h_{\boldsymbol{A}}$ 是强碰撞自由的。

证明 假设敌手能够发现两个二进制串 s_1 和 s_2，且 $s_1\neq s_2$，使得 $\boldsymbol{A}s_1=\boldsymbol{A}s_2\pmod q$ 成立。那么将有 $\boldsymbol{A}(s_1-s_2)=0\pmod q$。因为 $s_1,s_2\in\{0,1\}^m$，那么将有 $\boldsymbol{x}=(s_1-s_2)\in\{-1,0,1\}^m$，这意味着找到了一个 SIS 问题的实例。这与 SIS 问题的安全性假设矛盾。 ■

4.6 长数据的 Hash 处理

上面介绍的 Hash 函数 $H:\{0,1\}^n\to\{0,1\}^m$ 都只能在一次运行后将固定 n 比特长度的串压缩成定长 m 比特的摘要，而现实中的文本数据长度都很大，远远超过了一次 Hash 函数的输入。本节中讲述的问题就是如何实现任意长度字符串的完整性认证，也就是，如何使用固定压缩率的 Hash 函数实现无限长消息的 Hash 函数。

对于任意长数据的 Hash 值求取，由于 Hash 函数的输入是固定的，所以这里不妨假设函数输入是 n 比特（如 SHA-1 中为 512 比特），那么首先需要将消息填充成为 n 比特的整数倍，特别是将数据长度信息填充到数据中去。原因在于通常的消息摘要是没有密钥参与的，任何人都可以在已有消息的基础上继续添加新的消息，这就使得程序很难断定消息的真实长度，因此，需要先将消息长度对消息进行填充。

消息的填充是必需的，即使原消息已经是 n 的整数倍，也需要将消息长度对消息进行填充，其目的在于标识消息串的结束。

Merkle 和 Damgård 最早给出了一种简单的填充方法 [2]，并证明了此方法的安全性。

定义 4.6（Merkle-Damgård 填充方法） 给定任意长度的消息串 M，下面方法能够将该消息 M 转化为 n 比特整数倍的消息 M'，并保证消息签名的安全，即

$$M'=M||1||0^d|||M| \tag{4.19}$$

其中，$|M|$ 是消息长度的 64 位二进制表示，$d = n - 65 - |M| \pmod n$。

在 Merkle-Damgård 填充方法中，比特“1”很重要，它是消息串的终止符号 [3]。补充比特“0”的数目 d 是通过下面方法计算的：为了达到 n 比特对齐，需要 $|M|+65+d = 0 \pmod n$，那么可得 $d = n - 65 - |M| \pmod n$，其中，65 是 64 比特消息长度加上比特“1”的长度和。最后要说明的是，引入上述填充后，填充信息便将具有认证功能，也就是说如果消息不满足上述规定，其将被认定为是被篡改过的，将不能被接受。

在输入数据填充的基础上，任意长数据的 Hash 值求取都普遍采用迭代的方式进行，其主要有下面两种形式：顺序 Hash 结构和树状 Hash 结构，下面将分别予以介绍。

4.6.1　顺序 Hash 结构

顺序 Hash 结构就是按照消息的自然顺序逐一进行迭代以求取 Hash 值的方式。最常见的形式是：给定任意安全 Hash 函数 $H:\{0,1\}^n \to \{0,1\}^m$，首先将待处理消息 m 填充，并分割为等长度为 l 的分组序列，即，$M = M_1||M_2||\cdots||M_s$，其中，$|M_i| = l$，令 $\sigma_0 = IV \in \{0,1\}^k$，且 $n = l + k$，那么，消息 M 的 Hash 值可通过下面迭代结构求取：

$$\sigma_i = H(\sigma_{i-1}||M_i),\ \ i = 1, 2, \cdots, s \tag{4.20}$$

最终结果是最后分组输出的 Hash 值 σ_s。显然，任何一比特消息数值的变化都会被延续下去，因此该方案是可检测篡改的。需要注意的是，如果将上述迭代公式变为 $\sigma_i = H(\sigma_{i-1} \oplus M_i)$，则其可能存在安全风险，读者可自行分析。

4.6.2　树状 Hash 结构

顺序 Hash 结构的好处是它与一般人打开文件和阅读文件的顺序性是一致的。但是随着并行处理技术和分布式环境的普及，越来越多的大数据完整性验证需要考虑并行工作模式。针对这种需求，采用树状 Hash 结构更为有效。下面将介绍一种 Merkle 提出的树状 Hash 结构，也被称为“Merkle 哈希树”（Merkle Hashing Tree），其结构如图 4.5 所示。

Merkle 哈希树的构造过程如下：给定任意安全 Hash 函数 $H:\{0,1\}^n \to \{0,1\}^m$，首先将待处理消息 M 填充并分割为等长度为 n 的分组序列，即 $M = M_0||M_1||\cdots||M_{s-1}$，为了方便叙述，不妨假设 $s = 2^k$；然后，依次求取每个块的 Hash 值，即

$$\sigma_{s+i} = H(M_i),\ \ i = 0, 1, \cdots, s-1 \tag{4.21}$$

再将这些 Hash 值组织成树状结构，也就是对 $i = 1, 2, \cdots, s-1$，从后向前计算

$$\sigma_i = H(\sigma_{2i} \oplus \sigma_{2i+1}) \tag{4.22}$$

最终结果是树根节点的 Hash 值 σ_1。上述构造的 Merkle 哈希树是一棵满二叉树，树的高度为 $h = \log s + 1 = k + 1$。如图 4.5 所示，对于 $4 = 2^2$ 个分组（$s = 4$ 且 $k = 2$），树高为 $h = 3$。这意味着，只需要 h 次迭代就可以由一个叶节点到达根节点。在并行计算的环境下，计算时间开销可以达到 $O(\log s)$。

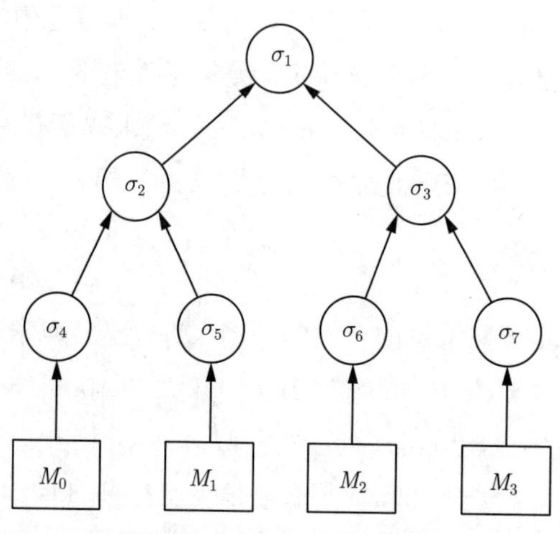

图 4.5 Merkle 哈希树示例

4.7 带密钥 Hash 函数构造

消息认证码（Message Authentication Code，MAC）是指一种带有密钥的 Hash 函数，其通常用来实现已知通信双方之间的消息完整性认证。或者说，与前面不带密钥的 Hash 函数相区别的就是 MAC 采用了通信双方共享密钥。Hash 函数因为没有密钥，所以任何人可以在改变消息后重新计算 Hash 值并进行替换，因此对完整性验证而言其毫无安全性可言，而 MAC 正好弥补了这一缺陷。

从上面介绍的 Hash 函数构造中不难发现，尽管 Hash 函数构造中都预留了缺省密钥，例如，SHA-1 和 SHA-256 都带有密钥 K，并在每次分组操作中均会被处理，只是这个密钥被指定为特定的缺省值。因此，可直接将用户密钥替代该缺省密钥以实现 MAC。但实际使用时，由于目前 Hash 函数库中函数一般并不提供密钥输入的调用接口，因此上述方法并不适用。

目前，MAC 实现技术包括两类：基于已有 Hash 函数和基于已有加密函数的 MAC 构造。这两类中，密钥都是作为字符串与消息进行混合传输以实现 MAC 功能的，这样的好处是扩大了适用范围，利于利用已有的密码程序资源。

下文将首先介绍一种基于已有 Hash 函数的构造，其被称为层次消息认证码（Hierarchical MAC, HMAC）。它是目前最受支持的方案，已被用于 Internet 协议中（如安全传输层协议）并作为 FIPS 标准发布。

定义 4.7（HMAC 结构） 给定任意安全密码 Hash 函数 $H_{\text{in}}, H_{\text{out}} : \{0,1\}^n \to \{0,1\}^m$，对于指定的密钥 K 和任意长度的消息 M，HMAC 定义如下：

$$\text{HMAC}(K, M) = H_{\text{out}}((K \oplus \text{opad})||H_{\text{in}}((K \oplus \text{ipad})||M)) \tag{4.23}$$

其中，$\text{ipad} = 0\text{x}3636\cdots36$ 和 $\text{opod} = 0\text{x}5\text{c}5\text{c}\cdots5\text{c}$ 是两个 512 比特常数。

图 4.6 显示了 HMAC 的结构。从结构上看，上述公式使用了两次 Hash 函数（H_{in} 和 H_{out} 分别被称为内部 Hash 和外部 Hash），也就是两次嵌套结构。但是这两个 Hash 函数的目的是不同的：内部 Hash 函数 H_{in} 将长消息头部填充密钥，并提取长消息 M 的摘要；外部 Hash 函数 H_{out} 则是对前述短摘要进行封闭，防止敌手在内部 Hash 结果后进行消息追加。

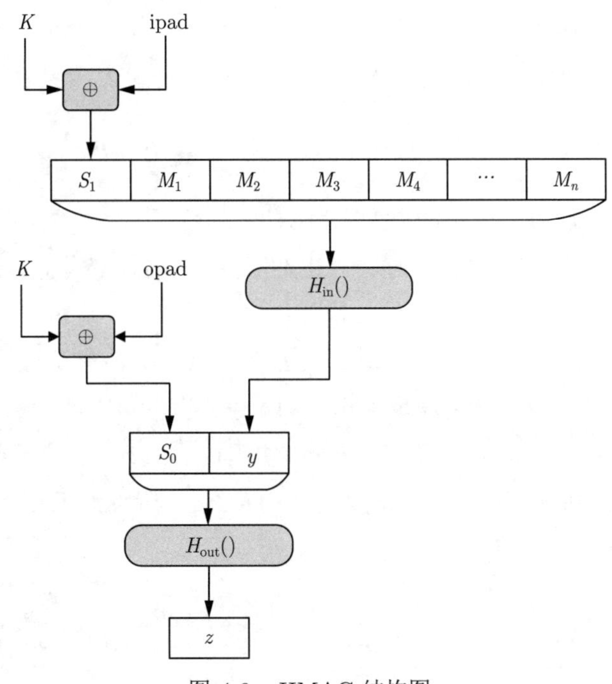

图 4.6 HMAC 结构图

定理 4.5 假定内部 Hash 函数 H_{in} 是 $(\varepsilon_1, q+1)$-碰撞安全的，外部 Hash 函数 H_{out} 是 (ε_2, q)-伪造安全的，则 HMAC 是 (ε, q)-伪造安全的，其中，$\varepsilon \leqslant \varepsilon_1 + \varepsilon_2$。

证明 当密钥 K 未知时，敌手为了伪造一个有效的消息及其 MAC，可通过查询 HMAC 进行学习，对于一次查询 M_i，敌手学习到的知识是 (M_i, y_i, z_i)，其中 $y_i = H_{\text{in}}((K \oplus \text{ipad})||M_i)$ 且 $z_i = H_{\text{out}}((K \oplus \text{opad})||y_i)$。在这种场景下，一个伪造的有效 HMAC 认证码存在下面两种情况：

一方面，假设经过 $q+1$ 查询后敌手能以至多 ε_1 的成功概率找到了一个 H_{in} 碰撞，也就是存在 $y_i = y_{q+1}$ 但 $M_i \neq M_{q+1}$，那么敌手停止学习，而输出 (M_{q+1}, y_i, z_i) 作为

伪造消息及其 MAC。显然这是一个存在性伪造攻击，H_{in} 被查询 $q+1$ 次，而 H_{out} 被查询 q 次。

另一方面，即使上述 H_{in} 函数的碰撞没发生，在 q 次 H_{out} 查询后敌手仍然有可能以至多 ε_2 的成功概率找到了一个有效的伪造签名 (y_{q+1}, z)，使得 (M_{q+1}, y_{q+1}, z) 成为一个有效的 HMAC 认证码。

显然，HMAC 的攻击成功概率至多为前述两种情况下成功概率之和，即 $\varepsilon_1+\varepsilon_2 \geqslant \varepsilon$。因此，定理得证。 ■

其次在下面将介绍一种基于已有对称加密算法的 MAC 构造，其被称为基于密文的消息认证码（Cipher-based MAC, CMAC）。它采用了长消息分组加密的密码块链接（Cipher Block Chaining, CBC）工作模式，定义如下：

定义 4.8（CMAC 结构） 给定任意安全加密函数 $E:\{0,1\}^l \times \{0,1\}^n \to \{0,1\}^n$，对于指定的密钥 K 和任意长度的消息 $M = M_1||M_2||\cdots||M_m$，CMAC 定义如下：

$$y_i = E_K(y_{i-1} \oplus M_i), \quad i = 1, 2, \cdots, m \tag{4.24}$$

其中，$y_0 = IV$ 初始状态，最终结果为 $\text{CMAC}(K, M) = y_m$。

已知当基本加密算法足够安全时，上述 CMAC 构造是安全的。然而 CMAC 在使用中要防范各种潜在的安全风险，例如，如果攻击者获知了连续两个消息认证码 y_{i-1} 和 y_i，由于 $y_i = E_K(y_{i-1} \oplus M_i)$，那么攻击者可以在该消息认证码后伪造一个消息 $M'_{i+1} = y_{i-1} \oplus y_i \oplus M_i$，显然它满足等式 $E_K(y_i \oplus M'_{i+1}) = E_K(y_{i-1} \oplus M_i) = y_i$。尽管由于 M'_{i+1} 的随机性存在，这一攻击可能没有实用价值，但是它表明密码系统在使用中必须防范各种不必要的信息泄露。同时，与 CMAC 结构相比较，HMAC 结构更加可靠和安全，因此更推荐大家使用。

习　题

1. 令数据块长度为 l，验证码长度为 k，求任意选择的两个数据所产生的随机验证码碰撞的碰撞概率。

2. 证明：如果一个广义 Hash 函数具有弱碰撞性，则其被称为密码学 Hash 函数。

3. 为什么 HMAC 采用嵌套结构？是几层嵌套结构？

4. 散列函数的安全要求是什么？

5. 为什么能用有限长度编码实现无限长度数据的完整性检查？

6. SHA1 轮数的计算方法是什么？

7. 计算 $\text{SQUASH}_{5,31}(x)$ 和 $\text{SQUASH}_{5,63}(x)$，其中 $x = 1, 30$，说明两者异同。

第5章 数字签名技术

学习目标与要求

1. 掌握数字签名方案设计的密码学基础。
2. 掌握基本的密码学签名方案和设计思想。
3. 掌握数字签名的安全要求和基本原理。

5.1 引　　言

签名（手写签名或签章）是一种古老的安全技术，它通过在文件中附加特殊风格印记的方式，实现识别签名人身份并表明签名人对文件内容认可度的功能。签名通常被用于验证签名者与文件之间的“所属”关系，作为一种书写体验证方法，带有署名的签名应该是能让人读出签名者真名的，如果它不能让人读出其名，则必须能通过某种比对手段或鉴别机制使人认可其有效性。

如同手写签名一样，数字签名（电子签名或电子签章）就是一种采用密码学技术的签名方法，它能够实现更加安全的“所有权”关系验证以及所捆绑内容的完整性验证，故在电子商务和网络环境中具有重要的地位和大量的应用。我国 2005 年 4 月 1 日起实施的《中华人民共和国电子签名法》确立了电子签名的法律效力，并对电子签名行为和有关各方的合法权益进行了规范。

本章将对数字签名的基本概念和基本安全性要求，以及几种常见数字签名的构造予以介绍，使读者熟悉数字签名的构造特点；此外，本章也将介绍一些目前依然广泛使用的数字签名所存在的缺陷。当然，安全是一种综合性的选择，这些缺陷并不一定影响签名方案的实际使用，因此需要读者对这些签名予以客观评价。

5.2 数字签名的概念

数字签名是一种以电子形式存储消息签名的方法，其功能是实现消息认证，即对信息系统中的数据或通信中的消息来源进行认证，也就是认证消息是否来源于某个实体（发送者），保障消息来源的正确性。

与传统手写签名或签章相比较，数字签名在传输、媒介、验证方法等方面都有显著的不同，这些不同表现在以下几方面：

① 传统手写签名或签章能成为所签署文件中物理的一部分；而数字签名没有在物理上依附于文件中，因此使用数字签名必须以某种形式将签名捆绑在所签文件上。

② 传统手写签名或签章在被验证时需要与其他签名比较来判断真伪；而数字签名通过一个公开验证算法就能够让所有人来验证签名真伪。

③ 传统手写签名或签章存在验证概率的问题，安全性并不高；而数字签名使用数学方法来防伪，并使得伪造变得困难，安全性较高。

此外，随着复制手段的提高，签名，无论手写签名还是数字签名，都应该包含日期、使用说明等附加信息，以防该签名被非法地重复使用。在本文后续内容中，除特殊说明外均将数字签名简称为签名。

在密码构造方面，数字签名方案为用户提供了一种给消息签名的方法，并且这个签名可以在之后被其他所有人验证。这种**公开可验证性**决定了签名方案需要被构造在公钥密码体制之上。更具体地讲，每个用户都可以生成一个相互匹配的公钥-私钥对，且只有用户本人使用自己的私钥才能生成针对该消息的签名，但是任何人使用签名者的公钥都可以验证该消息的签名。此外，验证者可以确信在消息进行签名之后消息的内容不会被改变，并且签名者不能否认自己曾经对某个消息进行过签名，因为只有签名者拥有自己的私钥，任何其他人伪造签名在数学上都是困难的。

具体而言，数字签名应满足的要求包括：

① 收方能确认或证实发方的签字，像验证手写签名一样；

② 签名密钥被签名者所控制，发方发出签名后的消息理论上不能否认之前所签消息；

③ 任何人不能伪造发送方的签名；

④ 签署后，被签名消息及签名的任何变更都能够被发现。

总的来说，数字签名的功能在于以下两方面。

① **所有权验证**：能够指明消息与宣称者之间的所属关系，有时对于版权管理也可被理解为对拷贝权的验证。

② **完整性验证**：能够验证消息是否与签名时是一致的，用以保证双方之间交换的数据不被修改，并可检查出对消息的任何变更。

5.3 数字签名定义

本节将给出数字签名的形式化定义，其包括两部分：“功能性定义”和“安全性定义”。其中，功能性定义将给出协议所需要完成的功能，安全性定义则会给出签名所需要的安全性要求。

设 $\mathcal{M}$ 是所有可能的消息组成的一个有限集，其可被称为消息空间。消息空间通常可被表示为无限长度的随机串，即 $\mathcal{M} \subseteq \{0,1\}^*$。以类似的方式，定义 $\mathcal{A}$ 是所有可能的签名组成的一个有限集，$\mathcal{K} = \mathcal{SK} \times \mathcal{PK}$ 是所有可能的公/私密钥对所组成的一个有限集。

根据以上符号定义，数字签名被定义如下：

定义 5.1（数字签名） 令给定的 $\mathcal{M}, \mathcal{A}$ 和 $\mathcal{K}$ 分别为消息空间、签名空间和密钥空间，则一个数字签名方案是满足以下条件的一个三元组 $(\mathcal{G}, \mathcal{S}, \mathcal{V})$（首字母缩写）。

① **密钥生成：** $\text{GenKey}: 1^\kappa \to \mathcal{SK} \times \mathcal{PK}$ 是一个随机密钥生成算法，它以安全参数 κ 为输入，输出为用户公钥 $pk \in \mathcal{PK}$ 和对应私钥 $sk \in \mathcal{SK}$，即

$$\text{GenKey}(1^\kappa) = (pk, sk) \tag{5.1}$$

② **签名过程：** $\text{Sign}: \mathcal{SK} \times \mathcal{M} \to \mathcal{A}$ 是一个签名算法，给定输入私钥 $sk \in \mathcal{SK}$ 和任意大小的消息 m，输出一个签名 σ，也就是 $\sigma = \text{Sig}(sk, m)$，或者简写为

$$\text{Sign}_{sk}(m) = \sigma \tag{5.2}$$

③ **验证过程：** $\text{Verify}: \mathcal{PK} \times \mathcal{M} \times \mathcal{A} \to \{\text{true}, \text{false}\}$ 是一个验证算法，给定签名者公钥 $pk \in \mathcal{PK}$，使得对每一个消息 $m \in \mathcal{M}$ 和每一签名 $\sigma \in \mathcal{A}$，输出签名真实性判定——真或者假，即，$\text{Verify}(pk, m, \sigma) = \text{true/false}$，或者

$$\text{Verify}_{pk}(m, \sigma) = \text{true/false} \tag{5.3}$$

对于每一个公/私密钥对 (pk, sk)，签名过程是秘密的，只有签名人知道；而验证算法是公开的，任何接收方都可进行验证。此外，签名算法和验证算法都是多项式时间可计算函数。与之前介绍的消息完整性验证方法相比较，由于公钥密码体制的使用，签名私钥只为签名者所有或被其控制，因此要求签名是不可由其他人伪造的，并且签名者不能否认自己签过的消息，综上所述签名和完整性验证方法具有较大的区别。

为了保证签名方案的安全，首先必须保证交互证明系统中的两个基本安全性质：完整性和完备性。完整性是指对于一个有效的签名，验证算法必须能够确认该签名的有效性；完备性则相反：对于无效的签名，它通过验证算法验证的成功概率将是可忽略的。签名者对签名的不可否认性是通过不可伪造性实现的。

定义 5.2（数字签名安全性） 数字签名方案应具有以下两种性质：

① **完整性：** 对于任意有效的消息签名对 (m, σ)，$\sigma = \text{Sign}_{sk}(m)$，验证算法都将以概率 1 通过验证并输出 true，即

$$\Pr[\text{Verify}_{pk}(m, \text{Sign}_{sk}(m)) = \text{true} : (pk, sk) \leftarrow \text{GenKey}(1^\kappa)] = 1 \tag{5.4}$$

② **完备性**：对于任意无效的消息签名对 (m^*, σ^*)，即 $\sigma^* \neq \text{Sign}_k(m^*)$，验证算法都将以可忽略的概率 ε 通过验证且输出 true，即

$$\Pr[\text{Verify}_{pk}(m^*, \sigma^*) = \text{true} : (pk, sk) \leftarrow \text{GenKey}(1^\kappa), \sigma^* \neq \text{Sign}_{sk}(m^*)] < \varepsilon \tag{5.5}$$

上述定义中，完备性等价于验证算法对无效签名输出否定判决 false 的概率是压倒性的，也就是对于 $\sigma^* \neq \text{Sign}_{sk}(m^*)$，则 $\Pr[\text{Verify}_{pk}(m^*, \sigma^*) = \text{false}] > 1 - \varepsilon$。签名完备性暗含着不可伪造性（unforgeability），也就是说对于任意 m^*，发现有效签名 $\sigma^* = \text{Sign}_{sk}(m^*)$ 的概率也是可以被忽略的。具体而言，完备性可以分为下面两种情况。

定义 5.3 数字签名的完备性定义通常分为以下两种情况：

① **抗选择性伪造**：攻击者 A 以可忽略的概率 ε 对挑战者选择的消息产生一个有效的签名。换句话说，如果给攻击者 A 一个消息 m，那么，A 伪造签名 σ^*，使得 $\text{Verify}_k(m, \sigma^*) = \text{true}$，上述过程的概率满足

$$\Pr\left[\text{Verify}_{pk}(m, \sigma^*) = \text{true} : \begin{array}{c} (pk, sk) \leftarrow \text{GenKey}(1^\kappa) \\ \sigma^* \leftarrow A^{\text{Sign}_{sk}(\cdot)}(pk, m) \\ m \notin \text{Query}(A) \end{array}\right] < \varepsilon \tag{5.6}$$

其中，A 表示攻击者，$A^{\text{Sign}_{sk}(\cdot)}(pk, m)$ 表示攻击者可以通过签名预言机 $\text{Sign}_{sk}(\cdot)$ 要求签名者对他提出的消息进行签名，并在查询之后输出一个消息 m 的伪造签名 σ^*，$\text{Query}(A)$ 表示被攻击者 A 查询 $\text{Sign}_{sk}(\cdot)$ 的消息集合，但 m 不是 A 曾经查询过的消息。

② **抗存在性伪造**：攻击者 A 能以可忽略的概率至少为一个消息产生有效的签名。换句话说，攻击者能产生一个新的消息签名对 (m^*, σ^*)，使得 $\text{Verify}_{pk}(m^*, \sigma^*) = \text{true}$，上述过程的概率满足

$$\Pr\left[\text{Verify}_{pk}(m^*, \sigma^*) = \text{true} : \begin{array}{c} (pk, sk) \leftarrow \text{GenKey}(1^\kappa) \\ (m^*, \sigma^*) \leftarrow A^{\text{Sign}_{sk}(\cdot)}(pk, 1^\kappa) \\ (m^*, \sigma^*) \notin \text{Query}(A) \end{array}\right] < \varepsilon \tag{5.7}$$

其中，$A^{\text{Sign}_{sk}(\cdot)}(pk, 1^\kappa)$ 表示攻击者可以要求签名者对他提出的任何消息进行签名并在查询之后输出一个伪造的消息签名对 (m^*, σ^*)，$\text{Query}(A)$ 表示被攻击者 A 查询 $\text{Sign}_{sk}(\cdot)$ 的消息签名对集合，但 m^* 不是 A 曾经查询过的消息。

一个签名方案不可能是无条件安全的，因为对于一个给定的消息 m 而言，敌手使用公开算法 Verify 可以测试所有可能的签名 $\sigma \in \mathcal{A}$，直到他发现一个有效的签名。因此，给定足够的时间，敌手总能伪造任何消息 m 的签名。因此，如同公钥加

密体制一样，设计数字签名的目标是找到在计算上不可行或可在数学上证明安全的签名方案。

5.4 数字签名的一般构造

在介绍 Hash 函数和 MAC 构造的前文中，已指出它们构造的前提条件是单向函数的存在。由于签名方案引入了公钥密码体制，故其构造的条件也随之增强，根据已有的研究表明，它的前提是单向陷门函数（One-way Trapdoor Function，OTF)。

数字签名构造的密码学基础是单向陷门函数 OTF 存在。

这里，所谓单向陷门函数是指该函数具有如下性质：

① 计算 $f(x)=y$ 是容易的；

② 计算 $f^{-1}(y)$ 在数学上是困难的；

③ 给定陷门 k，则 $f_k^{-1}(y)$ 可以为有效计算。

下面给出一个可证明安全的一般数字签名构造，它由一个单向函数（或 Hash 函数）h 和一个单向陷门函数 f 构成。该方案的构造如下：

① **密钥生成**：由一个可信第三方选择一个单向函数 h 和一个单向陷门函数 f，陷门为 k。公布两个函数 h 和 f，即 $pk=(f,h)$，并将陷门 $sk=(k)$ 发送给签名者。

② **签名过程**：签名者首先利用单向函数 h 计算待签名消息 m 的摘要 $h(m)$，然后计算摘要的签名为

$$\sigma=\mathrm{Sign}_{sk}(m)=f_k^{-1}(h(m))$$

最后将消息签名对 (m,σ) 发送给验证者。

③ **验证过程**：验证者接收到消息签名对 (m,σ) 后通过计算 $h(m)$ 和 $f(\sigma)$ 是否相等来验证签名的有效性，即

$$\mathrm{Verify}_{pk}(m,\sigma)=\begin{cases}\text{true} & h(m)=f(\sigma)\\ \text{false} & h(m)\neq f(\sigma)\end{cases} \tag{5.8}$$

上述一般签名构造中使用的函数 h 通常是公开的密码 Hash 函数，如 SHA3。同样地，常见的签名方案也几乎总是和一种非常快的 Hash 函数结合使用。Hash 函数 $h:\{0,1\}^*\rightarrow\{0,1\}^k$ 以任意长度的消息作为输入，返回一条特定长度的消息摘要，这就要求 Hash 函数输出被转为函数 f 的定义域，并在此基础上实现消息的签名。也就是说，**消息先经过 Hash 函数获取摘要，然后摘要被用于生成签名。**

定理 5.1 上述一般数字签名构造可满足数字签名安全性中的完整性要求。

证明 对于有效的消息签名对 (m,σ)，其中 $\sigma=f_{sk}^{-1}(h(m))$ 总能通过验证者的验证，因为总有 $h(m)=f(\sigma)$ 成立。 ■

定理 5.2 如果 f 是一个具有抗二次原像攻击的单向陷门函数，h 是一个碰撞稳固的单向函数，则上述一般数字签名构造满足完备性要求。

证明 对于无效的消息签名对 (m,σ)，其若要通过验证者的验证，则可分为存在性伪造和选择性伪造两种情况：

① **“选择性伪造”不可行**：若可对上述方案进行选择性伪造，那么任意给定一个消息 m，敌手可伪造出一个签名 σ^*，使得 $h(m) = f(\sigma^*)$ 成立。这意味着敌手能够有效地计算出 $\sigma^* = f^{-1}(h(m))$。由于在没有密钥 k 的情况下，单向陷门函数 f 是求逆困难的，σ^* 不可在任何多项式时间内获得，所以敌手的能力与 f 的求逆困难假设矛盾。因此，**在单向陷门函数 f 求逆困难的假设下，上述方案可抵抗选择性伪造**。

② **“存在性伪造”不可行**：这种情况可分为下面三种情况：

$m \neq m^*$ **但** $\sigma = \sigma^*$：敌手首先找到两条消息 $m^* \neq m$ 使得 $h(m^*) = h(m)$，然后他将消息 m 发送给签名者，并让签名者对消息摘要 $h(m)$ 签名获得 σ。那么 (m^*,σ) 是有效的签名消息，而 σ 是消息 m^* 的伪造签名。这是一种利用选择消息来实现攻击的存在性伪造；**如果 h 是抗碰撞的，这种攻击就能避免**。

$m = m^*$ **但** $\sigma \neq \sigma^*$：敌手给定消息签名对 (m,σ)，他将消息 m 发送给签名者，并让签名者对消息摘要 $h(m)$ 签名获得 σ^*，如果 $\sigma \neq \sigma^*$，那么 (m^*,σ^*) 是有效伪造，且 $f(\sigma^*) = f(\sigma)$。这是典型的二次原像攻击，因此，**如果 f 可抗二次原像攻击，这种攻击就能避免**。

$m \neq m^*$ **且** $\sigma \neq \sigma^*$：如果存在 $h(m^*) = f(\sigma^*)$ 成立，意味着该消息签名对与之前观察到的消息签名对都没有紧密的关系，因此，考虑两种可能性，即 $m^* = h^{-1}(f(\sigma^*))$ 和 $\sigma^* = f^{-1}(h(m^*))$。前者存在与 h 的不可逆矛盾，后者存在与 f 的不可逆矛盾。因此，**如果 f 和 h 都是不可逆的（反向计算困难），这种攻击就能避免**。

由此可知，保证签名方案的前提是 f 是一个具有抗二次原像攻击的单向陷门函数，而 h 是一个碰撞稳固的单向函数。问题得证。 ■

数字签名的一般构造并不是唯一的，可根据不同的需要选择不同的设计。例如，下面是一个更严格的备选方案。

① 签名函数：$\sigma = h(m) \oplus f_{sk}^{-1}(h(m))$；

② 验证函数：$f(h(m) \oplus \sigma) = h(m)$。

感兴趣的读者可验证此方案的正确性和安全性。需要说明的是，在具体数字签名方案设计中，由于密码学陷门构造不同和应用需求不同，签名方案的实际构造将与上面一般性构造差异很大，这也使得数字签名的研究丰富多彩。

5.5 RSA 数字签名

5.5.1 RSA 数字签名方案

RSA 是目前使用最广的公钥密码系统，其特点是简单、易于非密码专业人员理解和实现，故在互联网和商业密码领域一直处于统治地位。从当前密码理论研究看，RSA 密码本身有很多问题，如无法实现选择明文攻击下的语义安全（Semantic Security under Chosen Plaintext Attack）等，但是这并没有影响它的实际应用。本节将具体介绍 RSA 签名方案。

RSA 签名方案建立在 RSA 密码系统上，可以简单将其理解为 RSA 加密过程的逆过程：用私钥解密作为签名，用公钥加密作为验证过程，具体的方案构造如下（见表 5.1）所示。

表 5.1　RSA 数字签名方案

步　骤	签　名　者	认　证　者
密钥生成	选择大素数 p 和 q，计算 $N=pq$。选择验证指数 e，使得 $\gcd[e,\phi(N)]=1$。计算签名指数 d，使 d 满足 $ed\equiv 1[\bmod\,\phi(N)]$。公钥为 (N,e)	
签名过程	计算消息 m 的签名 $\sigma\equiv m^e(\bmod\,N)$。发送消息和签名对 (m,σ) 给验证者	
验证过程		根据消息签名对 (m,σ) 和签名者的公钥 (N,e)，计算 $m'\equiv\sigma^e(\bmod\,N)$。如果 $m'=m$，则签名有效；否则，签名无效

①**密钥生成**：秘密选择大素数 p 和 q，计算 $N=pq$。选择验证指数 e，使得 $\gcd(v,\varphi(N))=1$，其中，$\varphi(N)=(p-1)(q-1)$ 为欧拉函数，签名者计算签名指数 d，使其满足 $ed\equiv 1[\bmod\,\varphi(N)]$，即 $sk=(d)$。最后，公开大整数和验证指数为公钥 $pk=(N,e)$。

② **签名过程**：用签名指数 d 对消息 m 进行签名得到 $\sigma\equiv m^d \mod N$，将消息签名对 (m,σ) 发送给验证者。

③ **验证算法**：验证者收到消息签名对 (m,σ) 之后，首先利用发送方的公开参数 (N,e) 验证签名得 $m'\equiv\sigma^e \mod N$。如果 $m'=m$，表示签名有效；否则，签名无效。也就是

$$\text{Verify}_{pk}(m,\sigma)=\begin{cases}\text{true} & m\equiv\sigma^e(\bmod\,N)\\ \text{false} & m\not\equiv\sigma^e(\bmod\,N)\end{cases}\tag{5.9}$$

5.5.2 RSA 数字签名方案的安全性

RSA 签名方案的有效性可以直接通过欧拉定理得到，任何人都可以获取签名者的公钥来对签名进行有效性验证。但这并不意味着 RSA 签名是安全的，下面将证明 RSA 数字签名方案存在选择性伪造和存在性伪造的风险。

定理 5.3（选择性伪造） RSA 签名方案在任意消息攻击下可能被选择性伪造。

证明 为了产生消息 m 的签名，先选择一个随机数 $r \in \mathbb{Z}_N^*$。定义 m_1 和 m_2 分别为 $m_1 \equiv mr(\bmod N)$，$m_2 \equiv r^{-1}(\bmod N)$。遵循选择性伪造攻击中的规则，可请求签名者生成两个消息的签名分别为 $\sigma_1 \equiv m_1^d(\bmod N)$ 和 $\sigma_2 \equiv m_2^d(\bmod N)$。进而生成这两个消息乘积的签名，即

$$\sigma = \sigma_1\sigma_2 = m_1^d \cdot m_2^d = (mr)^d \cdot (r^{-1})^d = (mr \cdot r^{-1})^d \equiv m^d(\bmod N)$$

σ 也就是消息 m 的签名，即 $m_1m_2 = (mr)r^{-1} \equiv m(\bmod N)$，伪造成功，定理得证。■

定理 5.4（存在性伪造） RSA 签名方案在已知消息攻击下可进行存在性伪造。

证明 如果能够分别产生两个消息的签名，那么两个消息乘积的签名就是两个消息签名的乘积。设定 m_1 和 m_2 是两个消息，遵循选择性伪造攻击中的规则，可请求签名者生成两个消息的签名分别为 $\sigma_1 \equiv m_1^d(\bmod N)$ 和 $\sigma_2 \equiv m_2^d(\bmod N)$。现在产生两个消息乘积的签名：

$$\sigma = (m_1m_2)^d = m_1^d \cdot m_2^d \equiv \sigma_1\sigma_2(\bmod N)$$

显然，σ 也就是消息 m_1m_2 的签名，因此伪造成功，定理得证。■

尽管从可证明安全的角度而言 RSA 签名并不优秀，但是上述两种攻击的实施都需要敌手欺骗签名者进行某些看似无害的签名，只是这些签名的明文一般是没有实际意义的，因此当 RSA 签名者是人类时敌手很难实施欺骗，这也是 RSA 签名被广泛使用的原因；此外，实际应用中通常还会采用消息的 Hash 值进行签名，使上述攻击均可被避免。但是，随着大量网络签名者由人类变为程序，这种情况下 RSA 签名攻击变得更容易被实施，因此，在未来应用中应尽量采用更加安全的签名方案。

5.5.3 RSA 数字签名实例

例 5.1 假定选择两个素数，$p = 1223$，$q = 1987$。计算 $N = p * q = 1223 \times 1987 = 2\ 430\ 101$。进而可计算 $\varphi(N) = (p-1)(q-1) = 1222 \times 1986 = 2\ 426\ 892$。选择 e 使其与 $\varphi(N)$ 互素且小于 $\varphi(N)$，这里选择 $e = 1\ 051\ 235$。公开参数是 $(e = 1\ 051\ 235, N = 2\ 430\ 101)$。

签名者计算 d 并使得 $ed \equiv 1[\bmod \varphi(N)]$，计算可得 $d = 948\ 047$。对于输入消息 $m = 1\ 070\ 777$，签名者计算签名如下：

$$\sigma = m^s(\bmod N) = 1\ 070\ 777^{948\ 047}(\bmod 2\ 430\ 101) \equiv 1\ 473\ 513$$

并将消息签名对 $(m,\sigma)=(1\ 070\ 777, 1\ 473\ 513)$ 发送给验证者。

任何人可用公钥对该签名进行验证如下：

$$m'=\sigma^d(\mathrm{mod}\,N)=1\ 473\ 513^{1\ 051\ 235}(\mathrm{mod}\,2\ 430\ 101)=1\ 070\ 777$$

可得 $m'=m$，则签名有效。

5.6 ElGamal 数字签名

5.6.1 ElGamal 数字签名方案

本节将介绍另一类重要的签名方案，它是由 ElGamal 在 1985 年提出的，并被命名为 ElGamal 数字签名。该方案的变形已被美国国家标准技术研究所（NIST）采纳为签名标准。此签名建立在 ElGamal 加密系统之上，以离散对数问题为基础，但是其签名本身与加密方案并没有直接的关系，它是为数字签名而专门设计的，这与 RSA 方案有显著的不同。

ElGamal 签名的另一个特点是签名不唯一，这意味着对任何给定的消息能够产生许多有效的签名，并且验证算法能够将它们中的任何一个作为有效签名而接受。

ElGamal 签名方案是基于有限域内求解离散对数问题困难的假设下的，明文空间为 $\mathcal{M}=\mathbb{Z}_p^*$，签名空间为 $\mathcal{A}=\mathbb{Z}_p^*\times\mathbb{Z}_{p-1}$，其中 p 为一个安全素数。方案包括三个过程：密钥生成、签名算法和认证算法。具体方案构造（见表 5.2）如下。

表 5.2 ElGamal 数字签名方案

步 骤	签 名 者	认 证 者
密钥生成	(1) 选择大素数 p 和阶 $p-1$ 随机元 g。 (2) 选择秘密的签名指数 s，然后计算 $v\equiv g^s(\mathrm{mod}\quad p)$。 公开验证参数 (v,p,g)	
签名过程	选择一个随机数 e，计算 m 的签名为： $S_1\equiv g^e\ (\mathrm{mod}\ p)$， $S_2\equiv(m-sS_1)e^{-1}\ (\mathrm{mod}\ p-1)$。 输出消息签名对 $(m,(S_1,S_2))$	
认证过程		计算 $v_1\equiv v^{S_1}S_1^{S_2}\ (\mathrm{mod}\ p)$ 和 $v_2\equiv g^m$ $(\mathrm{mod}\ p)$。如果 $v_1=v_2$，表示签名有效；否则，签名无效

① **密钥生成**：签名者选择一个大素数 p 和在 $\mathbb{Z}_p^*$ 下阶为 $p-1$ 的一个随机元素 g。

选择一个秘密的签名指数 s 并计算 $v \equiv g^s \pmod p$。公开验证参数 $pk = (p, g, v)$，签名私钥为 $sk = (s)$。

② **签名算法**：签名者对消息 m 进行签名（$m \in \mathbb{Z}_p^*$），首先选择一个随机数 e（一个临时密钥且 $1 < e < p$）计算签名为

$$\begin{cases} S_1 \equiv g^e \pmod p \\ S_2 \equiv (m - sS_1)e^{-1} \pmod{p-1} \end{cases}$$

然后将消息和签名 (m, σ) 发送给验证者，其中 $\sigma = (S_1, S_2)$。

③ **验证算法**：验证者收到消息签名信息 (m, σ) 之后，计算 $v^{S_1} S_1^{S_2} \pmod p$，然后将其与 $g^m \pmod p$ 进行比较，即

$$\text{Verify}_{pk}(m, \sigma) = \begin{cases} \text{true} & g^m \equiv v^{S_1} S_1^{S_2} \pmod p \\ \text{false} & g^m \not\equiv v^{S_1} S_1^{S_2} \pmod p \end{cases} \tag{5.10}$$

如果相等，表示签名有效；否则，签名无效。

5.6.2 ElGamal 数字签名方案的安全性

首先，假设如果签名被有效构造出来，那么验证一定会成功。分析从等式 $S_2 \equiv (m - sS_1)e^{-1} \pmod{p-1}$ 开始，可知

$$m \equiv eS_2 + sS_1 \pmod{p-1} \tag{5.11}$$

上式被载入到 g 的指数上，可得到

$$g^m = g^{eS_2 + sS_1} \equiv (g^e)^{S_2} \cdot (g^s)^{S_1} \pmod p \tag{5.12}$$

将两个等式 $v \equiv g^s \pmod p$ 和 $S_1 \equiv g^e \pmod p$ 代入上式可得

$$g^m \equiv v^{S_1} \cdot S_1^{S_2} \pmod p \tag{5.13}$$

可见最终的验证等式成立。

其次，分析一下 ElGamal 数字签名方案的安全性。从协议构造上看，假定敌手在不知道加密指数 s 的情况下想对给定的消息 m 伪造签名。如果敌手选择一个值 S_1，然后试图找出相应的 S_2，那么他必须计算离散对数 $S_2 = \log_{S_1} g^x v^{-S_1}$，根据离散对数问题的求解困难程度可知，这是不可行的。另一方面，如果首先选择 S_2，然后试图找到 S_1，那么必须“求解”等式 $v^{S_1} S_1^{S_2} \equiv g^m \pmod p$，以便获得这个未知的 S_1，这是一个还没有已知可行方法来求解的问题。

另一方面，如果敌手先选择 S_1 和 S_2，然后去解 m，那么他又一次面临着求解离散对数问题的一个实例，也就是计算 $m = \log_g v^{S_1} S_1^{S_2}$，因此，敌手也不能使用这种方法对给定的消息 m 伪造签名。总之，上述这些都不是可行的方式。

然而，这种简单的分析显然是不足的。随着对数字签名研究的深入，研究人员发现通过同时选择 S_1、S_2 和 m，存在一种使敌手能对任意的消息签名的方法。因此在已知公钥下进行存在性伪造还是可能的。下面将详细介绍。

定理 5.5（已知公钥下的存在性伪造攻击） ElGamal 数字签名方案在已知公钥下无法抵抗存在性伪造攻击。

证明 设 i 和 j 是满足 $0 \leqslant i,j \leqslant p-2$ 的整数，假设 S_1 的表达式为 $S_1 \equiv g^i v^j (\bmod\ p)$，那么验证条件是 $g^m \equiv v^{S_1}(g^i v^j)^{S_2} \pmod p$，等价于

$$g^{m-iS_2} \equiv v^{S_1+jS_2} \pmod p \tag{5.14}$$

不幸的是，找出满足上式两边相同的解是困难的求解离散对数问题。这就成为问题的关键所在。

但是，存在一种特殊情况，即上式左右两边都等于 1，也就是 $m-iS_2 \equiv 0 \pmod{p-1}$ 和 $S_1+jS_2 \equiv 0 \pmod{p-1}$ 同时成立，则验证条件成立。

给定 i 和 j，在 $\gcd(j,p-1)=1$ 的条件下，很容易能够利用这两个模 $p-1$ 的等式求出 S_2 和 m。可以得到如下等式：

$$\begin{cases} S_1 \equiv g^i v^j & (\bmod\, p) \\ S_2 \equiv -S_1 j^{-1} & [\bmod\,(p-1)] \\ m \equiv -S_1 i j^{-1} & [\bmod\,(p-1)] \end{cases} \tag{5.15}$$

很显然，按照这种方法构造出来的 (S_1,S_2) 是消息 m 的有效签名，因此定理得证。■

下面介绍第二种伪造攻击。采取这种伪造攻击时，敌手需从已知的消息签名对开始着手，因此这种攻击属于已知消息攻击的存在性伪造。

定理 5.6（已知消息签名下的存在性伪造攻击） ElGamal 数字签名方案在已知消息签名对下无法抵抗存在性伪造攻击。

证明 假定 (S_1,S_2) 是消息 m 的有效签名，那么敌手可以利用它给其他消息签名。设 h、i 和 j 是整数，$0 \leqslant h,i,j \leqslant p-2$，且 $\gcd(hS_1-jS_2,p-1)=1$。计算

$$\begin{cases} \lambda \equiv S_1^h g^i v^j & (\bmod\, p) \\ \mu \equiv S_2\lambda(hS_1-jS_2)^{-1} & [\bmod\,(p-1)] \\ m' \equiv \lambda(hm+iS_2)(hS_1-jS_2)^{-1} & [\bmod\,(p-1)] \end{cases} \tag{5.16}$$

那么，根据下面等式，验证条件 $v^\lambda \lambda^\mu = g^{m'} (\bmod\, p)$ 显然成立，即

$$\begin{aligned} v^\lambda \lambda^\mu &= v^\lambda (S_1^h g^i v^j)^{S_2\lambda(hS_1-jS_2)^{-1}} \\ &= v^\lambda [(S_1^{S_2})^{h\lambda}(g^i v^j)^{S_2\lambda}]^{(hS_1-jS_2)^{-1}} \\ &= v^\lambda [(g^m v^{-S_1})^{h\lambda}(g^i v^j)^{S_2\lambda}]^{(hS_1-jS_2)^{-1}} \end{aligned}$$

$$
\begin{aligned}
&= v^{\lambda}(g^{mh\lambda+iS_2\lambda}v^{jS_2\lambda-S_1h\lambda})^{(hS_1-jS_2)^{-1}} \\
&= v^{\lambda}(g^{mh\lambda+iS_2\lambda})^{(hS_1-jS_2)^{-1}}v^{-\lambda} \\
&= g^{m'} \pmod p
\end{aligned}
\tag{5.17}
$$

因此，(λ, μ) 是消息 m' 的有效签名。问题得证。■

上述两种精妙的方法都是有效的存在性伪造攻击。这说明看起来精美的密码学构造也可能存在潜在的安全威胁。另一方面，这与 ElGamal 签名方案提出时还没有可证明安全理论有直接的关系。

5.6.3 ElGamal 数字签名方案示例

例 5.2（ElGamal 数字签名方案示例） 选择大素数 $p = 21\ 739$ 和 $\mathbb{Z}_p^*$ 下的生成元 $g = 7$。签名者随机选择签名密钥 $sk = (s = 15\ 140)$，计算验证密钥 $v = g^s = 7^{15\ 140} = 17\ 702 \pmod{21\ 739}$，然后公开验证参数 $pk = (p = 21\ 739, g = 7, v = 17\ 702)$。

签名者使用临时密钥 $e = 10\ 727$ 对消息 $m = 5331$ 进行签名，计算如下：

$$
\begin{cases}
S_1 = g^e = 7^{10\ 727} = 15\ 775 & \pmod{21\ 739} \\
S_2 = (m - sS_1)e^{-1} = (5331 - 15\ 140 \times 15\ 775) \times 6353 = 791 & \pmod{21\ 738}
\end{cases}
$$

签名者输出消息 $m = 5331$ 及其签名 $(S_1, S_2) = (15\ 775, 791)$。

对于上述消息签名，验证者通过计算如下两个数值：

$$
\begin{cases}
v^{S_1}S_1^{S_2} = 17\ 702^{15\ 775} \times 15\ 775^{791} = 13\ 897 & \pmod{21\ 739} \\
g^m = 7^{5331} = 13\ 879 & \pmod{21\ 739}
\end{cases}
\tag{5.18}
$$

由此可得等值关系 $v^{S_1}S_1^{S_2} = g^m \pmod p$ 成立，因此验证通过，即签名有效。

例 5.3（已知公钥下的存在性伪造攻击示例） 依据上例中参数，令 $i = 5$ 和 $j = 7$。可求得 $j^{-1} = 6211 \pmod{21\ 738}$，进而根据公钥参数计算得到

$$
\begin{cases}
S_1 = g^i v^j = 7^5 \times 17\ 702^7 = 1691 & \pmod{21\ 739} \\
S_2 = -S_1 j^{-1} = -1691 \times 6211 = 18\ 391 & \pmod{21\ 738} \\
m = -S_1 i j^{-1} = -1691 \times 5 \times 6211 = 5003 & \pmod{21\ 738}
\end{cases}
\tag{5.19}
$$

攻击者由此得到消息 $m = 5003$ 和对应签名 $(S_1, S_2) = (1691, 18\ 391)$。通过如下验证公式可检验上述伪造签名的有效性：

$$
\begin{cases}
v^{S_1}(S_1)^{S_2} = 17\ 702^{1691} \times 1691^{18\ 391} = 20\ 080 & \pmod{21\ 739} \\
g^m = 7^{5003} = 20\ 080 & \pmod{21\ 739}
\end{cases}
\tag{5.20}
$$

因此可得 $v^{S_1}S_1^{S_2} = g^m \bmod p$，即 (S_1, S_2) 是消息 m 的有效签名。

例 5.4（已知消息签名下的存在性伪造攻击示例） 若敌手知晓某一消息 $m = 5331$ 及其有效签名 $(S_1 = 15\,775, S_2 = 791)$，则该敌手可设 $h = 1, i = 2, j = 4$ 并进行存在性伪造攻击：

首先，计算 $hS_1 - jS_2 = 15\,775 - 4 \times 791 = 12\,611$ 且 $\gcd(hS_1 - jS_2, p-1) = \gcd(12\,611, 21\,738) = 1$，表明两者互素，因此进一步可计算 $(hS_1 - jS_2)^{-1} = 12\,485 \pmod{21\,738}$。

其次，根据上述参数，敌手可伪造签名如下：

$$\begin{cases} \lambda = S_1^h g^i v^j = 15\,775^1 \times 7^2 \times 17\,702^4 = 17\,874 & \pmod{21\,739} \\ \mu = S_2\lambda(hS_1 - jS_2)^{-1} = 791 \times 17\,874 \times 12\,485 = 18\,486 & \pmod{21\,738} \\ m' = \lambda(hm + iS_2)(hS_1 - jS_2)^{-1} & \\ \quad = 17\,874 \times (1 \times 5331 + 2 \times 791) \times 12\,485 = 21\,678 & \pmod{21\,738} \end{cases} \tag{5.21}$$

攻击者可得消息 $m' = 21\,678$ 及其签名 $(\lambda, \mu) = (17\,874, 18\,486)$。

最后，通过下面的验证公式可检验上述伪造签名的有效性：

$$\begin{cases} v^\lambda \lambda^\mu = 17\,702^{17\,874} \times 17\,874^{18\,486} = 10\,348 & \pmod{21\,739} \\ g^{m'} = 7^{21\,678} = 10\,348 & \pmod{21\,739} \end{cases} \tag{5.22}$$

因此可得 $v^\lambda \lambda^\mu = g^{m'} \pmod p$，即 (λ, μ) 是消息 m' 的有效签名。

5.7 DSA 数字签名

5.7.1 DSA 数字签名方案

数字签名算法（Digital Signature Algorithm，DSA）是 1991 年 8 月由美国 NIST 提出的数字签名方案，其已经变成美国联邦信息处理标准 FIPS186，并被命名为数字签名标准（Digital Signature Standard，DSS），是第一个被美国政府认可的签名标准。

DSA 签名构造的基础是前面介绍过的 ElGamal 签名，但它通过巧妙的设计克服了后者在安全性上的缺陷，并进一步减少了签名的存储开销。

具体而言，DSA 签名方案使用了 $\mathbb{Z}_p^*$ 的一个 q 阶子群，在较早的标准中，要求素数 p 满足 $2^{511+64t} < p < 2^{512+64t}$，其中，$0 \leqslant t \leqslant 8$ 且要求 $q|(p-1)$。为了减少签名长度，要求 q 为 160 比特的素数，也就是，$2^{159} < q < 2^{160}$，此时其可达到 $\kappa = 80$ 比特的安全强度。DSA 签名中的明文空间为任意长字符串 $\{0,1\}^*$，签名空间为 $\mathbb{Z}_q^* \times \mathbb{Z}_q^*$，也就是 320 比特。此外，为了保证任意长明文能被签名，DSA 签名引入了一个 Hash 函数 $h: \{0,1\}^* \to \mathbb{Z}_q$。

DSA 签名方案的具体构造如下：

① **密钥生成**：签名者选择两个大素数 p 和 q(满足 $p \equiv 1 \pmod q$) 和 $\mathbb{Z}_p^*$ 下 q 阶的生成元 g，即 $g^q \equiv 1 (\bmod p)$。然后再选择一个秘密的签名指数 $s(1 \leqslant s \leqslant q-1)$，即 $sk = (s)$，然后计算 $v \equiv g^s (\bmod p)$ 并公开验证参数为 $pk = (v, p, g)$。

② **签名算法**：签名者对消息 m 签名如下：选择一个随机数 e（一个临时密钥且 $1 < e < q$）计算签名为

$$\begin{cases} S_1 \equiv (g^e \mod p) \pmod q \\ S_2 \equiv (h(m) + sS_1)e^{-1} \pmod q \end{cases}$$

然后将消息签名对 (m, σ) 发送给验证者，其中 $\sigma = (S_1, S_2)$

③ **验证算法**：验证者收到消息签名对 (m, σ) 之后，计算

$$\begin{cases} V_1 \equiv h(m) \cdot S_2^{-1} \pmod q \\ V_2 \equiv S_1 \cdot S_2^{-1} \pmod q \end{cases}$$

然后计算 $(g^{V_1} v^{V_2} \mod p)(\bmod q)$，并将其与 S_1 进行比较，即

$$(g^{V_1} v^{V_2} \mod p)(\bmod q) \equiv S_1 \tag{5.23}$$

如果相等，表示签名有效，返回 true；否则，签名无效，返回 false。

为了方便理解和记忆，下面列出 DSA 数字签名方案的具体执行过程，如表 5.3 所示。

表 5.3　DSA 数字签名方案

步　骤	签 名 者	认 证 者
密钥生成	选择两个大素数 p 和 q，满足 $p \equiv 1 \pmod q$；选择一个 q 阶的模 p 的生成元 g，即 $g^q \equiv 1 \pmod p$。选择一个秘密的签名指数 s，然后计算 $v \equiv g^s \pmod p$。输出公开验证参数 (v, p, g)	
签名过程	签名者选择一个随机数 e， 计算消息 m 的签名为 $S_1 \equiv (g^e \mod p)(\bmod q)$, $S_2 \equiv (\text{hash}(m) + sS_1)e^{-1} \pmod q$ 将 (m, S_1, S_2) 发送给验证者	
认证过程		按下面公式计算 V_1 和 V_2： $V_1 \equiv h(m) \cdot S_2^{-1} \pmod q$ $V_2 \equiv S_1 S_2^{-1} \pmod q$ 比较 $(g^{V_1} v^{V_2} \mod p)(\bmod q) \equiv S_1$， 若两者相等，表示签名有效； 否则，签名无效

5.7.2 DSA 数字签名方案安全性

首先验证 DSA 签名方案的有效性。从等式 $S_2 \equiv (m + sS_1)e^{-1} \pmod q$，可得到关系

$$eS_2 \equiv m + sS_1 \pmod q$$

进一步将它转化为

$$e \equiv h(m) \cdot S_2^{-1} + sS_1S_2^{-1} \pmod q$$

由于 g 为 $\mathbb{Z}_p^*$ 中的 q 阶生成元，以 g 为底，可得

$$g^e \equiv g^{h(m)\cdot S_2^{-1}} \cdot g^{sS_1S_2^{-1}} \equiv g^{V_1} \cdot v^{V_2} \pmod p$$

最后，通过模 q，可得验证等式

$$g^{V_1} \cdot v^{V_2} \pmod p \equiv g^e \pmod p \equiv S_1 \pmod q$$

因此，有效的消息签名对总能够通过验证。

这里需要额外说明的是，DSA 方案最终结果是模 q 的，原因在于这可以减少签名长度，也就是说，其可以将 S_1 由 1024 比特减少到 160 比特，减少了将近 85%。

DSA 数字签名方案作为国际签名标准，目前为止还没有被发现存在安全问题和缺陷，它的安全性可以在随机预言机模型（Random Oracle Model）下得到证明，并具有抗存在性伪造和抗选择性伪造的性质。在实际使用中，可考虑选择更大的参数以进一步增加安全性。

5.7.3 DSA 数字签名方案示例

例 5.5（DSA 数字签名方案示例） 设定 $p = 48\ 731$，$q = 443$，$g = 5260$。签名者选择签名指数 $sk = (s = 242)$，计算公共验证指数 $v = 5260^{242} = 3438 \pmod{48\ 731}$，可得公开验证参数 $pk = (v = 3438, p = 48\ 731, g = 5260)$。

签名者选择一个时变参数 $e = 427$ 对消息 $m = 343$ 进行签名，计算如下：

$$\begin{cases} S_1 = (g^e \mod p) \pmod q \\ \quad = (5260^{427} \mod 48\ 731) \pmod{21\ 739} \\ \quad = 2727 \pmod{443} = 59 \\ S_2 = (m + sS_1)e^{-1} \pmod q \\ \quad = (343 + 343 \times 59) \times 427^{-1} \pmod{443} \\ \quad = 166 \end{cases}$$

签名者公布消息 $m = 343$ 及其签名 $(S_1, S_2) = (59, 443)$。

验证者验证签名有效性如下：

首先，计算 $V_1 = 343 \times 166^{-1} = 357 \pmod{443}$ 和 $V_2 = 59 \times 166^{-1} = 414 \pmod{443}$。

然后，计算 $g^{V_1} v^{V_2} = 5260^{357} \times 3438^{414} = 2717 \pmod{48\ 731}$。

最后，检查 $(g^{V_1} v^{V_2} \bmod 48\ 731) \bmod 443 = 2717 \pmod{443} = 59 = S_1$。因此，该签名为消息 m 的有效签名。

5.8 小　　结

本章对数字签名的基础知识予以介绍，包括其概念、形式化定义、一般构造等，并在此基础上对 RSA、ElGamal、DSA 等数字签名方案进行了介绍和分析。本章对于学习后续签名方案尤其重要，特别是相关的安全性分析方法，在全书范围内都是重点和难点内容，也是理解数字签名安全性的核心内容。

习　　题

1. 假设 Alice 使用 ElGamal 签名方案，$p = 31\ 847$，$g = 5$ 以及 $v = 25\ 703$。给定消息 $m = 8990$ 的签名 $(23\ 972, 31\ 396)$ 以及 $m = 31\ 415$ 的签名 $(23\ 972, 20\ 481)$，计算 e 和 s 的值（无须求解离散对数问题的实例）。

2. 假设已实现了 $p = 31\ 847$、$g = 5$ 以及 $v = 26\ 379$ 的 ElGamal 签名方案。编制完成下面任务的计算机程序：

① 验证对消息 $m = 20\ 543$ 的签名 $(20\ 679, 11\ 082)$。

② 通过求解离散对数问题的实例确定私钥 s。

③ 在无须求解离散对数问题的实例的情况下，确定对消息 m 签名时使用的随机值 e。

3. 假设 Alice 正在使用 ElGamal 签名方案。为了在产生对消息 m 签名时使用的随机值 e 时节省时间，她选择了一个初始的随机值 e_0，并在签名第 i 则消息时取

$$e_i = e_0 + 2i[\bmod\,(p-1)]$$

因此，对所有的 $i \geqslant 1$ 有 $e_i = e_{i-1} + 2[\bmod\,(p-1)]$。

① 假设 Bob 观测到两则连续的签名消息 $(m_i, sig(m_i, e_i))$ 和 $(m_{i+1}, sig(m_{i+1}, e_{i+1}))$。描述 Bob 在已知该消息且无须求解离散对数问题的实例的情况下，如何容易地计算 Alice 的私密密钥 s（注意为了使攻击成功，不必知道 i 的值）。

② 假设该方案的参数是 $p = 28\ 703$、$g = 5$ 以及 $v = 11\ 339$，并且 Bob 观测到的

消息为

$$m_i = 12\,000 \qquad \text{sig}(m_i, e_i) = (26\,530, 19\,862)$$
$$m_{i+1} = 24\,567 \quad \text{sig}(m_{i+1}, e_{i+1}) = (3081, 7604)$$

使用①中描述的攻击方法找到密钥 s。

4.

① 在 ElGamal 签名方案或 DSA 中不允许 $S_2 = 0$。证明如果对消息签名时 $S_2 = 0$，那么攻击者很容易计算出秘钥 s。

② 在 DSA 中的签名不允许 $S_1 = 0$。证明如果已知一个签名使用的是 $S_1 = 0$，那么“签名”所使用的 e 值就能确定。给定 k 值，证明对任何所期望的消息可伪造一个（在 $S_1 = 0$ 时）签名（即可实现选择性伪造）。

5. 若需对 DSA 描述一个潜在的攻击。假设给定 m，令

$$z = (\text{SHA1}(m))^{-1} (\text{mod } q)$$

且 $\varepsilon = v^z \mod p$。现在假设能找到 $S_1, \lambda \in \mathbb{Z}_q^*$ 使得

$$((g\varepsilon^{S_1})^{\lambda^{-1} (\text{mod } q)} \mod p)(\text{mod } q) = S_1$$

定义 $S_2 = \lambda \cdot \text{SHA1}(m) (\text{mod } q)$。证明 (S_1, S_2) 是 m 的一个有效签名。

第6章 身份认证技术

学习目标与要求

1. 掌握身份认证的概念及其安全性要求。
2. 掌握信任根和时变参数在身份认证中的作用。
3. 熟练掌握几种认证与互认证的方法。
4. 熟练掌握口令认证方法和基本协议构造。
5. 掌握 Schnorr 身份认证协议和生物认证方法。

6.1 引 言

身份认证也被称为实体认证，是指一方（证明者 A）向另一方（验证者 B）证明其身份的技术。更加通俗地讲，身份认证就是为了防止在 A 和 B 通信过程中发生其他方的身份伪造和欺骗，由 A 向 B 证明自己的身份，保证 A 确实是他本人。

随着互联网走进人们的生活，身份认证在各种领域中有着非常广泛而重要的应用。例如，当用户访问一个 ATM 取款机时，需要输入口令来证明自己是银行卡的所有者；又如，一个客户通过远程网络连接访问一台服务器时，服务器方需要对接入方进行身份真实性验证；再如，用户从网络登录一个银行网站时，银行必须对用户身份进行确认才能允许用户进行后续的操作，同时，用户也需要验证所访问的网站是真实的，防范钓鱼（fishing）网站。这些都要使用身份认证技术。

与人们日常生活中面对面的身份认证不同，网络中的身份认证是在看不到对方的情况下进行的，认证过程可能是实时的，也可能带有相当大的延迟，这些因素决定了身份认证研究的多样性和困难性。从验证者角度来看，身份认证的运行结果或者是接收证明者的宣称允许其访问，或者不接受其宣称并终止访问。安全身份认证技术所需要具有的安全要求通常包括：

① **可验证性（verifiability）**：当 A 和 B 都忠实时，A 能向 B 证明自己的身份，使 B 成功地接受验证；

② **不可假冒性（impersonation）**：任何其他人 C 不能假冒 A 的角色，使得 B 接受虚假验证的概率是可被忽略的；

③ **不可传递性（intransferability）**：验证者 B 不能重用 A 的身份证明过程进行欺骗第三方 C 的行为。

身份认证对保证信息系统安全极为重要。现有信息系统的基本安全手段是访问控制技术，而身份认证是主体进入访问控制系统（access control system）的前提。原因在于，目前的访问控制机制是基于状态机理论的，并将系统状态分为两大类：许可（健康）状态和异常状态，访问控制机制的目标是维持用户的行为在许可状态中。在上述访问控制机制中有一个前提，就是系统的初始状态必须是健康的，而维持这种健康状态的基础是用户在登录时必须证实其真实身份。因此，身份认证对于现有采用访问控制技术的信息系统异常重要，这些信息系统的安全运营都需要建立一个安全可靠的身份认证系统。

6.2 信任根：身份认证的基础

日常生活中人们也经常需要证明自己的身份，“你有什么特征？”“你拥有什么？”“你知道什么？”，这些都是生活中的人经常采用的认证方式。本质上讲，不论采用哪种方式进行认证，身份认证技术的实施都必须依赖证明者的某种事物来实现，而且该事物必须被验证者所信任。这一事物被统称为：**信任根或信任凭证**，它是证明者所具有的可信任事物，也是身份认证的前提和基础。

信任根或信任凭证是身份认证的基础，身份认证的本质就是信任的传递。

概括起来，可能作为“信任根”的事物包括以下三类：

① **已知事物**：是指可用于验证的特殊“知识”，如口令、密钥、公钥、证书等，通常这些“知识”不需要用某种媒体进行存储，或者验证者不需要直接检查这些存储介质。

② **拥有事物**：是指由权威机构颁发的、可证身份的事物，如：身份证、智能卡、介绍信等，对这种事物的验证通常不是指向拥有者本身，而是依赖验证颁发机构的权威性实现的，也就是通过权威背书进而认可拥有者的身份。

③ **固有事物**：是指凭借证明者本人所拥有的生理上或行为上的特征进行识别，如手写签名、指纹、步态、虹膜、种族等，这种特征通常需要是每个证明主体独有的，而且这种特征能长期保留且不可被更改。

随着信息技术的发展，今天越来越多的事物可被用于身份认证。需要说明的是，认证过程不能直接传送“信任根”，因为认证行为必须避免发生重放攻击，也就是防止“信任根”被验证者获取从而为假冒者滥用或者发生再传递。

6.3 时变参数及认证

身份认证是一个“实时”的过程，验证者需要通过即时的验证过程来确定是否接受证明者的宣称，因此，身份认证必须要把这种即时性要求考虑进去。针对攻击者的假冒攻击和重放攻击，一种有效的验证方法是采用“时变”（time-variant）技术进行验证，也就是使每次验证过程都是不同的，采用这种方式可有效地抵抗重放攻击，同时也会增加身份被假冒的难度。

为了实现身份认证中的时变性，最为简单的方法是为认证过程引入**时变参数**（time-varying parameter），其中，时变参数是指参数值随时间而不断变化。经常用到的时变参数包括以下三类：

① **随机数**：每次认证采用不同的随机数；

② **序列数**：采用认证行为的先后序号作为时变参数；

③ **时间戳**：采用认证行为的时间作为时变参数。

在上述时变参数中，随机数通常由验证者作为挑战（challenge）进行随机选择，并可通过非保密信道进行传输；序列数和时间戳可选择进行传送，也可以不传送而依靠之前状态或当前时间自动地获得，但必须要考虑认证双方的时间同步问题。如果认证时间间隔太短，那么也可能导致时间戳失效，因此在使用这一方式时必须加以注意。

身份认证并不是一个很复杂的技术，采用时变参数后，依靠常见的密码技术及系统（如消息认证码（MAC）、对称加密系统、公钥密码系统等）都可以进行身份认证。下面将加以简单介绍。

6.3.1 基于 MAC 的身份认证

令密钥空间为 $\mathcal{K}$。给定一个消息认证函数 $\text{MAC}:\mathcal{K}\times\{0,1\}^*\to\{0,1\}^n$，假设证明者 A 和验证者 B 之间预先共享一个密钥 k，并且 A 的标识为 ID_A，则 A 的身份交互式认证过程可被描述如下：

A←B：验证者 B 选择并发送一个时变参数 R；

A→B：证明者 A 计算 $y=\text{MAC}_k(R||\text{ID}_\text{A})$ 并返回；

B：计算 $y'=\text{MAC}_k(R||\text{ID}_\text{A})$，如果 $y=y'$，则接受验证，否则，拒绝。

上述认证过程的基础是 A 和 B 共享密码 k，同时，验证者每次的挑战时变参数是不同的，这导致敌手（未知密钥）伪造 MAC 结果或者实施重放都将是不可行的。[①]

① 注意，由于 A 和 B 共享密钥 k，看起来 B 有可能假冒 A 进行欺骗，但是如果密钥只限两人共有（而无其他方拥有该密钥），那么除了 A 以外无人可验证 B 的身份，所以 B 也就无法假冒 A。

6.3.2 基于对称加密的身份认证

与基于 MAC 的认证方法相同，假设证明者 A 和验证者 B 共享一个加密函数 $\mathrm{Enc}:\mathcal{K}\times\{0,1\}^n\to\{0,1\}^n$ 以及一个共享密钥 k，身份认证过程描述如下：

A←B：验证者 B 选择并发送一个时变参数 R；

A→B：证明者 A 计算 $y=\mathrm{Enc}_k(R||\mathrm{ID_A})$ 并返回；

B：计算 $\mathrm{Dec}_k(y)=x'$，如果 $(R||\mathrm{ID_A})=x'$，则接受验证，否则，拒绝。

上述认证过程的基础仍然是 A 和 B 共享密码 k 以及时变参数的使用，这一方式将导致伪造密文或重放攻击都是不可行的。

6.3.3 基于数字签名的身份认证

假设证明者 A 采用公钥签名方案 $\mathcal{S}=(\mathrm{GenKey},\mathrm{Sign},\mathrm{Verify})$ 并具有公私钥对 $(pk_\mathrm{A},sk_\mathrm{A})$，且发放自己的公钥 pk_A，而验证者 B 具有执行验证算法 Verify 的能力并能获取或存储证明者 A 的公钥证书。如果上述条件满足，A 的身份交互式认证过程描述如下：

A←B：验证者 B 选择并发送一个时变参数 R；

A→B：证明者 A 计算 $\sigma=\mathrm{Sign}_{sk_\mathrm{A}}(R||\mathrm{ID_A})$ 并返回；

B：如果 $\mathrm{Verify}_{pk_\mathrm{A}}(R||\mathrm{ID_A},\sigma)=\mathrm{true}$，则接受验证，否则，拒绝。

上述验证过程的基础是证明者拥有公钥 pk_A 对应的私钥 sk_A，且数字签名是不可伪造的，同时，验证者接受认证结果的基础是他对 A 的公钥 pk_A 的信任。

6.3.4 安全性分析

下面以基于 MAC 的身份认证方案为例进行安全性分析。首先，身份认证系统的抗欺骗安全定义如下：

定义 6.1（抗欺骗安全） 对于一个交互认证方案而言，如果在敌手最多学习到证明者 A 和验证者 B 之间的 n 个会话后，成功欺骗验证者 B 的概率不大于 ε，那么该方案被称为 (ε,n)-安全。

令身份认证采用的消息认证码 MAC 是 (ε,n)-安全的，也就是说，如果敌手最多查询 n 个消息的 MAC 值后，构造了一个新的消息 MAC 值的概率不大于 ε。应用这种 MAC 算法可得到上述身份认证方案的抗伪造性如下：

定理 6.1（基于 MAC 的身份认证方案抗欺骗性） 给定一个 (ε,n)-安全的 MAC 消息认证方案，如果时变参数的长度为 k 比特，那么上述协议是 $(n/2^k+\varepsilon,n)$-安全的身份认证方案。

证明 如果 MAC 是 (ε,n)-安全的，那么意味着并不存在一个 (ε,n) 伪造者，原因是当敌手最多知道 n 个 MAC 值时，即 $\{\mathrm{MAC}_k(R_i||\mathrm{ID_A}):i=1,\cdots,n\}$，敌手能正确

计算一个新消息 x 的 MAC(x) 的概率不大于 ε。此外，在上述协议中另一个重要的参数是时变参数 R，它的长度为 $|R|=k$，并令 $\mathcal{R}=\{R_1,\cdots,R_n\}$ 表示敌手通过学习得到的时变参数值的集合。考虑下面两种情况：

① 假定敌手的响应值 y 是证明者 A 在以前的会话中生成的，挑战 R 是由 B 新产生的，那么 B 在以前的会话中重复相同挑战 R 的概率是 $1/2^k$。由于敌手手中有最多 n 个以前会话的记录，因此，发生时变参数碰撞的概率是 $n/2^k$。如果碰撞发生，那么敌手可以重放以前会话中的 MAC，从而通过认证；

② 假定敌手的响应值 y 是敌手新产生的，根据 MAC 具有无条件 (ε,n)-安全的性质，那么其成功概率最多为 ε。

由此可得下面关系：

$$\begin{aligned}&\Pr[\mathrm{MAC}_k(R||\mathrm{ID_A})=y]\\&=\Pr[\mathrm{MAC}_k(R||\mathrm{ID_A})=y|R\in\mathcal{R}]\cdot\Pr[R\in\mathcal{R}]+\\&\quad\Pr[\mathrm{MAC}_k(R||\mathrm{ID_A})=y|R\notin\mathcal{R}]\cdot\Pr[R\notin\mathcal{R}]\\&\leqslant 1\cdot\frac{n}{2^k}+\varepsilon\cdot\left(1-\frac{n}{2^k}\right)<\frac{n}{2^k}+\varepsilon\end{aligned}\tag{6.1}$$

综上所述，对于 n 次观测而言，敌手欺骗 B 的概率最多为 $n/2^k+\varepsilon$。 ■

假设一个 MAC 算法是 $(0.1,10^4)$-安全的，同时，其身份认证协议又采用了 16 比特的随机码，那么其身份协议的安全为 $(0.253,10^4)$，也就是对 $n=10^4$ 次观测而言，其被欺骗成功的概率是 $n/2^{16}+0.1=10^4/2^{16}+0.1=0.153+0.1=0.253$。从上述分析可知，时变参数的选择与安全程度直接相关，应尽量选择较大的时变参数。

6.4 采用时变参数的互认证

如果在交互系统中，协议双方 A 和 B 都向对方证实各自的身份，则可将其称为**身份互认证或互认证**（mutual authentication）系统。互认证的结束条件是双方都接受对方的身份证明，单方接受是不被允许的。

显然，受到前述时变参数下的身份认证系统启发，采用两次独立的身份认证过程就可以达到互认证的目的。这种方式是可行的，但是有以下问题：协议是不公平的，先进行认证的一方比另一方提供了更多的信息；协议交互次数多，通信量大。有鉴于此，可以考虑将两次认证过程组合在一起进行，下面给出一个简单的、基于 MAC 的互认证方案：

令 A 和 B 共享一个加密函数 $\mathrm{Enc}:\mathcal{K}\times\{0,1\}^n\rightarrow\{0,1\}^n$ 以及一个共享密钥 k，身份互认证过程描述如下：

A←B： B 选择并发送一个时变参数 R_B；

A→B: A 选择另一时变参数 R_A，计算 $y = \text{MAC}_k(R_A||R_B||\text{ID}_A)$，并返回 y, R_A；

A←B: B 计算 $y' = \text{MAC}_k(R_A||R_B||\text{ID}_A)$，如果 $y = y'$，则接受验证，否则拒绝。如果接受，计算 $z = \text{MAC}_k(R_B||R_A)$ 并返还给 A；

A→B: A 计算 $z' = \text{MAC}_k(R_B||R_A)$，如果 $z = z'$ 则接受，否则拒绝，并发送结果。

上述身份认证过程需要双方都选择时变参数（R_A 和 R_B）并同时被用来求取 MAC 值，并且通过交换时变参数顺序的方式达到相互认证的目的。与前面单个成员的身份认证相似，上述认证方案的基础是 A 和 B 共享密码 k，并且每次时变参数是不同的，这导致（没有密钥）敌手伪造 MAC 值或者进行重放都是不可行的。

上述方案简单且易于理解，故被广泛应用于安全传输层协议和虚拟专用网络（VPN）中。但是该方法只适用于两个用户之间的互认证，并不适用于更大规模群组中用户之间的互认证。为了解决这一问题，下面将介绍一种适用于大规模群组下的互认证和会话密钥生成方案。

这种方案是建立在密钥转化中心（Key Transportation Center，KTC）基础上的，如图 6.1(a) 所示。在这一结构中，每个用户（如 A 和 B）都与 KTC 之间保留一个共享的密钥（分别为 k_A 和 k_B）；同时，在该群组内所有成员共享一个对称加密密码系统（Enc, Dec），其中，Enc 和 Dec 分别为对应的对称加密和解密算法。在介绍方案之前，首先简单地回忆一下原始的基于 KTC 的会话密钥生成协议。

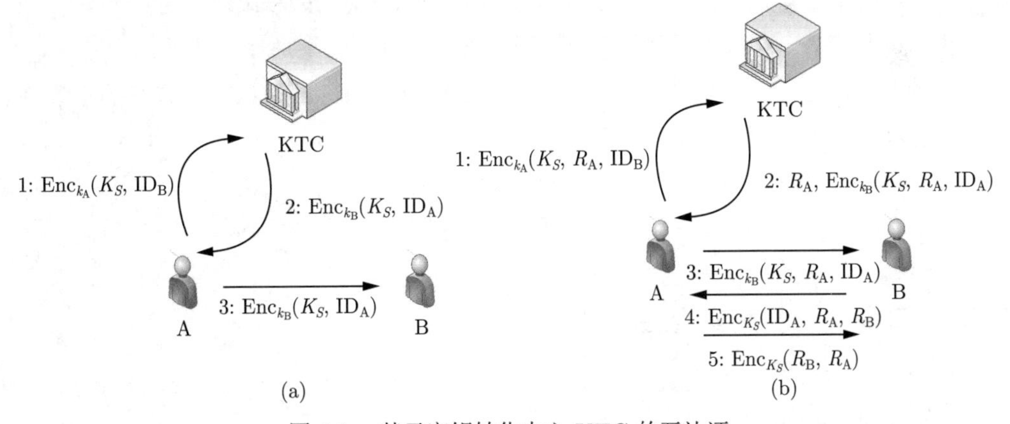

图 6.1　基于密钥转化中心 KTC 的互认证

A → KTC: A 选择一个随机会话密钥 K_S，并用与 KTC 共享的密钥 k_A 对 K_S 和用户标识 ID_B 加密 $\text{Enc}_{k_A}(K_S, \text{ID}_B)$，并将密文传递给 KTC。

A ← KTC: KTC 用与 A 共享的密钥 k_A 解密，得到 (K_S, ID_B)，从而确认 A 的身份并获知目标用户标识 ID_B，它查找到与 B 共享的密钥 k_B，用该密钥加密得到 $\text{Enc}_{k_B}(K_S, \text{ID}_A)$，并将密文传递给 A。

A → B：A 得到密文 $\mathrm{Enc}_{k_\mathrm{B}}(K_S,\mathrm{ID_A})$ 后，将它转发给 B。

B：B 用与 KTC 共享的密钥 k_B 解密密文，获得 $(K_S,\mathrm{ID_A})$，从而获得与用户 A 通信的会话密钥 K_S。

上述过程缺少时变参数，因此其不能抵抗重放攻击，而且并不能进行 A 和 B 之间的相互认证。下面将依照前面的时变参数对上述过程进行改进，使之满足互认证的要求，具体协议（如图 6.1(b) 所示）如下：

A → KTC：A 选择随机会话密钥 K_S 和时变参数 R_A，并用与 KTC 共享的密钥 k_A 对 K_S、R_A 和用户标识 $\mathrm{ID_B}$ 进行加密得到密文 $\mathrm{Enc}_{k_\mathrm{A}}(K_S,R_\mathrm{A},\mathrm{ID_B})$，并将密文传递给 KTC。

A ← KTC：KTC 用密钥 k_A 解密得到 $(K_S,R_\mathrm{A},\mathrm{ID_B})$，从而确认 A 的身份并获知目标用户标识 $\mathrm{ID_B}$，它查找到与 B 共享的密钥 k_B，用该密钥加密得到 $\mathrm{Enc}_{k_\mathrm{B}}(K_S,R_\mathrm{A},\mathrm{ID_A})$，并将 R_A 和密文传递给 A。

A → B：A 得到密文后，如检查 R_A 没有变化，则将 $\mathrm{Enc}_{k_\mathrm{B}}(K_S,R_\mathrm{A},\mathrm{ID_A})$ 转发给 B。

A ← B：B 用与 KTC 共享的密钥 k_B 解密密文获得 $(K_S,R_\mathrm{A},\mathrm{ID_A})$，从而获得 K_S 和 R_A，并随机选择 R_B，进而用新的会话密钥 K_S 计算新的密文 $\mathrm{Enc}_{K_S}(\mathrm{ID_B},R_\mathrm{A},R_\mathrm{B})$，然后将它发送给 A。

A → B：A 用它自己选择的密钥 K_S 解密密文得到 $(\mathrm{ID_B},R_\mathrm{A},R_\mathrm{B})$，它检查 $\mathrm{ID_B}$，如果正确，则接受认证，并计算新的密文 $\mathrm{Enc}_{K_S}(R_\mathrm{B},R_\mathrm{A})$ 传送给 B。

B：B 用与密钥 K_S 解密密文获得 $(R_\mathrm{B},R_\mathrm{A})$，检查无误后接受认证。

上述方案通过 KTC 与 A 和 B 的共享密钥实现用户身份的认证，方案的正确性和安全性很容易得到验证，这里将其留给读者自行分析。

6.5 口 令 认 证

6.5.1 口令认证及其安全性

口令认证（Password Authentication）就是一种使用个人所知道的或掌握的知识进行认证的技术，其通常采用简单可记忆的"字符串"进行认证。口令认证的优点是简单、方便，不需要额外存储知识的装置，易于实现，所以是使用最广泛的认证技术。但是，口令认证也存在一些致命的问题，如口令简单，容易破解；口令可记忆，容易被猜测，也容易被忘记。因此口令认证也被称为是弱认证（Weak Authentication）。总之，口令认证简单、方便，仍然是目前网络中最常见的认证方式。

决定口令认证系统安全的因素很多，但安全的前提是用户能够选择较强的口令。每个人都有不同的方式选择口令，但是根据已有研究，每个人所能记住的口令个数是非常有限的。而且，过于繁杂的口令也不适合由用户长久记忆。为了提高口令的强度，下面将介绍一种简单的口令选择方法。

已有语言中词汇的统计分析证实，如果采用单词作为口令，那么口令随机性会很差。但是根据语句选择口令，由于语句内容的随机性较强，且内容丰富也更容易被记忆，故可有较好的效果。因此，可选择用户熟悉的一句话作为口令内容，并提取这句话中每个词的一个字母组成口令。例如，将“爱因斯坦是个伟大的科学家”生成口令，提取每个字的第一个字母便能得到"EYSTSGWDDKXJ"这个字符串。虽然作为口令其显得较为复杂，但实际上很方便被记忆和使用。

下面内容将转而关注口令认证的实现方法。从技术上讲，口令认证技术可分为两类：静态口令认证技术和动态口令认证技术。

静态口令认证技术是指每次用户身份认证过程都完全不变，处于静态的一种认证方式。通常用户在注册阶段创建用户名和初始口令，系统在其数据库中保存该用户的信息列表（存储用户名和口令信息，其中，口令信息可以是用户口令的 Hash 值）；当用户登录认证时，将自己的用户名和口令（或口令 Hash 值）上传给服务器，服务器通过查询数据库中用户信息来验证用户上传的认证信息是否正确。显然，这种方式存在较多的安全问题，如不能抵抗窃听或重放等攻击手段。

动态口令认证技术与上述方式正相反，它是指在用户身份认证过程中每次认证所用信息都不同的一种口令认证方式。这种技术已经具备了密码学强认证的特征，是一种使用广泛的口令认证技术。

6.5.2 Lamport 口令认证方案

下面将介绍一种由 Lamport 提出的基于单向函数的一次性口令（one-time password）认证方案。该方案是建立在单向函数（如 Hash 函数）基础上的，令 Hash 函数 $H:\{0,1\}^* \to \{0,1\}^k$，由该 Hash 函数构造 Hash 链如下：

$$w, H(w), H(H(w)), \cdots, H^t(w)$$

其中，$H^t(w)$ 表示 t 次 Hash 函数迭代。由 Hash 函数的单向性质可知，这个 Hash 链可以由前面的值得到后面的值，但是反向运算则是困难的。

下面将用它实现动态口令协议的构造如下：

① **用户注册**：用户在进入系统时，由用户和系统管理员做如下准备工作。

系统管理员选择一个固定的整数 t，用户选择一个口令 w，并把 $\mathrm{ID}, w_t = H^t(w)$ 传递给系统管理员。

系统管理员将 (ID, t, w_t) 存储到用户账户数据库，其中，t 表示允许登录的次数。

② **认证协议**：用户登录到系统时执行下面认证协议。

用户将用户标识 ID 发送给系统，系统检查数据库找到记录 (ID, s, w_s)，如果 $1 < s \leqslant t$，那么返还 $s-1$ 给用户；否则，拒绝认证。

用户依靠口令 w 计算 $w_{s-1} = H^{s-1}(w)$，并发送 w_{s-1} 给系统。

系统计算 $u = H(w_{s-1})$，再与记录中的 w_s 进行比较，如果 $w_s = u$，则接受；否则，拒绝。

如果接受，系统用新发来的 Hash 值替换数据库中的记录 $(\mathrm{ID}, s-1, w_{s-1})$ 并将其用于以后的验证。

如果 $s-1=1$，那么系统将要求用户重新选择口令进行注册。

下面会对口令方案的安全性进行简单分析。由于口令认证使用最早也最广泛，因此已经存在大量针对性的攻击方法和成功的攻击实例。常见的口令攻击方法如下：

① 网络窃听：通常针对明文传输而采用网络嗅探器获取口令明文；

② 重放攻击：针对采用密文传输的认证过程而进行的攻击；

③ 伪造服务器攻击：通过伪造服务器来骗取用户认证信息，典型方式如网络钓鱼；

④ 攻击服务器用户数据：直接对服务器的用户信息数据库发起攻击；

⑤ 字典攻击：针对用户口令易使用生日/人名等常见单词或数字的特性而进行的攻击；

⑥ 穷举攻击：如果用户口令较短，攻击者遍历所有可能的字符串而实现的攻击。

在 Lamport 动态口令认证方案中，服务器端存储的是密钥的 Hash 函数，这样既保证了原始密钥的安全，也可防止敌手直接攻击服务器中的用户数据库而引发系统性风险。同时，认证过程只传送口令的 Hash 值形式，保证了网络窃听状态下的安全。口令认证是动态改变，每次需要获得上次认证中 $H^s(w)$ 值的原像 $H^{s-1}(w)$，由于 Hash 函数的求逆困难，所以在没有原始口令 w 的情况下要通过验证将是无法做到的，这保证了认证的时变性，防止了重放攻击。此外，由于引入了计数 t，故可强迫用户定期更改口令，保证了口令的活性。综上所述，上述方案是一种较为理想的口令认证方案。

6.6 基于公钥基础设施的身份认证

采用对称密码（如 MAC 和对称加密）进行身份认证需要在认证前协议双方预先共享密钥，这就意味着两者之间预先建立了信任关系。但是如果需要认证的两者间之前互不相识，是否能相互之间进行身份认证就成了必须解决的问题。例如，一个欧洲居民想访问某中国航空公司网站来购票，那么他就需要对网站真实性进行认证，尤其在该用户从来没访问过该网站时必须如此。

解决这种彼此之间互不相识主体的认证问题，目前采用的主要技术是基于公钥密码体制的身份认证。公钥密码体制对于数字认证具有特殊的意义。首先，本书在 6.3.3 节已经介绍了基于数字签名的认证方案，这里发送方的私钥被用于数据的签名，对应公钥则被用于签名的验证，因此数字签名是一种针对发送方的身份认证方式；其次，公钥加密也可被用于身份认证，这里接收方的公钥被用于发送方数据的加密，只有具有对应私钥的接收者能够解密数据从而验证其身份，所以，公钥加密是一种针对接收方的身份认证方式。

> 在公钥密码体制中，数字签名是一种针对发送方的身份认证方式，公钥加密则是一种针对接收方的身份认证方式。

不论采用上述两种方式中的哪一种，最核心的问题都是公钥（在身份认证中作为信任凭证）的可信性。由于公钥是可以公开的，在互联网上任何人都可以发布（自己或者他人的）公钥，这就导致从网络获取的公钥并不值得被信任。

为了解决公钥的可信性问题，以各国政府为主导提出并建立了公钥基础设施体系。2000 年后其逐渐在互联网中被广泛采用，成为网络安全保障的基本技术之一。公钥基础设施 PKI 泛指颁发和管理公钥证书及其私钥的一组策略、标准和软件。在技术上，它则指由数字证书、证书颁发机构（Certificate Authority，CA）以及对电子交易所涉及各方的合法性进行检查和验证的机构组成的一整套系统。

在公钥基础设施中最重要的概念是公钥证书（public-key certificate）或数字证书（digital certificate），它是一种颁发机构 CA 以数字签名方式发布的声明，其可将声明中的公钥与持有相应私钥的主体（个人、设备和服务）这两者的身份绑定在一起。以此为基础，PKI 提出了包括申请人注册、证书登记、证书吊销、证书链验证等一系列功能，利用这些功能，任何机构和个人都可以申请和验证数字证书，并在整个互联网范围内实现便捷的身份认证。

目前最常用的数字证书格式是国际标准 ITU-T X.509 版本 3（记作 X.509v3）。但 ITU-T X.509 并非数字证书的唯一格式，如安全电子邮件依赖的优良保密协议（Pretty Good Privacy, PGP）便是其所独有的一种证书。公钥证书中通常包含以下信息：**主体的公钥值、主体的标识符信息（如名称或电子邮件地址，被称为域名 DN）、证书有效期、CA 标识符信息和 CA 的数字签名等信息**。其中，颁发者 CA 的数字签名用于证实主体的公钥与主体的标识符信息之间绑定关系的有效性。按照颁布者的不同，公钥证书有两种类型：自签名证书和 CA 背书证书。在自签名证书中，证书的公钥和用于验证证书的密钥是相同的，也就是由自己验证自己；CA 背书证书中的签名则是依靠颁发机构 CA 的私钥进行签名，因此该证书需要用 CA 的公钥证书来验证。

公钥证书的颁发者和签署者就是众所周知的证书认证机构 CA。在一个 PKI 系统中，CA 与 CA 之间构成树状层次结构，如图 6.2左图所示，CA 类型包括以下两种：根 CA 和从属 CA。根 CA 是一种特殊的 CA，它位于证书层次结构的最高层，所有证书链均终止于根 CA。根 CA 必须能对它自己的证书签名进行验证（即自签名证书），因为在证书层次结构中再也没有比根 CA 更高的认证机构了。从属 CA 则是一种由根 CA 和其他上级从属 CA 对其本身证书进行签名的 CA。

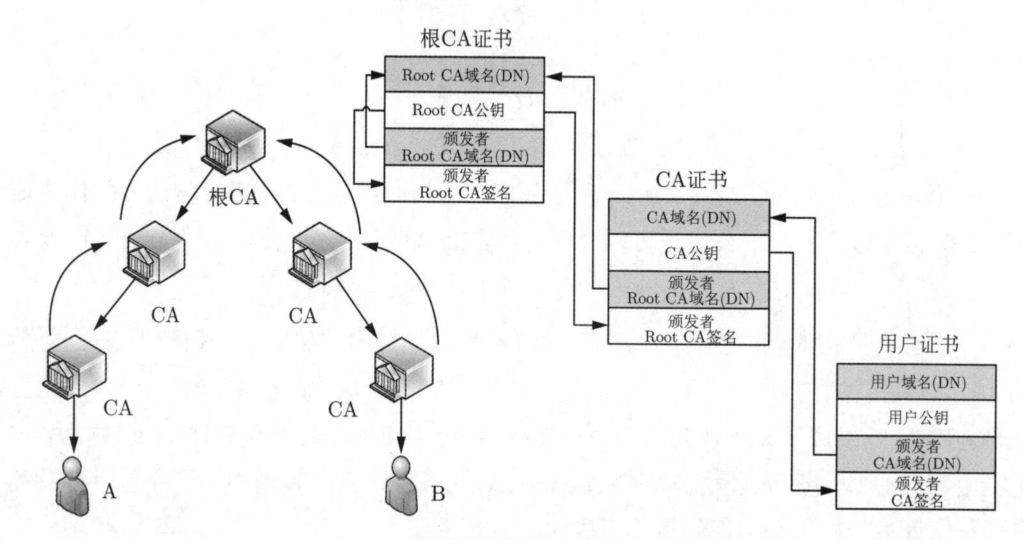

图 6.2 公钥基础设施认证过程示意图

在 CA 树状层次结构中，终端实体证书的信任从证书路径回溯，通过各级从属 CA 由底而上直到根 CA，由此构建起了**信任链**（chain of trust）。例如，图 6.2中主体 A 要验证主体 B 的公钥证书，A 会从该证书中的 CA 域名 DN 来查询上一级 CA 并获取 CA 证书，进而用上级 CA 证书中的 CA 公钥验证用户证书颁发者 CA 签名的有效性；这一过程将在每个后续级别继续进行，直至主体 A 找到本机“信任存储”中已包含的受信任证书，或者到达根 CA。

上述主体本机的“信任存储”通常是指浏览器或操作系统包含的受信任 CA 库。根据已受信任 CA 可构造证书验证者的信任链，即由受信任 CA 库中的 CA 证书重复前述信任链的建立过程，自下而上找到一条与前述被验证者证书“信任链”相交的通路。在前例中，由此可构造一条由主体 A 到主体 B 之间完整的信任路径。由于 A 和 B 的公钥由同一根 CA 所认证，因此可以认可彼此之间的信任关系。此外，若发生信任链到达根 CA 仍未匹配的情况，则系统需要获得用户对该证书的授权认可。

综上所述，公钥基础设施是政府主导建立起的信任网络，而且证书签发通常采用严格的实名认证方式，因此，以其为基础，目前已实现全球范围内的身份认证体系，所呈现的信任关系也可被认为是一种国家信任，是保障互联网安全的基石。

6.7 Schnorr 身份认证协议

前述身份认证方案都是基于已有密码系统（加密、签名、MAC 等）来实现的，下面将介绍为身份认证专门设计的密码协议。该协议被称为 Schnorr 身份认证协议，其结构简单，采用了基于“承诺 Commitment、挑战 Challenge、响应 Response”的三次交互过程，实现了满足交互系统安全性要求的可证明安全，同时，为了保护用户认证中的秘密（也就是信任凭证），也具有零知识属性以解决协议中的信息泄露问题。

6.7.1 Schnorr 身份认证协议概述

Schnorr 身份认证协议是建立在 $\mathbb{Z}_p^*$ 下的离散对数（DL）计算困难假设基础上的。根据安全参数 κ 生成签名者公私钥如下：

① 随机选择两个大素数 p,q 且 $q|(p-1)$，保证在 $\mathbb{Z}_p$ 上计算 DL 问题是困难的。例如，当 $\kappa=80$ 时，可选择 $p\approx 2^{1024}$，$q\geqslant 2^{160}$，其中，κ 是安全参数。

② 随机选择一个阶为 q 的生成元 $g\in\mathbb{Z}_p^*$。

③ 随机选择一个整数 x，计算 $v=g^{-x} \pmod p$；最后，公布公钥 $pk=(p,q,g,v)$，保留私钥 $sk=(x)$。

令 A 为证明者，B 为验证者，Schnorr 身份认证协议的具体执行过程如下所述：

A → B： A 随机选择一个随机数 $k\in\mathbb{Z}_q$，即 $1\leqslant k\leqslant q-1$，计算 $y=g^k \pmod p$。并传送 A 的公钥证书 Cert(A) 和 y 给 B；

B → A： B 利用证书 Cert(A) 验证 A 的公钥 v，再选择一个随机数 $r\in\mathbb{Z}_q^*$，并传送 r 给 A；

A → B： A 计算 $c=k+xr \pmod q$，并传送 c 给 B；

B： B 验证 $y=g^cv^r \pmod p$。如果成立，B 接受认证；否则，B 拒绝。

在上述协议中，公钥证书 Cert(A) 可被表示为

$$\mathrm{Cert(A)}=(\mathrm{ID_A}||pk||s),\qquad s=\mathrm{Sign_{CA}}(\mathrm{ID_A}||pk)$$

其中，$\mathrm{ID_A}$ 是 A 的标识，CA 表示可信第三方证书颁发机构，$\mathrm{Sign_{CA}}(\cdot)$ 是该 CA 的签名。如图 6.3所示，为便于理解，此处显示了 Schnorr 身份认证协议的交互过程，这个过程可分为三个阶段。

① **承诺阶段**：由证明者建立一个对随机数的密码学承诺；

② **挑战阶段**：由验证者随机选择一个挑战；

③ **响应阶段**：由证明者对验证者的随机挑战进行答复。

最后，由验证者对证明者发来的响应进行验证，并要求在验证中使用承诺阶段中的承诺。上述交互结构也被称为 Σ-协议，其在交互证明系统中被广泛使用。

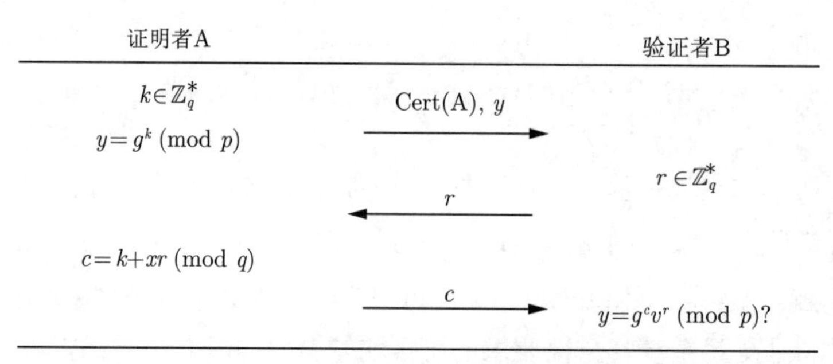

图 6.3 Schnorr 身份认证协议交互过程

细心的读者会发现，Schnorr 身份认证协议比较类似于 Schnorr 数字签名，二者原理也非常相似，读者可自行分析比较。

6.7.2 Schnorr 身份认证协议的实例

下面给出一个 Schnorr 身份认证协议的实例。

例 6.1 假定 $p = 3533$，$q = 883$，$\kappa = 10$，$g = 2167$ 是群 $\mathbb{Z}_p^*$ 中的元素，阶为 q。假定 A 的私钥是 $x = 170$，则

$$v = g^{-x} (\text{mod } p) = 2167^{-170} (\text{mod } 3533) \equiv 1446$$

假定 A 选择一个随机数 $k = 691$。然后计算

$$y = g^k (\text{mod } p) = 2167^{691} (\text{mod } 3533) \equiv 1667$$

并将 y 传送给 B。假定 B 发送挑战 $r = 133$ 给 A，则 A 计算

$$c = k + xr (\text{mod } q) = 691 + 170 \times 133 (\text{mod } 883) \equiv 1226$$

并传送 c 给 B 作为响应。B 验证

$$1667 \equiv 2167^{1226} \times 1446^{133} \pmod{3533}$$

最终，B 接受。

6.7.3 Schnorr 身份认证协议的安全性分析

定理 6.2 Schnorr 身份认证协议能够满足交互证明协议中的完整性需求。

证明 在认证协议中，验证者 B 的挑战问题仅仅为一个随机数 r，所以必须保证 r 的不可猜测性。下面需要将 B 向 A 发出的挑战 r 分两种情况进行讨论：

当 $r = 0$ 时：A 的响应 c 为第一步中 $y = g^k$ 中隐藏的秘密 k，即

$$g^c v^r = g^{k+xr} g^{-xr} = g^k \equiv y \pmod p$$

注意，此时并不验证证明者 B 手中的私钥 x。

当 $r \in_R \mathbb{Z}_q^*$ 时：分析见下述同余式：

$$\begin{aligned} g^c v^r &= g^{k+xr} v^r \\ &= g^{k+xr} g^{-xr} \\ &= g^k \equiv y \pmod p \end{aligned} \tag{6.2}$$

根据以上分析可知，在 A 和 B 都是诚实方的情况下，A 总能向 B 证实自己的身份，方案具有完整性。■

当敌手不知道 A 的私钥 x 的情况下试图通过 B 的认证，则可以有以下两个定理。

定理 6.3（完备性） 在 x 未知的情况下，敌手试图冒充 A 通过 B 的认证是困难的，只要离散对数（DL）问题是计算困难的。

证明 假设敌手 A 的认证过程是可重置的（Resettable），则给定一个离散对数问题：已知 Schnorr 协议中的参数 (p,q,g) 和任意一个群元素 z，求 x，可以用以下办法使得 $z \equiv 1/g^x \pmod p$：首先，在认证系统建立公布公钥 $pk = (p,q,g,y)$；其次，与敌手 A 进行一次认证过程，记录交互过程各阶段的值 (y_1, r_1, c_1)；然后，重置敌手 A 并重新开始认证，此时首先得到承诺 y_2，检查 $y_1 = y_2$ 是否成立。如果不成立，则重复上述过程；否则，选择一个新的挑战 r_2 并发送给 A，A 返回响应值 c_2，即得到新的认证记录 (y_2, r_2, c_2)，其中，$y_1 = y_2$。也就是说对某个 y 值，得到了两个可能的挑战 r_1 和 r_2，以及相应的两个有效响应 c_1 和 c_2。

根据这两次认证过程，可得到 $y_1 = y_2 = g^{c_1} z^{r_1} = g^{c_2} z^{r_2} (\mathrm{mod}\ p)$，那么 $g^{c_1-c_2} = z^{r_2-r_1} (\mathrm{mod}\ p)$。由于 $z = g^{-x} (\mathrm{mod}\ p)$。因此，可得 $g^{c_1-c_2} = g^{-x(r_2-r_1)} (\mathrm{mod}\ p)$。因为 x 的阶为 q，因此 $c_1 - c_2 = x(r_1 - r_2) \pmod q$。这里，$0 < |r_1 - r_2| < 2^t$，$q > 2^t$ 且为素数。所以有 $\gcd(r_1 - r_2, q) = 1$，且 $(r_1 - r_2)^{-1} (\mathrm{mod}\ q)$ 存在。那么，敌手就能计算出 $x = (c_1 - c_2)/(r_1 - r_2) (\mathrm{mod}\ q)$。这意味着离散对数问题可解，这与 Schnorr 认证协议中离散对数问题困难的假设矛盾，问题得证。■

上述证明中利用了敌手可重置的属性，即可让敌手重复上一次协议运行，并进行与上一次相同的随机选择，但此后验证者的挑战不同，从而产生了协议差异，这也就是所谓的分叉“Fork”结构。

下面内容将显示，如果证明者能够猜测验证者的随机选择，那么欺骗是可行的，也就是说，敌手可通过猜测验证者 B 的挑战 r 来冒充 A。在这种情况下，如果敌手正确猜出了 r，则其可以选择任意的 c，并计算 $y = g^c v^r (\mathrm{mod}\, p)$。在第一次交互中敌手传送 y 给 B，当收到 B 发出的挑战 r 时，将 c 作为响应发给 B，那么 B 会接受敌手的认证，因为 $y = g^c v^r (\mathrm{mod}\, p)$ 成立。为了防御这种攻击，r 必须是由 B 随机选择的，如果 $1 \leqslant r \leqslant 2^t$，那么敌手能够正确猜测 r 值的概率是 $1/2^t$。只要 t 是足够大的（通常

$t \geqslant 80$），敌手能够正确猜测 r 值的概率是可被忽略的。

身份认证协议总是希望证明者在证实自己身份时，敌手得不到关于证明者的任何其他信息。下面证明在 Schnorr 身份认证协议中，证明者并没有泄露任何关于秘密 x 的信息，即协议对于证明者的零知识性。更准确地说，是在 A 和 B 进行交互的过程中 B 或者信道中的观察者无法获得 A 的秘密信息（A 的私钥 x）。

定理 6.4（零知识性） Schnorr 身份认证协议具有统计零知识性。

证明 为了证明 Schnorr 身份认证协议对验证者 B 来说是零知识的，只需要构造一个模拟器 S 来模拟协议的运行，使得它的输出与真实协议是不可区分的。给定证明者的公钥 $pk = (p, q, g, v)$，令公钥证书 Cert(A) 是双方认可的有效认证凭证，则 Schnorr 身份认证协议中协议观察者所能看到的通信内容为

$$\mathrm{View_B}(\mathrm{A}^*, \mathrm{B})(\mathrm{ID_A}) = \{(y, r, c)\}_{\mathrm{ID_A} \in \mathrm{Cert(A)}} \tag{6.3}$$

其中，$(y, r, c) \in \langle g \rangle \times \mathbb{Z}_q^* \times \mathbb{Z}_q$。

为了模拟上面的协议输出，模拟器 S 可通过下述三个步骤来产生与真实文本有同样概率分布的模拟文本，具体如下：

第一步： 选择 $r' \in_R \mathbb{Z}_q^*$；

第二步： 选择 $c' \in_R \mathbb{Z}_q$；

第三步： 计算 $y' = g^{c'} v^{r'} (\mathrm{mod}\ p)$，输出 (y', r', c')。

容易看出，y' 是在群 $\langle g \rangle$ 中均匀分布的，原因在于 $v \in \langle g \rangle$，且 r' 和 c' 是均匀随机选择的。因此，模拟器的输出 $\mathrm{S^B}(\mathrm{ID_A}) \to \{(y', r', c')\}$，其中，$(y', r', c') \in_R \langle g \rangle \times \mathbb{Z}_q^* \times \mathbb{Z}_q$。这意味着

$$\mathrm{S^B}(\mathrm{ID_A}) \simeq \mathrm{View_B}(\mathrm{A}^*, \mathrm{B}) \tag{6.4}$$

其中，$\simeq$ 表示统计同分布。这表明模拟输出与真实协议运行结果是统计上无法区分的，所以 Schnorr 身份认证协议具有统计零知识性。 ■

6.8 生物认证技术

生物认证技术是指直接通过待识别个体的生理特征进行身份识别的方法。个人所具有的生物特性包括指纹、掌纹、声纹、脸形、DNA、虹膜、视网膜等，相应的识别技术就有说话人识别、人脸识别、指纹识别、掌纹识别、虹膜识别、视网膜识别、体形识别、键盘敲击识别、签字识别等。

归纳起来，人体生物特征可分为生理特征和行为特征认证两类：

生理特征： 生理特征也被称为静态生物特征，包括人脸、指纹、掌纹、掌形、虹膜、视网膜、静脉、DNA、颅骨等，这些特征是天生的、与生俱来的、终生不会改变。

行为特征：行为特征也被称为动态生物特征，包括声纹、手写签名、步态、按键节奏、身体气味等，这些特征是由后天的生活环境和生活习惯决定的，但也是稳定的、不易改变的。

将生物特征用于身份认证是人类天生具有的能力，例如，小孩子也能在人群中找到自己的父母。随着微电子、光学、计算机技术等学科的发展，生物特征在用于身份识别方面越来越受到重视，但是单一的生物认证技术并不一定比以密码技术为基础的认证方法更准确和安全，因此通常需要综合几种认证技术共同使用。

由于生物识别适用的目标不同，故需对生物特征的认证与识别这两个概念加以区别：

生物特征的认证：是指给定某个个体的生物特征记录，与当前个体的生物特征进行比对的过程，其目的是验证两者是匹配的。

生物特征的识别：是指给定某些个体的生物特征记录，与当前个体的生物特征进行比对的过程，其目的是找出与之最相似个体的过程。

生物认证技术是一个综合性的技术，例如，指纹认证技术就涉及光学采集、压感传感、图像处理、模式识别等相关技术。仅就指纹特征的识别过程而言，它通常也包括图像获取、图像增强、特征获取、特征匹配等步骤，这里将不再进行介绍，感兴趣的读者可选择相应的专业书籍进行阅读。下面仅针对生物特征的远程用户认证这一应用中的交互认证协议加以介绍。

6.8.1　静态生物认证协议

远程用户认证技术是指一种分布式身份认证环境下的认证技术。该认证系统通常由一个拥有中央认证数据库的认证中心（authentication center）和一些前端认证设备（指纹、人脸、虹膜等识别设备）构成，其中，中央认证数据库存储用户的个人信息（personal profile）和该用户的生物特征信息，同时还具有相应特征的匹配算法，前端认证设备则只负责用户生物特征的采集。上述类型的系统具有集中式管理、扩展性强、简单实用的特点，通常被大型安保系统所采用。

远程生物特征认证是通过认证中心和前端认证设备之间的交互过程实现用户身份的认证。当所采用的生物特征是生理特征时，被称为静态生物认证协议。为了方便介绍该协议，这里将定义生物认证方案包括：

① $\mathcal{U},\mathcal{P},\mathcal{D},\mathcal{F}$ 分别表示用户标识、用户信息、设备集合和生物特征的空间；

② $\mathrm{Register}(u) \rightarrow (p,d,f)$ 表示用户 $u \in \mathcal{U}$ 在中央认证数据库的注册过程，运行结果是中央认证数据库存储个人信息 $p \in \mathcal{P}$，以及在某种生物特征采集设备 $d \in \mathcal{D}$ 下的生物特征 $f_d \in \mathcal{F}$。

③ $\mathrm{Extract}(d',\mathrm{B}) \rightarrow f'_{d'}$ 表示某个主体 B 在某种生物特征采集设备 $d' \in \mathcal{D}$ 下采集

到的生物特征 $f'_{d'} \in \mathcal{F}$。

④ $\text{Match}(f_d, f'_{d'}, \lambda) \to \{\text{True/False}\}$ 表示两个生物特征 f_d 和 $f'_{d'}$ 之间的匹配过程，如果匹配中 $\|f_d - f'_{d'}\| < \lambda$ 则输出 True；否则输出 False。其中，λ 为匹配许可误差。

这里要说明的是，基于生物特征的身份认证中采集的特征是与设备相关的。同时，考虑到存储和识别的开销，系统通常并不直接保留原始的生物特征采样数据，而是存储经过变换后的生物特征数据 $f \in \mathcal{F}$。最后，生物特征匹配通常需要一个复杂的处理，特征匹配也不是如同密码学中那样严格的比特匹配，而是阈值参数 λ 下的近似匹配，这些都是与其他认证方法不同的地方。

下面介绍一个简单的生物特征远程认证协议，它是一个认证中心 C 和前端认证设备 E 之间的一个共享密钥 k 和对称加密系统 (E,D) 的简单交互协议：

E→C： E 发送用户标识 $u \in \mathcal{U}$ 和一个时变参数 r_e 的加密 $\text{Enc}_k(r_e||u||\text{E})$ 到 C；

E←C： C 解密出 r_e 并选择一个时变参数 r_c，并将其加密形式 $\text{Enc}_k(r_e||r_c||\text{C})$ 发送给 E；

E→C： E 解密出 r_e, r_c 并验证 r_e 一致，再采集用户 u 的生物特征 $\text{Extract}(d', \text{B}) \to f'_{d'}$，并发送 $\text{Enc}_k(r_c||r_e||(u, d', f'_{d'})||\text{E})$ 给 C；

E←C： C 解密得到 r_c 和 r_e 并验证其一致性，从数据库中查找到 u 的记录 (p, d, f_d)，如果 $\text{Match}(f_d, f'_{d'}, \lambda) = \text{true}$，那么通过验证并返回 $\text{Enc}_k(r_e||r_c||(u, \text{True})||\text{C})$，否则返回 $\text{Enc}_k(r_e||r_c||(u, \text{False})||\text{C})$。

上述协议的安全性依赖于时变参数和共享密钥。如果协议中省略前两个阶段，那么可能导致敌手发起重放攻击，或者前端设备直接发送特征给中心为其进行特征比对，导致敌手学习到特征信息。考虑到协议的开始是由 E 发起的，故这 4 次交互过程应为最简单的形式。采用公钥认证形式可以简化交互过程，但会增加证书管理方面的开销。

6.8.2 动态生物认证协议

随着近年来人工智能技术的发展，对于生物行为特征的身份认证越来越引起了社会的广泛重视，这种识别方法不仅可以进行身份认证，而且能够发现被测试者情感和情绪上的变化，对于预防犯罪、掌握犯罪心理等方面都有积极作用。下面简单介绍一种基于动态生物行为的远程认证协议，首先，对生物提取与匹配模型稍微进行改变：

- $\text{Extract}(d', \text{B}, x) \to f'_{d'}(x)$ 表示给定某一被测试行为 x，某个主体 B 在某种生物特征采集设备 $d' \in \mathcal{D}$ 下提取到生物行为特征 $f'_{d'}(x) \in \mathcal{F}$。
- $\text{Match}(f_d(x), f'_{d'}(x), \lambda) \to \{\text{True/False}\}$ 表示两个生物行为特征 $f_d(x)$ 和 $f'_{d'}(x)$ 之间的匹配过程，如果匹配中 $\|f_d(x) - f'_{d'}(x)\| < \lambda$ 则输出 True；否则输出 False。

这里生物行为特征的提取过程被增加了一个行为参数 x，它表示某种需要通过测试人员完成的指定动作而获得的行为特征 $f'_{d'}(x)$，该动作应该在已有特征数据库中存在或者是通过原始记录可推测的，即可获得的 $f_d(x)$。例如，在手写字体识别中可以让测试者书写某些特定的文字，或者声纹识别中阅读特定的文字。

在上述定义基础上，只需要简单地修改 6.8.1 节中的协议即可获得动态特征的远程认证协议过程，如下所示：

E→C： E 发送用户标识 $u \in \mathcal{U}$ 和一个时变参数 r_e 的加密 $\mathrm{Enc}_k(r_e||u||\mathrm{E})$ 到 C；

E←C： C 选择一个时变参数 r_c，并将其加密形式 $\mathrm{Enc}_k(r_e||r_c||x||\mathrm{C})$ 发送给 E；

E→C： E 解密出 r_e、r_c 并验证 r_e 一致，再采集用户 u 的生物特征 $\mathrm{Extract}(d', \mathrm{B}, x) \to f'_{d'}$，并发送 $\mathrm{Enc}_k(r_c||r_e||(u, d', f'_{d'}(x))||\mathrm{E})$ 给 C；

E←C： C 解密得到 r_c、r_e 并验证一致性，从数据库中查找到 u 的记录 (p, d, f_d)，如果 $\mathrm{Match}(f_d(x), f'_{d'}(x), \lambda) = \mathrm{True}$，那么通过验证，并返回 $\mathrm{Enc}_k(r_e||r_c||(u, \mathrm{True})||\mathrm{C})$，否则返回 $\mathrm{Enc}_k(r_e||r_c||(u, \mathrm{False})||\mathrm{C})$。

上述认证过程中，时变参数 r_c 与行为参数 x 的联合使用，保证了敌手不能实施重放攻击。同时，x 作为中心发出的挑战，如果在一个较大的空间内变动，也增加了敌手通过学习进行欺骗的难度。例如，指纹验证中敌手只要获得并伪造检验所需的指纹膜即可进行欺骗，但是如果是手写字体识别，则敌手很难通过控制中心的挑战内容，因此攻击难度会大幅增加。

习 题

1. 如果 Bob 的签名中省略了 Alice 的身份，或者 Alice 的签名中省略了 Bob 的身份，那么请证明在 6.4节中第一个协议是不安全的。

2. 假定 Alice 正在使用 Schnorr 身份识别方案，其中 $q = 1201$，p=122 503，$\kappa = 10$，$g = 11\,538$。

① 验证 g 在 $\mathbb{Z}_p^*$ 中的阶是 q。

② 假定 Alice 的秘密指数是 $x = 357$，计算 v。

③ 假定 $k = 868$，计算 y。

④ 假定 Bob 发送挑战 $r = 501$，计算 Alice 的响应 c。

⑤ 用 Bob 的方式验证 c 的正确性。

3. 假定 Alice 使用 Schnorr 身份识别方案，p、q、κ 和 g 的设置与题目 2 一样。现在假设 $v = 51\,131$，敌手已经知道 $g^3 v^{148} \equiv g^{151} v^{1077} \pmod p$。说明敌手计算 Alice 的秘密指数 x 的过程。

第 7 章

数字媒体认证技术

学习目标与要求

1. 了解数字媒体认证的定义、内涵及分类。
2. 掌握信息隐藏与可擦除数字水印的定义。
3. 掌握脆弱水印的构造方法与原理。

7.1 引　　言

视觉和听觉是人类对外界环境的两种基本感受，与之相对应的通信媒介——图像和声音——也是人类最易接受的信息形式。随着计算机技术的发展，数字媒体已经成为互联网信息流通的主体，广泛为人们所接受，越来越多地成为承载着人类创作的媒介。尤其在新闻、医学、学术研究、商业、情报、军事等领域，数字媒体作为原始性和真实性的事件记录介质，具有信息载体和证据的重要作用。但是，随着数字化设备的普及，对于数字媒体内容的修改、伪造也越来越容易，这些行为严重损害了知识产权和数字媒体证据的可靠性，严重阻碍了知识创新与社会公正。

本章首先将对媒体的完整性认证进行介绍，给出一种基于脆弱水印（Fragile Watermarking）的图像认证方案，并采用密码学分析方法对该方案的安全性予以了分析，在此基础上，本章也将对基于半脆弱水印和数字指纹的媒体所有权认证技术加以介绍。

7.2 媒体认证技术

正如前面所说在各种媒体编辑软件普及的情况下，数字媒体（包括图像、视频、音频）是很容易被篡改的。大多数情况下人们修改数字媒体都有合法的目的，例如：图片增强增加视觉效果、语音降噪提高清晰度等；但有些时候也有人不注意甚至是怀着恶意去改变原作的内容，进而造成严重的后果，例如，对 X 光片的一个不经意的修改可能会造成医生误诊；作为物证的照片如果被恶意地修改就可能造成法官误判，使好人蒙冤而坏人却逍遥法外。在这些场合下都需要明确地知道作品是否被修改过，由此产生了对作品内容的完整性和真实来源进行认证的需求。

与前面介绍的 Hash 和 MAC 技术类似，有很多方法可以实现对媒体内容完整性的认证，但这些方法都采用了在待验证数据后附加验证块的工作模式（被称为分离式验证）。对数字媒体而言，通常还可以利用数字媒体所具有的信息冗余性，采用信息隐藏的方法进行完整性认证，也就是采用将验证块隐藏到待验证数据中去的工作模式（被称为耦合式验证），其中，待验证数据中被改动的部分被称为水印或指纹。这种方式有一些潜在的好处：

① 相关的认证数据（如数字签名一样）不需要和介质分开存储，这就避免了使用分离式验证后被敌手删除原签名、在修改媒体内容后重新添加自己签名，保证了认证信息始终与作品紧密结合，防止简单篡改攻击。

② 作品被改变时，水印可以和其嵌入的作品获得同样的改变，所以当作品被破坏时，水印也改变了。这时通过和已知的水印样本进行比较，不仅可以知道作品是否被修改了，甚至还可以知道其在什么时候，什么地方，受到了什么样的修改，而附在文件后的签名就没有这种能力。

但采用信息隐藏的方式进行认证也有一个缺陷：

不论以何种（已知或可控的）方式，嵌入认证信息都必定改变原作品。

而在一些验证原作是否改变的应用中，对原作的改变，即使是无法察觉到的，也是不被允许的，这种情况下往往不能采用信息隐藏的认证技术。即使如此，依然存在可恢复性的隐藏技术，使得原始图像可以被精确地恢复，这就是后面介绍的可擦除水印。

与分离式数据认证一样，数字媒体认证技术也包括下面两类。

① **原数据认证**：认证最基本的任务是确认作品是否受到篡改，因为作品留下了可以相信的证据。或者说，如果有 1 比特被改变了，作品就不能通过认证。这种认证被称为精准认证或原数据认证。

② **内容认证**：在某些应用场景中，可以认可一些可接受（相对小）的改变，但要拒绝不可接受（相对大，且与媒体内容相关）的改变，如一幅图像里某一像素少了 1 比特是可以接受的，而将一幅记录犯罪现场的照片里的一个人移走，那就是不可接受的了，这种认证被称为选择性认证或内容认证。

7.3　信息隐藏定义与可擦除水印

信息隐藏作为一种安全技术，是指能够通过看似无害的消息或无关的媒介实现保密通信技术。通常，我们期望信息隐藏所实现的通信对于人或计算机来说都是不可察觉的，这就意味着不含隐蔽消息的载体通道（被称为掩文，Covertext）与含有隐藏消息的通信通道（被称为伪掩文或伪文，Stegotext）是不可区分的。本节将对信息隐藏技术进行介绍，并简要介绍可擦除水印。

为了达到不易觉察的效果，显然应将掩文和伪文置于相同的空间，该空间被称为掩文空间 $\mathcal{S}$。具体而言，一个通常的信息隐藏系统 S 由 (GenKey, Embed, Extract) 三个函数构成，定义如下：

定义 7.1（信息隐藏系统） 给定 $\mathcal{M},\mathcal{S},\mathcal{K}$ 分别是明文、掩文和密钥空间，一个通常的信息隐藏系统由满足以下条件的三元组 (GenKen, Embed, Extract) 构成。

① **密钥生成**：GenKen : $1^\kappa \mapsto \mathcal{K}$ 是一个随机密钥生成函数，给定安全参数 κ，$\text{GenKen}(1^\kappa) \to k$ 能用于生成密钥 k；

② **隐藏算法**：Embed : $\mathcal{K} \times \mathcal{S} \times \mathcal{M} \mapsto \mathcal{S}$ 是一个信息嵌入算法，给定密钥 k 和掩文 X，$\text{Embed}_k(X,m) \to X'$ 可实现消息 m 在掩文 X 下的隐藏得到伪掩文 X'；

③ **提取算法**：Extract : $\mathcal{K} \times \mathcal{S} \mapsto \mathcal{M}$ 是一个信息提取算法，当给定密钥 k 时，$\text{Extract}_k(X') \to m$ 可以从伪掩文 X' 中恢复出明文 m。

已有的研究表明：只要掩文 X 的信息冗余度足够大，那么可以在不需要原始掩文 X 查考下恢复出明文 m。因此，上述定义并没有要求抽取算法需要输入原始掩文 X。对于一个切实可用的隐藏系统来说，其需要满足如下关系：

$$\Pr[\text{Extract}_k(\text{Embed}_k(X,m)) = m] = 1$$

与密码学相比较，信息隐藏技术由于媒体的引入，使得它的功能性要求和安全性要求也更为丰富。同时，为了满足多媒体环境下的应用需要，信息隐藏技术需要满足一些特殊的性质。一般而言，其需要满足的性质包括：

① **不可感知性**：是指在隐藏掩文中信息后不能引起它在感知质量上的退化。这包含两层含义：一方面由于隐藏信息所导致的变化不应为人类的感觉器官（视觉/听觉）所感知，即含有信息的伪文和掩文对于感官而言是等效的；另一方面，如果没有隐藏处理的相关信息，那么使用计算方法或统计方法也不能对伪文和掩文进行区分。显然，后者比前者有更高的安全性要求；

② **鲁棒性**：是指信息隐藏技术必须能够容忍传输过程中受到的标准处理或变形。图像鲁棒性要求伪文在经过包括两次相继的模数和数模转换、压缩、滤波、噪声污染、颜色校正和几何失真（旋转、剪切、缩放）等操作后仍应该能够被提取出信息。

③ **安全性**：是指信息隐藏技术具有抵抗恶意攻击的能力。常见的恶意攻击包括对伪文的篡改、伪造、覆盖、混合等，这些操作都不应破坏、修改、添加、混淆伪文中承载的信息。

现有的信息隐藏技术可大致分为：数字水印、数字指纹、隐写术等几类。下面针对本章内容的需要，介绍一类特殊的数字水印技术。

定义 7.2（可擦除水印） 一个数字水印方案 $S = (\text{GenKey}, \text{Embed}, \text{Extract}, \text{Erase})$

被称为可擦除水印，如果存在一个擦除算法 Erase，使得对任意密钥 $k \leftarrow \text{GenKey}(1^\kappa)$ 和一个给定的媒体 X，那么下面等式成立：

$$\Pr[\text{Erase}_k(X', m) = X : X' \leftarrow \text{Embed}_k(X, m); m \leftarrow \text{Extract}_k(X')] = 1 \tag{7.1}$$

其中，κ 为安全参数。

理想情况下，可擦除水印认证系统必须能够实现：①将签名以 100%的有效性嵌入作品；②从已加水印作品可以恢复到原作品的状态；③载有水印的作品在保真度许可的范围内（或者依靠人的感觉上）是无法被察觉的。然而，在对数字媒介加标志时，前两点要求与实现第三个目标往往是相矛盾的。一个简单原因在于，为了保证验证安全必然选择较长的密钥 k，但是不同的密钥显然会将同一幅作品 X 映射到不同的带水印版本 X'，这就需要作品的保真度空间必须足够大。因此，为了实现可擦除水印，有时必须在一定程度上放弃视觉上的保真度要求。

在可擦除水印定义中一般采用对称密码的工作模式，也就是需要原始水印创建者和擦除者共享密码 k。不采用非对称密钥的原因在于，公钥模式下任何用户都可以对水印进行删除，这对水印安全而言是不利的。

7.4 脆弱水印与完整性验证

脆弱水印是一种可实现精确认证或原数据认证的水印技术，它能保证任何原作品中任意 1 比特的变化都被检测出来。然而，在精确认证时在作品中嵌入水印将会修改作品，有时这是完全不允许的。为了解决这一问题，可以在脆弱水印中采用可擦除水印技术，也就是以一种可完全去除或擦除的方式嵌入信息，在认证的过程中可以逐比特地恢复出作品的原貌，同时并不丢失脆弱水印的精确认证功能。

定义 7.3（脆弱数字水印） 给定数字作品 X，一个数字媒体认证系统被称为脆弱水印方案，如果下面条件满足：

① **密钥生成**：根据安全强度随机选择密钥 k，即 $W\text{GenKey}(1^\kappa) \rightarrow k$；

② **伪文构造**：在作品中嵌入消息摘要，并生成带摘要的伪文作品，即

$$W\text{Sign}_k(X) \rightarrow X'$$

③ **完整性认证**：完成作品是否修改的验证，并恢复原作品，即

$$W\text{Verify}_k(X') \rightarrow (X'', \text{true/false})$$

脆弱水印可以满足数据认证的完整性要求，也就是说对于有效生成的带水印作品而言，其将以概率 1 通过完整性验证如下：

$$\Pr\left[\text{Verify}_k(X') = (X, \text{true}) : \begin{array}{c}\text{GenKey}(1^\kappa) \rightarrow k, \\ \text{Sign}_k(X) \rightarrow X'\end{array}\right] = 1 \tag{7.2}$$

作为一个完整性检验方案，脆弱水印需要满足不可伪造性，也就是说对于任何没有密钥的敌手而言，给定原始作品 X 后其不能伪造一个能通过完整性认证的作品 X^*。此外，脆弱水印需要满足不可篡改性，也就是说对于任何没有密钥的敌手而言，给定一个带有水印的作品 X' 其都不能伪造一个可通过完整性认证的新作品 X^* 且 $X \neq X^*$。

上述方案的有效性是很容易证明的，读者可以考虑自行证明。

7.4.1 脆弱水印构造

基于上述思想，使用可擦除水印系统 S 和一个带密钥的 MAC 函数可以给出一种脆弱水印实现方案，并能够证明该方案具有和密码学上的完整性验证方法相同的安全性。该方案函数定义和基本设计框架如下：

① **密钥生成**：随机选择适合 MAC 函数和可擦除水印的密钥 k。

② **伪文构造**：在作品中嵌入消息摘要。过程如下：

- **计算摘要**：通过调用 $\sigma \leftarrow \mathrm{MAC}_k(X)$ 实现；
- **嵌入水印**：通过调用 $X' \leftarrow \mathrm{Embed}_k(X, \boldsymbol{\sigma})$ 实现。

③ **完整性认证**：完成作品是否修改的验证。过程如下：

- **抽取摘要**：通过调用 $\sigma' \leftarrow \mathrm{Extract}_k(X')$ 实现；
- **擦除水印**：通过调用 $X'' \leftarrow \mathrm{Erase}_k(X', \sigma')$ 实现；
- **完整性认证**：如果 $\mathrm{MAC}_k(X'') = \sigma'$，返回 true；否则，返回 false。

上述脆弱水印构造流程如图 7.1所示，通过密码学方法和数字水印技术的结合，能够实现可证明安全的脆弱水印方案。

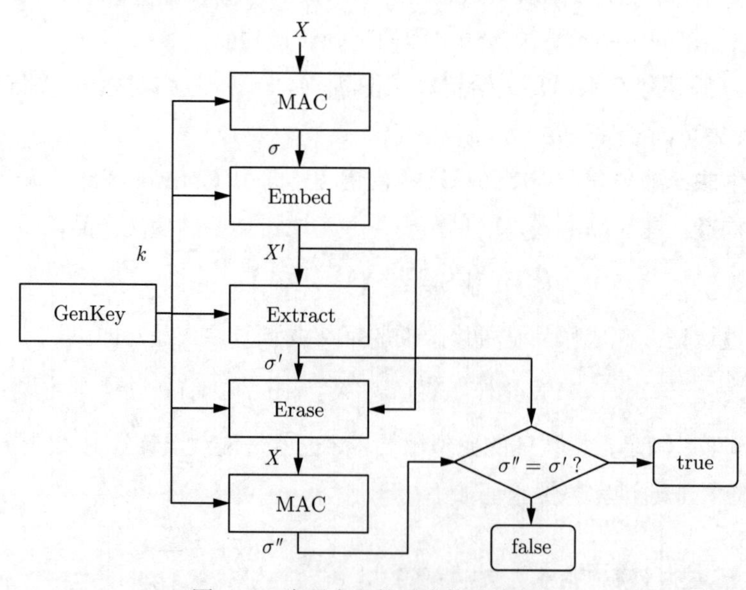

图 7.1 脆弱水印的通常构造流程图

下面将采用密码学 MAC 函数和扩频水印给出一种具体的脆弱水印方案。该方案描述如下：

① **密钥生成**：由签名者生成随机密钥 k，并与验证者共享该密钥。

② **伪文构造**：通过这一算法产生验证信息并将其嵌入数字媒体，处理如下。

作品的创作者用作品全部信息计算出签名。可采用某个消息认证码 MAC 算法获取原图像 X 的 L 比特的认证码如下：

$$\boldsymbol{\sigma} \leftarrow \mathrm{MAC}_k(X)$$

将签名用一种可擦除的方式嵌入作品。将认证码 $\boldsymbol{\sigma}$ 表示为二进制形式，并通过映射转换为向量 $\boldsymbol{\sigma}=(\sigma_1,\sigma_2,\cdots,\sigma_L)\in\{-1,1\}^L$，其中，$\sigma_i\in\{-1,1\}$。按照嵌入信息数量将原始图像转换为等长度 N 的 L 块 $\boldsymbol{X}_i'=\{X_1,X_2,\cdots,X_L\}$，每块 $\boldsymbol{X}_i=(x_{i1},x_{i2},\cdots,x_{iN})$ 嵌入一位信息。

根据密钥 k，使用伪随机数生成器构造 L 个伪随机序列 $w_i=\{w_{i1},w_{i2},\cdots,w_{iN}\}$ 且对于所有 $i\in[1,L],j\in[1,N]$，$w_{i,j}\in\{-1,1\}$。采用扩频水印嵌入方法，将认证码 σ_i 逐比特嵌入图像中第 i 块中第 k 像素 x_{ik} 中，具体嵌入公式如下：对任何 $i\in[1,L],k\in[1,N]$，

$$x_{ik}'=x_{ik}+\alpha\sigma_i w_{ik} \pmod{256} \tag{7.3}$$

其中，α 为嵌入强度。最终，获得含有认证信息的水印图像 $\boldsymbol{X}_i'=(X_1',X_2',\cdots,X_L')$，其中，每块 $\boldsymbol{X}_i'=(x_{i1}',x_{i2}',\cdots,x_{iN}')$。

③ **完整性认证**：根据验证者给定的密钥 k 按以下步骤检测图像完整性。

接受者提取嵌入的信息。按照扩频水印的提取方法进行验证，首先，由密钥恢复出 L 个伪随机序列 $\boldsymbol{w}_i=(w_{i1},w_{i2},\cdots,w_{iN})\in\{-1,1\}^N$，对于所有 $i\in[1,L]$；其次，通过计算图像序列与该随机序列相关值

$$r_i=\boldsymbol{X}_i'\cdot\boldsymbol{w}_i=\sum_{k=1}^{N}x_{ik}'w_{ik} \tag{7.4}$$

其中，$\boldsymbol{X}_i'\cdot\boldsymbol{w}_i$ 表示两个向量的点积。最后，由相关值提取嵌入信息

$$\sigma_i'=\begin{cases}1 & r_i\geqslant 0\\ -1 & r_i<0\end{cases} \tag{7.5}$$

这里，要求嵌入的信息与提取的信息 $\boldsymbol{\sigma}'=(\sigma_1,\sigma_2,\cdots,\sigma_L)$ 必须是一致的。

接受者从载体作品中擦除水印。这一过程是嵌入过程的逆过程：对任何 $i\in[1,L],k\in[1,N]$，

$$x''_{ik}=x'_{ik}-\alpha\sigma_i w_{ik} \pmod{256} \tag{7.6}$$

不难发现，只要提取信息和随机序列是一致的，那么擦除水印的作品和原作品将完全一致。

为了验证是否一致，验证者需要对作品求取 MAC，即

$$\boldsymbol{\sigma}'' \leftarrow \mathrm{MAC}_k(X'')$$

最后将 $\boldsymbol{\sigma}''$ 与解码获得的签名 $\boldsymbol{\sigma}'$ 进行比较，当且仅有以上两个 Hash 签名一致（$\boldsymbol{\sigma}' = \boldsymbol{\sigma}''$），接收到的作品才能通过认证。

7.4.2 脆弱水印性能分析

定理 7.1 对于作品分布满足 $X \sim N(\mu, \sigma^2)$，当随机序列 w_i 满足分布 $w_i \sim N(0, \sigma_w^2)$ 时，脆弱水印方案中所采用相关抽取算法是消息的最大似然估计。

证明 对于每一嵌入比特 $\sigma_i \in \{0,1\}$ 的检测，可以将其看作在两种假设 H_{-1} 和 H_1 中的参数检测问题。其中，H_1 表示存在比特信息 $\sigma_i = 1$，H_{-1} 表示存在比特信息 $\sigma_i = -1$，因此，水印检测过程可表示为如下的二元假设检验：

$$\begin{cases} H_1 & : \ x'_{ik} = x_{ik} + \alpha w_{ik} \\ H_{-1} & : \ x'_{ik} = x_{ik} - \alpha w_{ik} \end{cases}, \quad k = [1, N] \tag{7.7}$$

由于嵌入水印是一种弱信号,因此在 H_1 假设下,x'_{ik} 的概率密度 $\mathrm{Pr}_{x'}[x'_{ik}|H_1] = \mathrm{Pr}_x[x'_{ik} - \alpha w_{ik}]$；而在 H_{-1} 假设下，x'_{ik} 的概率密度 $\mathrm{Pr}_{x'}[x'_{ik}|H_{-1}] = \mathrm{Pr}_x[x'_{ik} + \alpha w_{ik}]$。如果图像像素分布是统计上独立的，那么

$$\begin{cases} \mathrm{Pr}_{X'}[X'_i|H_1] = \displaystyle\prod_{k=1}^{N} \frac{1}{\sqrt{2\pi}\sigma} \exp\left(-\frac{(x'_{ik} - \alpha w_{ik} - \mu)^2}{2\sigma^2}\right) \\ \mathrm{Pr}_{X'}[X'_i|H_{-1}] = \displaystyle\prod_{k=1}^{N} \frac{1}{\sqrt{2\pi}\sigma} \exp(-\frac{(x'_{ik} + \alpha w_{ik} - \mu)^2}{2\sigma^2}) \end{cases} \tag{7.8}$$

下面采用多样本二元假设的最大似然比对上述分布进行估计校验：

$$\begin{aligned} \ln \frac{\mathrm{Pr}_{X'_i}[X'|H_1]}{\mathrm{Pr}_{X'_i}[X'|H_{-1}]} &= \sum_{k=1}^{N} \frac{(x'_{ik} + \alpha w_{ik} - \mu)^2 - (x'_{ik} - \alpha w_{ik} - \mu)^2}{2\sigma^2} \\ &= \frac{2\alpha}{\sigma^2} \sum_{k=1}^{N} (x'_{ik} - \mu) w_{ik} \\ &= \frac{2\alpha}{\sigma^2} \left(\sum_{k=1}^{N} x'_{ik} w_{ik} - \mu \sum_{k=1}^{N} w_{ik} \right) \\ &= \frac{2\alpha}{\sigma^2} \sum_{k=1}^{N} x'_{ik} w_{ik} \begin{cases} \geqslant \tau & \text{for } H_1 \\ < \tau & \text{for } H_{-1} \end{cases} \end{aligned} \tag{7.9}$$

其中，$E[\boldsymbol{w}_i] = \sum\limits_{k=1}^{N} w_{ik} = 0$。为了简化处理，省略系数 $c = 2\alpha/\sigma^2$，可采用 $r = X'_i \cdot \boldsymbol{w}_i = \sum\limits_{k=1}^{N} x'_{ik} w_{ik}$ 完成信息的最大似然检测，一般称这种检测器为带有嵌入强度的相关检测器。

下面计算检测器的期望：

$$
\begin{aligned}
E[r] &= E[X_i' \cdot \boldsymbol{w}_i] = \frac{1}{N}\sum_{k=1}^{N} E[(x_{ik} + \alpha\sigma_i w_{ik}) w_{ik}] \\
&= \frac{1}{N}\sum_{k=1}^{N} \left[E[x_{ik} w_{ik}] + \alpha\sigma_i E[w_{ik}^2]\right] \\
&= 0 + \alpha\sigma_i\sigma_w^2 = \pm\alpha\sigma_w^2 \\
&= \begin{cases} \alpha\sigma_w^2 & \text{for } \sigma_i = 1 \\ -\alpha\sigma_w^2 & \text{for } \sigma_i = -1 \end{cases}
\end{aligned} \tag{7.10}
$$

其中，由于作品的分布与随机序列 w_i 的分布是独立的，且 $E[w_{ik}] = 0$，因此 $E[x_{ik}w_{ik}] = E[x_{ik}] \cdot E[w_{ik}] = 0$。因此，在这里可以选择 $\tau = (\alpha\sigma_w^2 + (-\alpha\sigma_w^2))/2 = 0$ 作为检测阈值。 ■

下面分析算法安全性。理想状态下，即使攻击者能够获得原作品，只要密钥是未知的，那么上述脆弱水印方案就具有签名的不可猜测性：

定理 7.2（签名信息不可预测） 给定原作品（掩文）X 和带水印作品（伪文）X'，敌手猜测签名信息 $\boldsymbol{\sigma}$ 的成功概率为 $1/2^L$。

证明 给定原作品 X 和带水印作品 X'，根据等式 7.3，可求得 $x_{ik}' - x_{ik} = \alpha\sigma_i w_{ik} \pmod{256}$，由于 σ_i 和 w_{ik} 取值空间皆为 $\{-1, 1\}$，可得嵌入因子 $\alpha = |x_{ik}' - x_{ik}|$。从而可得到下面关系：

$$
\sigma_i w_{ik} = \frac{x_{ik}' - x_{ik}}{|x_{ik}' - x_{ik}|} = \pm 1 \pmod{256}
$$

由于 w_{ik} 是由伪随机数发生器产生的，因此它的取值概率有 $\Pr[w_{ik} = 1] = \Pr[w_{ik} = -1] = 1/2$。因而可知

$$
\begin{aligned}
\Pr[\sigma_i w_{ik} = 1] &= \Pr[\sigma_i w_{ik} = 1 | w_{ik} = 1] \Pr[w_{ik} = 1] + \\
&\quad \Pr[\sigma_i w_{ik} = 1 | w_{ik} = -1] \Pr[w_{ik} = -1] \\
&= \frac{1}{2} \sum_{b=\{-1,1\}} \Pr[\sigma_i = b] = \frac{1}{2}
\end{aligned} \tag{7.11}
$$

同样的方式也可以证明 $\Pr[\sigma_i w_{ik} = -1] = 1/2$。因此，即便图像签名 $\boldsymbol{\sigma}$ 不是均匀分布的，敌手所观察到的水印序列 $\{\sigma_i w_{ik}\}$ 也将是均匀分布的，因而对于一个 L 长的图像签名 $\boldsymbol{\sigma}$，敌手猜测成功的概率依然是 $1/2^L$。 ■

数字作品的签名计算需要密钥 k，因此对于任何没有密钥的敌手而言，给定一个带有水印的作品 X'，要想篡改作品首先需要获取其中隐藏的签名 $\boldsymbol{\sigma}$。但上述定理证实即使能够获取原作品 X 也无法得到其中的签名 $\boldsymbol{\sigma}$，所以这对篡改是非常不利的。下面将进一步证明脆弱水印的防篡改功能。

定理 7.3（抗篡改攻击） 脆弱水印方案能够检测对作品的篡改。

证明 假设敌手在未知密钥情况下对带水印的作品 X' 进行了修改，获得一个新的版本 X^*，且 $X' \neq X^*$，但 X^* 能够通过完整性验证。验证者采用密钥 k 提取到签名 $\boldsymbol{\sigma}^* \leftarrow \text{Extract}_k(X^*)$，则存在两种情况：

① **当 $\boldsymbol{\sigma}^* = \boldsymbol{\sigma}$ 时**：这表明敌手的篡改并没有破坏隐藏在其中的签名信息，那么继续采用 $\text{Erase}_k(X^*, \boldsymbol{\sigma}^*) = \text{Erase}_k(X^*, \boldsymbol{\sigma}) = \bar{X}$。由于 $X' \neq X^*$，必有至少 1 比特 $x'_{ik} \neq x^*_{ik}$，根据等式 (7.6)，则必然有

$$\bar{x}_{ik} = {x^*}_{ik} - \alpha\sigma_i w_{ik} \neq {x'}_{ik} - \alpha\sigma_i w_{ik} = x''_{ik} \pmod{256}$$

这意味着 $\overline{X} \neq X$。最后，在 MAC 校验中，$\boldsymbol{\sigma} = \text{MAC}_k(X) = \text{MAC}_k(\overline{X})$。这意味着对于给定的 $\boldsymbol{\sigma}$，敌手找到了一个 MAC 的碰撞 $(X, \overline{X})$，而且 X 与 $\overline{X}$ 之间的差别又足够小，这与 MAC 函数的弱碰撞性假设相矛盾的。

② **当$\boldsymbol{\sigma}^* \neq \boldsymbol{\sigma}$ 时**：这表明敌手的篡改已经破坏了隐藏在其中的签名信息，那么继续采用 $\text{Erase}_k(X^*, \boldsymbol{\sigma}^*) = \overline{X}$，但已知 $\text{Erase}_k(X', \boldsymbol{\sigma}) = X$。这存在两种情况：

当$\overline{\boldsymbol{X}} = \boldsymbol{X}$ 时：意味着在相同的密钥 k 下满足 $\text{Erase}_k(X^*, \boldsymbol{\sigma}^*) = \text{Erase}_k(X', \boldsymbol{\sigma}) = X$。根据 $\boldsymbol{\sigma} = \text{MAC}_k(X)$ 和假设 X^* 能够通过完整性验证，即 $\boldsymbol{\sigma}^* = \text{MAC}_k(X)$，那么就存在一个矛盾：在相同密钥下，MAC 函数产生了不同的输出，这与 MAC 的函数性质相矛盾。

当$\overline{\boldsymbol{X}} \neq \boldsymbol{X}$ 时：这意味着敌手已经改变了原始作品。根据假设 X^* 能够通过完整性验证，即 $\boldsymbol{\sigma}^* = \text{MAC}_k(\overline{X})$，同时又有 $\boldsymbol{\sigma} = \text{MAC}_k(X)$，但 $\overline{X} \neq X$ 且 $\boldsymbol{\sigma}^* \neq \boldsymbol{\sigma}$。这意味着敌手找到了一个 MAC 的碰撞对 $(X, \boldsymbol{\sigma})$ 和 $(\overline{X}, \boldsymbol{\sigma}^*)$，而且 X 与 $\overline{X}$ 之间的差别又足够小，这与 MAC 函数的强碰撞性假设相矛盾。

基于上述讨论，证明的前提假设不成立，那么任何对带脆弱水印作品的篡改都可被检测，问题得证。 ■

上述证明中敌手即使能够攻破强碰撞性质的加密，也依然不可能伪造出有效的作品，原因在于：根据定理 7.2，敌手即便观察到了非常大量的嵌入相同密钥 k 的带水印作品，也仍然不能准确地获得其中的 $\boldsymbol{\sigma}$ 信息，这是与 MAC 强碰撞假设不一致所导致的，显然这将增加敌手攻击的难度。

7.4.3 实例分析

下面以一个实例来说明脆弱水印的构造和完整性认证过程：

① 选取一个 80 比特的整数作为密钥 $k = 355\ 778\ 428\ 493\ 926\ 306\ 668\ 578$。

② 采用 SHA256 作为 Hash 函数，采用 HMAC 生成十六进制表示的 256 比特消息认证码：

$$\sigma = \text{0xB58EFA1830E2D30206A5DE693DE7E4B}$$
$$\text{E9C930EB03ABA77F170D6E875CB59D656}$$

③ 选取“狒狒”图片作为掩文，大小为 256×256 像素，如图 7.2 左图所示，图 7.2（b）给出了它的直方图。

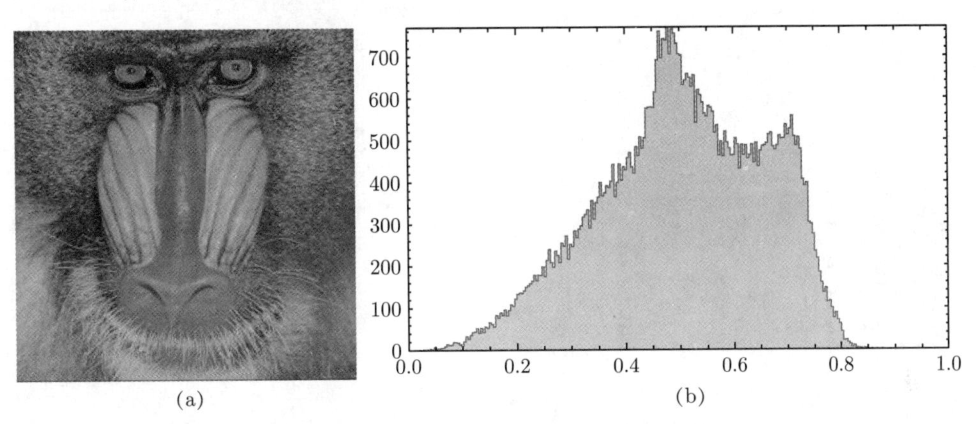

图 7.2 载体图像（256×256）及其直方图

④ 为了将前述 256 比特信息隐藏其中，可令每行像素存储 1 比特信息。例如，对于第 10 行，需要隐藏的信息比特为 -1，所采用的扩频 $N(0,1)$ 序列由向量形式表示为

$$\boldsymbol{w}_{10} = (-1,-1,-1,1,-1,-1,-1,1,1,1,-1,-1,1,-1,1,-1,-1,-1,\cdots,$$
$$-1,-1,-1,-1,1,-1,-1,-1,1,1,-1,-1,1,1,-1,-1,1,1,1)$$

对于第 10 行图像中的像素，将有下面向量

$$\boldsymbol{X}_{10} = (86,31,77,51,97,94,81,80,154,60,75,124,90,147,147,115,\cdots,$$
$$140,131,112,71,67,99,78,100,156,149,117,161,172,130,143)$$

进而根据嵌入公式，令 $\alpha = 10$，则可以得到下面嵌入信息后的像素向量

$$\boldsymbol{X}'_{10} = (96,41,87,41,107,104,91,70,144,50,85,134,80,157,137,\cdots,$$
$$130,141,122,81,57,89,88,110,146,139,127,171,162,120,133)$$

经过上述处理，可得到载有水印的图像，如图 7.3（a）所示，同时，在图 7.3（b）中也显示了该图像的直方图，可以看出，图像中有个别点出现了亮点，这是由于模运算截断（如超过 256 的像素值因被截断而接近 0 值）所导致的，从而导致直方图有所变化。

⑤ 下面演示检测过程。首先，通过相关方法提取出隐藏的 MAC 信息，例如，对于上述第 10 行，计算相关值

$$r_{10} = \boldsymbol{X}'_{10} * \boldsymbol{w}_{10} = \sum_{k=1}^{N} x'_{10,k} w_{10,k} = -10.921\,9 < 0$$

因此，可知 $\sigma_{10}=-1$。其他信息 $\boldsymbol{\sigma}'$ 也可以用上述方法进行提取，为了理解水印提取的效果，此处给出了相关值的分布，如图 7.4（a）所示，左右两部分别为嵌入值 -1 和 1 的分布，可以看出，两者之间有很好的区分距离，两个分布接近于高斯分布，均值分别为 -10 和 10，这与嵌入度 $\alpha=10$，$\sigma_w^2=1$ 下的 $E[r]=\pm 10$ 相同。

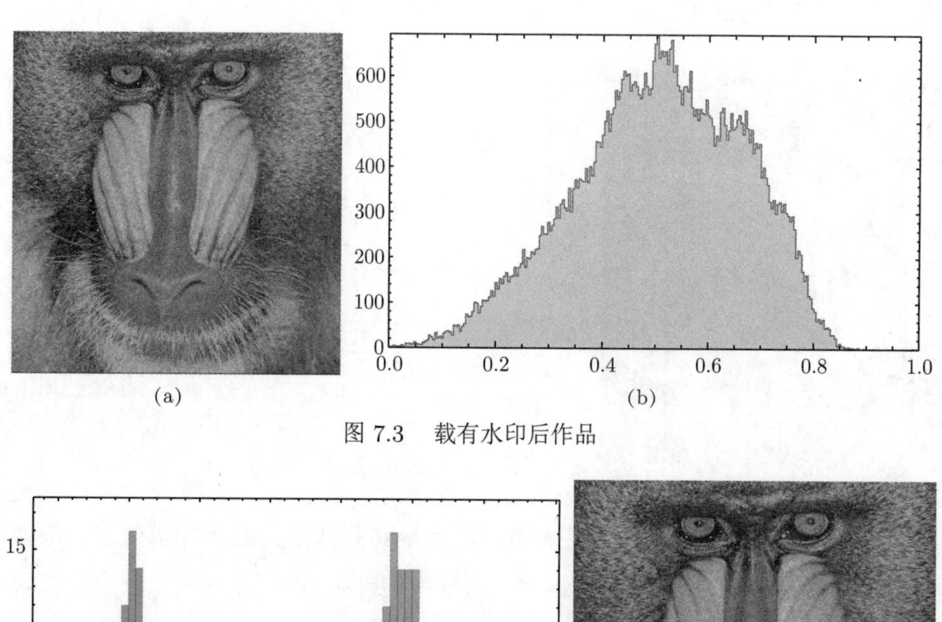

图 7.3　载有水印后作品

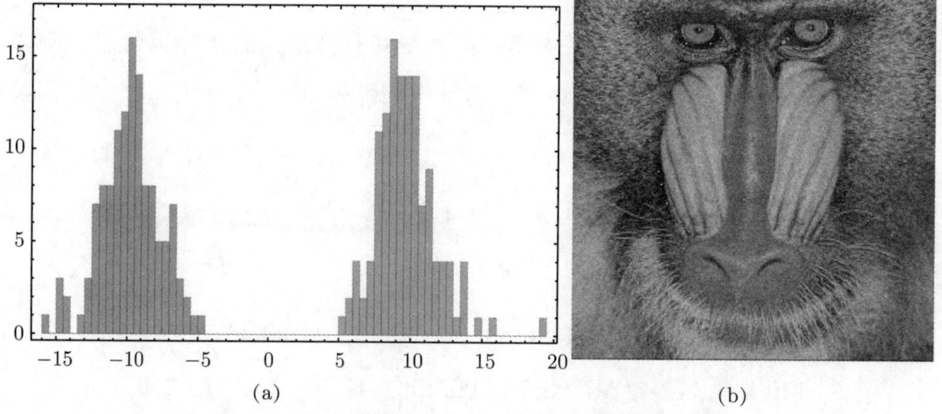

图 7.4　相关检测值的分布以及擦除水印后的作品

最后，对图像进行还原，可得 $\boldsymbol{X}_i''=\boldsymbol{X}_i'-\alpha\sigma_i\boldsymbol{w}_i \pmod{256}$，如图 7.4（b）所示，可以看出原图被很好地再现，也就是 $\boldsymbol{X}''=\boldsymbol{X}$。进而可以测试 $\boldsymbol{\sigma}'=\mathrm{MAC}_k(X'')$ 成立，这表明图像没有任何改动。

7.5　半脆弱数字水印

精确认证适用于许多场合，如文本信息仅仅改变了一两个字符（仅涉及几比特）的场景，当然也能适用于改变信息内容或产生完全不同信息的场景。但在图像或音频剪辑中，少量比特的改变不会造成原作品实质上的不同。事实上，有的失真（如有损压缩等）会修改作品中很多比特，但在视觉感知上仍然不会造成任何的改变。因此，考虑到数字媒体的这种特点，在许多应用中，两幅图像（或录音）在视觉（或听觉）感知上相似就意味着不同版本是可接受的，只是经过处理后的图像将无法经过精确认证。这就促使人们设计出一种能够对数字媒体中内容进行认证的工具，并保证只有显著的变化才会造成认证失败，这种认证被称为选择性的内容认证。

实现一种有效的选择性内容认证是困难的，原因在于如何界定什么类型的转换或变形是足够显著的，从而确保它无法通过认证。常见的方法是根据作用于作品的失真（例如有损压缩、滤波、编辑等）程度来表述选择认证系统的改动范围。失真分为两组：合理失真和不合理失真。当作品失真是合理失真时，认证系统应能让作品通过认证；相反，当有不合理失真时，作品被归到不能通过认证的一组。

在许多场合下，合理失真是很容易界定的，例如：高品质的有损压缩等。这种失真应该是合理的，原因是这种压缩基本上没有造成视觉上的明显差异。另一方面，重大编辑就应该被归于不合理失真一类，因为它完全改变了作品要表达的意思。通常可以用压缩标准作为参考，例如，JPEG 或 JPEG2000（两者的不同在于前者使用分块 DCT，而后者采用了小波变换），同时，对于某种压缩标准也要给出容忍压缩程度 λ，例如，设定 $\lambda = 80\%$ 时，那么保真度在 80% 以上的处理都被认为是合理的，否则，便会被认为是对图像的篡改。

有了对于图像失真容忍程度的定义，就可以构造适合认证选择性内容的数字水印算法，也可称它为半脆弱水印算法。也就是说，半脆弱水印指能承受合理失真，但会被不合理失真损坏的水印。它提供了一个完成选择认证的原理。

定义 7.4（半脆弱数字水印）　给定数字作品 X，一个数字媒体认证系统被称为脆弱水印方案，如果下面条件满足：

① **密钥生成**：根据安全强度随机选择密钥 k，即 $W\text{GenKey}(1^\kappa) \to k$；

② **伪文构造**：给定指定的保真度 λ，在作品 X 中嵌入消息摘要，并生成带摘要的伪文作品 X'，即

$$W\text{Sign}_k(X, \lambda) \to X'$$

③ **完整性认证**：完成作品是否修改的验证，并恢复原作品，即

$$W\text{Verify}_k(X', \lambda) \to \text{true/false}$$

半脆弱水印满足在保真度 λ 下的数据认证完整性要求，也就是说，对于有效生成的带水印作品 X'，即使该作品经过处理得到新的版本 X''，如果该版本的失真度小于 λ，那么其将以显著概率（排除忽略的失败概率 ε）通过完整性验证如下：

$$\Pr\left[W\text{Verify}_k(X^*, \lambda) = \text{true} : \begin{array}{c} W\text{GenKey}(1^\kappa) \to k \\ W\text{Sign}_k(X, \lambda) \to X' \\ \text{Process}(X') \to X^* \\ D(X, X^*) \leqslant \lambda \end{array}\right] > 1 - \varepsilon \tag{7.12}$$

其中，$D(X, X^*)$ 表示两个作品之间的失真度。反之，如果被修改的版本失真较大，那么它通过完整性验证的成功概率是可被忽略的，即存在一个可被忽略概率 ε'，使得

$$\Pr\left[W\text{Verify}_k(X^*, \lambda) = \text{true} : \begin{array}{c} W\text{GenKey}(1^\kappa) \to k \\ W\text{Sign}_k(X, \lambda) \to X' \\ \text{Process}(X') \to X^* \\ D(X, X^*) > \lambda \end{array}\right] < \varepsilon' \tag{7.13}$$

如果区分合理失真和不合理失真是基于人的感知能力，那么建立一个半脆弱水印就和建立一个鲁棒水印很类似。毕竟鲁棒水印的目的是在经过各种处理后能继续存在，除非原作的毁坏达到失去原有价值的程度。在超过临界点的情况下一般就不需要考虑鲁棒水印是否还存在了。但对半脆弱水印来说，不但要保证其在临界点以下能继续存在，而且要在超过临界点的情况下失效，可以通过仔细地调整鲁棒性水印使其在失真达到一定程度时失效，以此来获得半脆弱水印，许多半脆弱水印系统都是通过这个方法来实现的。

合理失真如果很特殊（如医学和法律应用中的失真），那么设计半脆弱水印要相对困难些。在这种情况下，需要让水印对某些失真有效，而对另外一些失真则无效，即使不合理失真在感知上可被忽略也需如此。因此在这些情况下设计半脆弱水印时必须明确地知道所针对的特定合理失真条件。

习　题

1. 什么是数字水印？其与数字媒体认证的关系是什么？
2. 脆弱水印与半脆弱水印有哪些区别？
3. 如果脆弱水印不需要恢复原作品，那么请给出一种合理的方案。
4. 试分析脆弱水印方案中嵌入强度的取值大小。

高 级 篇

第 8 章

格签名技术

学习目标与要求

1. 掌握格密码的数学基础。
2. 掌握 GGH 和 NTRU 两种格签名方案及其实现方法。
3. 了解格签名构造的设计思想和对应的安全分析方法。

8.1 概　　述

格密码是一类近年来备受关注的抗量子计算攻击的公钥密码体制。已有研究表明基于代数数论的公钥密码体制（如 RSA、ElGamal）在量子计算下的快速破解方法是存在的，为了对抗量子计算机所带来的巨大威胁，一种被称为"后量子密码"（post-quantum cryptography）的研究领域已经被提出。后量子密码泛指能够抵抗量子计算机攻击的密码技术，目前被认为具有这一潜力的技术包括：基于编码（纠错码）的密码体制、基于格的密码体制、基于多变量的密码体制，以及在特殊椭圆曲线、特殊 Hash 函数等基础上构造的密码体制等。

在上述候选方案中，格密码由于其在技术上易于实现，具有性能良好的数学性质（如同时满足加和乘同态），拥有多样的困难问题假设等优点，近年来引起了国内外学者的广泛关注和大量的研究，成为后量子密码研究的主体。

事实上，格理论的研究已有很久的历史，其可以追溯到 1611 年开普勒提出的堆球猜想：在一个容器中堆放等半径的小球所能达到的最大密度是 $\pi/\sqrt{18}$。1840 年前后，高斯引进了格的概念并证明了这一猜想。

本章将介绍格的基本概念，并对格密码中目前最主要的两个签名方案进行简述。通过本章的学习，读者可以发现格签名的构造思想是非常简单的，其易于采用初等数学方法加以实现，同时又充满数学奥秘。

8.2 格

格是 n 维欧几里得空间 $\mathbb{R}^n$ 中 k 个线性无关向量组 $\boldsymbol{b}_1,\boldsymbol{b}_2,\cdots,\boldsymbol{b}_k$ 的所有整系数线性组合，即对于 $n\geqslant k$，有

$$\mathcal{L}(\boldsymbol{b}_1,\boldsymbol{b}_2,\cdots,\boldsymbol{b}_k)=\left\{\sum_{i=1}^{k}x_i\boldsymbol{b}_i:x_i\in\mathbb{Z}\right\} \tag{8.1}$$

整数 k 叫作格的秩（Rank），整数 n 被称为格的维数，线性无关向量组 $\boldsymbol{b}_1,\boldsymbol{b}_2,\cdots,\boldsymbol{b}_k$ 被称为格的一组基（Base）。

格基通常被表示为一个矩阵 $\boldsymbol{B}=(\boldsymbol{b}_1,\boldsymbol{b}_2,\cdots,\boldsymbol{b}_k)\in\mathbb{R}^{n\times k}$，其中，每个基向量为列向量，同一格可以用不同的格基表示。采用矩阵的概念，由格基 $\boldsymbol{B}\in\mathbb{R}^{n\times k}$ 定义的格定义为 $\mathcal{L}(\boldsymbol{B})=\{\boldsymbol{Bx}:\boldsymbol{x}\in\mathbb{Z}^k\}$，其中，$\boldsymbol{Bx}$ 为通常的矩阵与向量乘积。

下面将介绍格理论中一些基本概念和困难问题。

定义 8.1（格的行列式） 格的行列式 $\mathrm{Det}(\mathcal{L})$ 的值定义为格基本体 $\mathcal{P}(\boldsymbol{B})=\left\{\sum\limits_{i=1}^{k}\boldsymbol{x}_i\boldsymbol{b}_i:0\leqslant\boldsymbol{x}_i<1\right\}$ 的体积。

证明格的行列式的值就是格基本体的体积较为容易：$\det(\mathcal{L})=Vol(\mathcal{P}(\boldsymbol{B}))=\sqrt{\boldsymbol{B}^T\boldsymbol{B}}$。尽管对于一个格而言，它的格基并不相同，但是其具有相同的体积。对于格的任意两个不同格基 $\boldsymbol{B}$ 和 $\boldsymbol{B}'$，存在幺模矩阵 $\boldsymbol{U}$ 且 $\det(\boldsymbol{U})=\pm1$，这使得 $\boldsymbol{B}=\boldsymbol{B}'\boldsymbol{U}$。

定义 8.2（对偶格） 对偶格与原格在同一个线性空间 $\mathbb{R}^n$ 中的定义为

$$\mathcal{L}^*=\{\boldsymbol{x}\in\mathbb{R}^n:\forall\boldsymbol{v}\in\mathcal{L},\boldsymbol{x}\cdot\boldsymbol{v}\in\mathbb{Z}\} \tag{8.2}$$

其中，$\boldsymbol{x}\cdot\boldsymbol{v}$ 表示两个向量的点积，也被表示为 $\langle\boldsymbol{x},\boldsymbol{v}\rangle$。

格密码中最常见的困难问题是最短向量问题（Shortest Vector Problem, SVP）：

定义 8.3（最短向量问题） 给定格 $\mathcal{L}$，找一个非零格向量 $\boldsymbol{v}$，满足对任意非零向量 $\boldsymbol{u}\in\mathcal{L}$，使得 $\|\boldsymbol{v}\|\leqslant\|\boldsymbol{u}\|$。

最短向量问题已经被证明属于 NP 完全类。如果将格中无关向量按照长度排序，那么就可以得到逐次最小长度序列 $\lambda_1,\lambda_2,\cdots,\lambda_n$，其中，第 i 个逐次最小长度 λ_i 的定义为以原点为球心，包含 i 个线性无关格向量的最小球的半径。

另一个经常需要使用的问题是近似最短向量问题（记作 SVP_γ）：

定义 8.4（γ-近似最短向量问题） 给定格 $\mathcal{L}$ 和一个近似因子 γ（$\gamma>1$），找一个非零格向量 $\boldsymbol{v}$，满足对任意非零向量 $\boldsymbol{u}\in\mathcal{L}$，使得 $\|\boldsymbol{v}\|\leqslant\gamma\|\boldsymbol{u}\|$。

与最短向量问题相似的一个困难问题是最近向量问题（Closest Vector Problem, CVP），也就是给定格和一个向量，求与其最近的向量：

定义 8.5（最近向量问题） 给定格 $\mathcal{L}$ 和一个目标向量 $\boldsymbol{t}\in\mathbb{R}^n$，找一个非零格向量 $\boldsymbol{v}$，满足对任意非零向量 $\boldsymbol{u}\in\mathcal{L}$，使得 $\|\boldsymbol{v}-\boldsymbol{t}\|\leqslant\|\boldsymbol{u}-\boldsymbol{t}\|$。

格中有大量的困难问题，这里仅根据需要列出以上几个，感兴趣的读者可以阅读其他书籍自行补充。

8.3 基于格的 GGH 数字签名方案

基于格的密码系统具有很多新的特征，例如：只需要小整数或小实数运算，运行简单、容易实现，能够抵抗量子攻击等。本节将介绍一种基于格的签名构造，该构造被称为 Goldreich-Goldwasser-Halevi（GGH）数字签名，其原理是最近向量问题，即对于一个非格 $\mathcal{L}$ 中的向量 $\boldsymbol{w}$，寻找一个格向量 $\boldsymbol{s}$，使得 $\|\boldsymbol{w}-\boldsymbol{s}\|$ 最小。

基于格的签名方法所具有的最基本特征是简单。采用最近向量问题，则 GGH 签名构造的具体思想如下：给定一个格 $\mathcal{L}$，如果已知一个它的短且近似正交的“好基”$\boldsymbol{B}$，那么对任意给定的向量 $\boldsymbol{d}\in\mathbb{R}^n$，根据 Babai 算法可以得到该向量的一个（近似）最短向量 $\boldsymbol{s}\in\mathcal{L}$。如果用户只有格 $\mathcal{L}$ 的一个“坏基”$\boldsymbol{B}'$，那么可以用它来检验 $\boldsymbol{s}$ 是足够接近 $\boldsymbol{d}$，但是却不能由 $\boldsymbol{d}$ 获得 $\boldsymbol{s}$。

如果已知一个足够正交的“好基”，那么可以很简单地求解最近向量问题。该求解过程也被称为 Babai 算法，其描述如下：

定理 8.1（Babai 最近向量算法） 令 $\mathcal{L}\subset\mathbb{R}^n$ 是具有基 $(\boldsymbol{v}_1,\boldsymbol{v}_2,\cdots,\boldsymbol{v}_n)$ 的格，且 $\boldsymbol{w}\in\mathbb{R}^n$ 是任意一个向量。如果该格基中向量是足够正交的，那么可以通过下面步骤计算最近向量问题 CVP：

① 通过求解方程得到目标向量 $\boldsymbol{w}$ 在格基下的表示为

$$\boldsymbol{w}=t_1\boldsymbol{v}_1+\cdots+t_n\boldsymbol{v}_n,\quad \forall t_1,\cdots,t_n\in\mathbb{R}$$

② 计算 $a_i=\lceil t_i \rfloor$ 对于所有 $i=1,2,\cdots,n$，其中，$\lceil\cdot\rfloor$ 为四舍五入操作；

③ 返回向量 $\boldsymbol{v}=a_1\boldsymbol{v}_1+\cdots+a_n\boldsymbol{v}_n$。

但是上述算法对一个非近似正交基是无效的，故一般称这种非近似正交基为坏基。给定一个足够正交的基而获得一个坏基是容易的，但是从一个坏基得到它的好基则是困难的。一般可以采用如下方法从好基获得坏基：给定好基 $\boldsymbol{V}$，选择一个随机整数矩阵 $\boldsymbol{U}$ 且 $\det(\boldsymbol{U})=\pm1$，则 $\boldsymbol{W}=\boldsymbol{U}\boldsymbol{V}$。

基于上述预备知识，下面介绍 GGH 签名算法（见表 8.1）：

密钥生成： 本阶段主要是生成格和它的基。为了生成一个格 $\mathcal{L}$，首先选择好基 $\boldsymbol{V}=[\boldsymbol{v}_1,\boldsymbol{v}_2,\cdots,\boldsymbol{v}_n]$ 作为私钥，再计算坏基 $\boldsymbol{W}=(\boldsymbol{w}_1,\boldsymbol{w}_2,\cdots,\boldsymbol{w}_n)$ 作为公钥：选择一个随机整数矩阵 $\boldsymbol{U}$ 且 $\det(\boldsymbol{U})=\pm1$，则 $\boldsymbol{W}=\boldsymbol{U}\boldsymbol{V}$。

签名算法： 给定待签名消息 $\boldsymbol{d}\in\mathbb{Z}^n$，签名如下：

采用 Babai 算法，依据私钥 $\boldsymbol{V}$ 计算 $\boldsymbol{d}$ 的最近向量 $\boldsymbol{s}\in\mathcal{L}$；同样采用 Babai 算法，依据私钥 $\boldsymbol{W}$ 计算 $\boldsymbol{s}$ 在坏基下的表示为

$$\boldsymbol{s}=a_1\boldsymbol{w}_1+\cdots+a_n\boldsymbol{w}_n$$

公布签名 $\boldsymbol{\sigma}=(a_1,a_2,\cdots,a_n)$。

表 8.1　GGH 数字签名方案

步　骤	签　名　者	认　证　者
密钥生成	对于一个格 $\mathcal{L}$，选择好基 $\boldsymbol{V}=[\boldsymbol{v}_1,\boldsymbol{v}_2,\cdots,\boldsymbol{v}_n]$ 作为私钥，再选择坏基 $\boldsymbol{W}=[\boldsymbol{w}_1,\boldsymbol{w}_2,\cdots,\boldsymbol{w}_n]$ 作为公钥，具体如下：选择一个随机整数矩阵 $\boldsymbol{U}$ 且 $\det(\boldsymbol{U})=\pm1$，则 $\boldsymbol{W}=\boldsymbol{U}\boldsymbol{V}$	
签名算法	给定待签名消息 $\boldsymbol{d}\in\mathbb{Z}^n$，签名如下： ① 采用 Babai 算法，依据私钥 $\boldsymbol{V}$ 计算 $\boldsymbol{d}$ 的最近向量 $\boldsymbol{s}\in\mathcal{L}$; ② 采用 Babai 算法，依据私钥 $\boldsymbol{W}$ 计算 $\boldsymbol{s}$ 在坏基下的表示： $\boldsymbol{s}=a_1\boldsymbol{w}_1+a_2\boldsymbol{w}_2+\cdots+a_n\boldsymbol{w}_n$ ③ 公布签名 $\sigma=(a_1,a_2,\cdots,a_n)$	
验证算法		① 计算近似误差界为 $\varepsilon=\dfrac{n(\det(\mathcal{L}))^{1/n}}{\sqrt{2\pi e}}$； ② 计算最近向量 $\boldsymbol{s}=a_1\boldsymbol{w}_1+a_2\boldsymbol{w}_2+\cdots+a_n\boldsymbol{w}_n$ ③ 若 $\Vert\boldsymbol{s}-\boldsymbol{d}\Vert\leqslant\varepsilon$，表示签名有效；否则，签名无效

验证算法：给定消息向量 $\boldsymbol{d}$ 和对应的签名 $\boldsymbol{\sigma}$，验证过程如下：

计算近似误差界为

$$\varepsilon=\frac{n(\mathrm{Det}(\mathcal{L}))^{1/n}}{\sqrt{2\pi e}}$$

计算最近向量

$$\boldsymbol{s}=a_1\boldsymbol{w}_1+\cdots+a_n\boldsymbol{w}_n$$

若 $\Vert\boldsymbol{s}-\boldsymbol{d}\Vert\leqslant\varepsilon$，表示签名有效；否则，签名无效。

在 GGH 签名方案中，签名过程需要两次采用 Babai 算法，意味着要进行两次方程求解，对于一个 n 维格而言，签名算法的计算复杂度为 $O(n^2)$，而验证算法的复杂性是 $O(n)$。

8.3.1　GGH 数字签名实例

例 8.1　下面描述一个 3 维格空间的 GGH 签名的实例。

① 假设签名者随机选取一组好基

$$\boldsymbol{v}_1=(-97,19,19),\quad \boldsymbol{v}_2=(-36,30,86),\quad \boldsymbol{v}_3=(-184,-64,78)$$

可以计算由上述向量构成的基的行列式值为 $\det(\mathcal{L})=859\ 516$。为了检查其正交性，计算 Hadamard 率为

$$H(\boldsymbol{v}_1,\boldsymbol{v}_2,\boldsymbol{v}_3)=(\det(L)/\|\boldsymbol{v}_1\|\|\boldsymbol{v}_2\|\|\boldsymbol{v}_3\|)^{1/3}=0.746\ 20$$

② 为了获得一个坏基，首先选取一个随机 3×3 矩阵

$$\boldsymbol{U}=\begin{pmatrix} 4327 & -15\ 447 & 23\ 454 \\ 3297 & -11\ 770 & 17\ 871 \\ 5464 & -19\ 506 & 29\ 617 \end{pmatrix} \tag{8.3}$$

且矩阵的行列式为 $\det(\boldsymbol{U})=-1$。用该矩阵得到坏基 $\boldsymbol{W}=\boldsymbol{U}\boldsymbol{V}$ 如下：

$$\begin{aligned} \boldsymbol{w}_1&=(-4\ 179\ 163,-1\ 882\ 253,583\ 183) \\ \boldsymbol{w}_2&=(-3\ 184\ 353,-1\ 434\ 201,444\ 361) \\ \boldsymbol{w}_3&=(-5\ 277\ 320,-2\ 376\ 852,736\ 426) \end{aligned} \tag{8.4}$$

检查该基的 Hadamard 率为 0.000 020 8，是非常小的，因此符合坏基要求。

③ 将一个给定消息转化为向量 $\boldsymbol{d}=(678\ 846,651\ 685,160\ 467)$，那么采用 Babai 算法根据好基 $\boldsymbol{V}$ 可发现最近向量如下：

令 $\boldsymbol{x}=(x_1,x_2,x_3)$，那么只需要求解方程 $\boldsymbol{V}\boldsymbol{x}=\boldsymbol{d}$：

$$\begin{pmatrix} -97 & -36 & -186 \\ 19 & 30 & -64 \\ 19 & 86 & 78 \end{pmatrix}\cdot\begin{pmatrix} x_1 \\ x_2 \\ x_3 \end{pmatrix}=\begin{pmatrix} 678\ 846 \\ 651\ 685 \\ 160\ 467 \end{pmatrix} \tag{8.5}$$

得到向量 $\boldsymbol{x}=(2\ 212.84,7\ 028.44,-6\ 231.06)$，进行四舍五入截断，可得 Babai 算法输出的最近向量

$$\boldsymbol{s}=2213\boldsymbol{v}_1+7028\boldsymbol{v}_2+6231\boldsymbol{v}_3=(678\ 835,651\ 671,160\ 437)\in\mathcal{L}$$

同样采用解方程方法给出 $\boldsymbol{s}$ 在最坏基下的表示如下：

$$\boldsymbol{s}=1\ 531\ 010\boldsymbol{w}_1-553\ 385\boldsymbol{w}_2-878\ 508\boldsymbol{w}_3$$

因此，签名为 $\boldsymbol{\sigma}=(1\ 531\ 010,-553\ 385,-878\ 508)$。

④ 验证者可以使用 $\boldsymbol{W}$ 恢复签名对应的最近向量为

$$\boldsymbol{s}=1\ 531\ 010\boldsymbol{w}_1-553\ 385\boldsymbol{w}_2-878\ 508\boldsymbol{w}_3=(678\ 835,651\ 671,160\ 437)$$

然后，计算近似误差界为 $\varepsilon=\dfrac{n(\det(\mathcal{L}))^{1/n}}{\sqrt{2\pi e}}=102.16$。最后，计算最近向量 $\boldsymbol{s}$ 与消息向量 $\boldsymbol{d}$ 之间的欧几里得距离如下：

$$\|\boldsymbol{s}-\boldsymbol{d}\| = \|(-11,-14,-30)\| \approx 34.8855 < \varepsilon$$

因此，该消息签名对是正确的。

例 8.2 在上例中，给定消息向量 $\boldsymbol{d}$ 和公钥中的坏基 $(\boldsymbol{w}_1,\boldsymbol{w}_2,\boldsymbol{w}_3)$，采用 Babai 算法可求出最短向量如下：

$$\boldsymbol{s}' = (2\ 773\ 584, 1\ 595\ 134, -131\ 844) \in \mathcal{L}$$

可以计算该向量与 $\boldsymbol{d}$ 之间的距离为 $\|\boldsymbol{s}'-\boldsymbol{d}\| > 10^6 \gg \varepsilon$。

8.3.2 GGH 数字签名安全性分析

GGH 签名是一个经典格密码签名方案，随着对格密码技术研究的深入，越来越多的研究表明该密码系统存在各种各样的安全问题，包括各种各样的伪造攻击以及密钥泄露攻击。这种安全性缺陷与 GGH 签名方案所表现出的同态性和信息泄露是相关的。下面简要对该方案的安全性进行分析。

定理 8.2（抗选择性伪造） GGH 签名方案的抗选择性伪造的安全性等价于 CVP 问题安全性。

证明 显然，假设敌手可以伪造 GGH 签名，那么给定 CVP 问题，可将该问题直接送给该 GGH 签名敌手获得伪造的签名，该签名即为最短向量。■

需要说明的是，上述定理的安全性是在无学习情况下获得的，在敌手学习到大量签名时，则其可能实现选择性攻击。下面将针对 GGH 签名所表现的加法同态性，证明方案不能抵抗存在性伪造攻击。

定理 8.3（存在性伪造攻击） GGH 签名方案不具有抗存在性伪造的安全性。

证明 假设敌手已经通过观察获得了两个消息向量及最近向量对：$(\boldsymbol{d}_1,\boldsymbol{s}_1)$ 和 $(\boldsymbol{d}_2,\boldsymbol{s}_2)$，且满足 $\|\boldsymbol{d}_1-\boldsymbol{s}_1\| < \varepsilon/2$ 和 $\|\boldsymbol{d}_2-\boldsymbol{s}_2\| < \varepsilon/2$，则可伪造一个新的消息与最近向量对 $(\boldsymbol{d},\boldsymbol{s}) = (\boldsymbol{d}_1+\boldsymbol{d}_2, \boldsymbol{s}_1+\boldsymbol{s}_2)$。该伪造签名可满足下面验证等式

$$\|\boldsymbol{d}-\boldsymbol{s}\| = \|(\boldsymbol{d}_1+\boldsymbol{d}_2)-(\boldsymbol{s}_1+\boldsymbol{s}_2)\| \leqslant \|\boldsymbol{d}_1-\boldsymbol{s}_1\| + \|\boldsymbol{d}_2-\boldsymbol{s}_2\| < \varepsilon/2+\varepsilon/2 = \varepsilon$$

这是一个成功的伪造，因此 GGH 签名不抗存在性伪造攻击，命题得证。■

下面简要分析 GGH 签名的密钥泄露问题。根据最近向量所需满足的要求可知，目标向量 $\boldsymbol{d}$ 应分布在它的最近向量 $\boldsymbol{s}$ 很小的区域内，这个区域可被表示为

$$\boldsymbol{d}-\boldsymbol{s} = \sum_{i=1}^{n} \varepsilon_i \boldsymbol{v}_i, \qquad |\varepsilon_i| \leqslant 1/2 \text{ for } i=1,\cdots,n$$

其中，每个误差 ε_i 随机分布在 $-1/2$ 到 $1/2$ 之间。假设敌手已经通过观察获得了大量的消息向量与最近向量对如下：

$$(\boldsymbol{d}_1,\boldsymbol{s}_1),(\boldsymbol{d}_2,\boldsymbol{s}_2),\cdots,(\boldsymbol{d}_m,\boldsymbol{s}_m)$$

由这些向量构成一个区域 $\mathcal{F}=\{\varepsilon_1\boldsymbol{v}_1+\cdots+\varepsilon_n\boldsymbol{v}_n:-1/2<\varepsilon_1,\cdots,\varepsilon_n\leqslant 1/2\}$。

对 GGH 签名私钥的攻击可以转变为通过大量采样由该区域确定基的向量。尽管在原始的 GGH 签名方案中方案提出者宣称当 $n>300$ 时，CVP 问题是（即使采用 LLL 算法中的格规约技术）计算上不可行的，然而已有的分析表明 n 在 200 到 400 之间的 GGH 密码方案（包括签名和加密）的公钥都可被攻击。特别是在 2006 年文献 [4] 的工作表明，可以用 n^2 个签名采样对 n 维的 GGH 密码方案进行有效攻击。

8.4　NTRU 签名方案

NTRU（Number Theory Research Unit）密码算法是 1996 年由美国布朗大学三位数学教授（Jeffrey Hoffstein、Jill Pipher 和 Joseph H. Silverman）发明的一种公钥密码系统。由于 NTRU 生成密钥的方法比较容易，加密、解密的速度比 RSA 等密码方案快得多，因此其已成为当前公钥体制研究的一个热点。

为了介绍 NTRU，此处将首先定义三个卷积多项式环 $\mathcal{R}=\mathbb{Z}[x]/(x^N-1)$、$\mathcal{R}_p=\mathbb{Z}_p[x]/(x^N-1)$、$\mathcal{R}_q=\mathbb{Z}_q[x]/(x^N-1)$，其中，$N,p,q$ 为三个随机数，N 为素数，p,q 为小的正整数，满足 $\gcd(N,p)=1$ 且 $\gcd(p,q)=1$。由于在本节中不需要 p,q 为素数，因此上述多项式环并不构成域。

其次，卷积多项式环中的乘法 $\boldsymbol{f}\cdot\boldsymbol{g}$ 满足如下卷积性质：

$$(\boldsymbol{f}\cdot\boldsymbol{g})_k=\sum_{i+j\equiv k \pmod N} f_i\cdot g_j,\qquad k\in[0,N-1]$$

其中，f_k 和 g_k 表示多项式 $\boldsymbol{f}$ 和 $\boldsymbol{g}$ 中第 k 项的系数。

NTRU 签名是指一类建立在 NTRU 加密密码系统上的签名方案，因为陆续发现了一些安全问题，因此其改进版本较多也较为凌乱。本书将参照文献 [5] 中相关章节予以介绍。具体方案（见表 8.2）描述如下：

密钥生成：给定参数 N,p,q，密钥生成算法构造私钥和公钥如下：

选择两个多项式 $\boldsymbol{f},\boldsymbol{g}\in\mathcal{R}$，且多项式系数取值在 $\{-1,0,1\}$ 内；

计算 $\boldsymbol{f}$ 在模 p 和模 q 中逆 $\boldsymbol{f}_p^{-1}\in\mathcal{R}_p$ 和 $\boldsymbol{f}_q^{-1}\in\mathcal{R}_q$，即

$$\boldsymbol{f}\cdot\boldsymbol{f}_p^{-1}\equiv 1 \pmod p,\qquad \boldsymbol{f}\cdot\boldsymbol{f}_q^{-1}\equiv 1 \pmod q \tag{8.6}$$

计算小系数多项式 $\boldsymbol{F},\boldsymbol{G}\in\mathcal{R}$ 且满足

$$\boldsymbol{f}\cdot\boldsymbol{G}-\boldsymbol{g}\cdot\boldsymbol{F}=q$$

计算 $\boldsymbol{h}=\boldsymbol{f}_q^{-1}\cdot\boldsymbol{g} \pmod q$ 作为公钥，私钥为 $sk=(\boldsymbol{f},\boldsymbol{g},\boldsymbol{F},\boldsymbol{G})$。

签名算法：给定消息 $\boldsymbol{m}$，签名算法执行如下：

表 8.2 NTRU 数字签名方案

步骤	签名者	认证者
密钥生成	① 选择两个多项式 $\boldsymbol{f},\boldsymbol{g}\in\mathcal{R}$，且多项式系数取值在 $\{-1,0,1\}$ 内； ② 计算 $\boldsymbol{f}$ 模 q 的逆元 $\boldsymbol{f}_q^{-1}\in\mathcal{R}_q$； ③ 计算小系数多项式 $\boldsymbol{F},\boldsymbol{G}\in\mathcal{R}$ 且 $\boldsymbol{f}\cdot\boldsymbol{G}-\boldsymbol{g}\cdot\boldsymbol{F}=q$ ④ 计算 $\boldsymbol{h}=\boldsymbol{f}_q^{-1}\cdot\boldsymbol{g}\ (\mathrm{mod}\ q)$ 作为公钥，私钥为 $sk=(\boldsymbol{f},\boldsymbol{g},\boldsymbol{F},\boldsymbol{G})$	
签名算法	① 明文分解为 $\boldsymbol{m}=(\boldsymbol{m}_1,\boldsymbol{m}_2)(\mathrm{mod}\ q)$； ② 计算下面两个等式 $\boldsymbol{v}_1=\lfloor(\boldsymbol{m}_1\cdot\boldsymbol{G}-\boldsymbol{m}_2\cdot\boldsymbol{F})/q\rceil$ $\boldsymbol{v}_2=\lfloor(-\boldsymbol{m}_1\cdot\boldsymbol{g}+\boldsymbol{m}_2\cdot\boldsymbol{f})/q\rceil$ ③ 计算签名为 $\boldsymbol{s}=\boldsymbol{v}_1\cdot\boldsymbol{f}+\boldsymbol{v}_2\cdot\boldsymbol{F}$	
验证算法		① 计算 $\boldsymbol{t}=\boldsymbol{h}\cdot\boldsymbol{s}\ (\mathrm{mod}\ q)$； ② 验证是否 $\Vert(\boldsymbol{s},\boldsymbol{t})-(\boldsymbol{m}_1,\boldsymbol{m}_2)\Vert\leqslant N$

将明文分解为 $\mathcal{R}_q$ 中的两个多项式，即 $\boldsymbol{m}=(\boldsymbol{m}_1,\boldsymbol{m}_2)(\mathrm{mod}\ q)$，并要求 $\boldsymbol{m}$ 的多项式系数取值在 $\{-q,q\}$ 内。

计算下面两个等式

$$\begin{aligned}\boldsymbol{v}_1&=\lfloor(\boldsymbol{m}_1\cdot\boldsymbol{G}-\boldsymbol{m}_2\cdot\boldsymbol{F})/q\rceil\\ \boldsymbol{v}_2&=\lfloor(-\boldsymbol{m}_1\cdot\boldsymbol{g}+\boldsymbol{m}_2\cdot\boldsymbol{f})/q\rceil\end{aligned}\tag{8.7}$$

计算签名为 $\boldsymbol{s}=\boldsymbol{v}_1\cdot\boldsymbol{f}+\boldsymbol{v}_2\cdot\boldsymbol{F}$，公布 $(\boldsymbol{m},\boldsymbol{s})$。

验证算法：给定签名对 $(\boldsymbol{m},\boldsymbol{s})$，验证算法执行如下：

计算 $\boldsymbol{t}=\boldsymbol{h}\cdot\boldsymbol{s}\ (\mathrm{mod}\ q)$；

验证 $\Vert(\boldsymbol{s},\boldsymbol{t})-(\boldsymbol{m}_1,\boldsymbol{m}_2)\Vert\leqslant N$ 是否成立，如果成立，那么输出 True；否则，输出 False。

8.4.1 NTRU 数字签名实例

NTRU 签名方案的实现需要多项式环下的操作，一些方案之外的技术细节需要读者自行学习，下面以 $N=11$ 和 $q=23$ 的简单构造方案为例加以说明。

例 8.3 首先显示如何按照定理 8.4构造密钥：

① 给定两个构成多项式 $\boldsymbol{f},\boldsymbol{g}$ 的系数向量如下：

$$\begin{cases} \boldsymbol{f}=(-1,1,-1,0,0,0,1,1,0,-1,1) \\ \boldsymbol{g}=(0,1,0,0,-1,-1,0,1,-1,1,1) \end{cases} \tag{8.8}$$

采用多项式下的扩展 GCD 算法，计算在 $\mathbb{Z}[X]/(X^N-1)$ 下的 $\boldsymbol{f},\boldsymbol{g}$ 的整数剩余，即

$$\begin{cases} r_f=\boldsymbol{f}_1\cdot\boldsymbol{f}\equiv 7393 \pmod{X^N-1} \\ r_g=\boldsymbol{g}_1\cdot\boldsymbol{g}\equiv 10\ 649 \pmod{X^N-1} \end{cases} \tag{8.9}$$

其中，$\boldsymbol{f}_1$ 和 $\boldsymbol{g}_1$ 如下：

$$\begin{cases} \boldsymbol{f}_1=(202,1426,-547,18,2689,2074,148,752,624,-426,433) \\ \boldsymbol{g}_1=(812,1091,1138,-648,3326,1400,45,-1710,1086,1328,2781) \end{cases} \tag{8.10}$$

② 根据扩展欧几里得算法得到 $ar_f+br_g=1$，可得 $a=3457$ 和 $b=-2400$；

③ 计算 $\boldsymbol{G}'=q\cdot a\cdot\boldsymbol{f}_1$ 和 $\boldsymbol{F}'=-q\cdot b\cdot\boldsymbol{g}_1$ 可得

$$\begin{aligned} \boldsymbol{G}'=&(16\ 061\ 222,113\ 382\ 686,-43\ 492\ 517,1\ 431\ 198,213\ 805\ 079,164\ 905\ 814, \\ &11\ 767\ 628,59\ 792\ 272,49\ 614\ 864,-33\ 871\ 686,34\ 428\ 263) \\ \boldsymbol{F}'=&(44\ 822\ 400,60\ 223\ 200,62\ 817\ 600,-35\ 769\ 600,183\ 595\ 200,77\ 280\ 000, \\ &2\ 484\ 000,-94\ 392\ 000,59\ 947\ 200,73\ 305\ 600,153\ 511\ 200) \end{aligned} \tag{8.11}$$

④ 为了计算 $\boldsymbol{F}$ 和 $\boldsymbol{G}$，需要先在实数域内计算 $\boldsymbol{f}^{-1}$ 和 $\boldsymbol{g}^{-1}$，即

$$\begin{aligned} \boldsymbol{f}^{-1}&=(0.027,0.19,-0.074,0.002\ 4,0.36,0.28,0.020,0.10,0.084,-0.058,0.059) \\ \boldsymbol{g}^{-1}&=(0.076,0.10,0.11,-0.061,0.31,0.13,0.004\ 2,-0.16,0.10,0.12,0.26) \end{aligned}$$

⑤ 计算 $\boldsymbol{\Phi}=\lfloor(\boldsymbol{F}'\boldsymbol{f}^{-1}+\boldsymbol{G}'\boldsymbol{g}^{-1})/2\rceil$，可得 $\boldsymbol{F}=\boldsymbol{F}'-\boldsymbol{\Phi}\cdot\boldsymbol{f}$ 和 $\boldsymbol{G}=\boldsymbol{G}'-\boldsymbol{\Phi}\cdot\boldsymbol{g}$ 如下：

$$\begin{cases} \boldsymbol{\Phi}=(9\ 031\ 633,23\ 582\ 198,46\ 081\ 824,81\ 301\ 157,56\ 965\ 266,95\ 976\ 592, \\ \qquad 547\ 62\ 567,15\ 250\ 402,46\ 792\ 854,117\ 334\ 259,40\ 746\ 060) \\ \boldsymbol{F}=(0,-1,-1,1,-5,-1,0,1,-2,-1,-3) \\ \boldsymbol{G}=(0,2,0,0,4,5,1,0,1,-1,-1) \end{cases} \tag{8.12}$$

可以验证 $\boldsymbol{f}\cdot\boldsymbol{G}-\boldsymbol{g}\cdot\boldsymbol{F}=23$ 且 $\|\boldsymbol{F}\|=6.633$ 和 $\|\boldsymbol{G}\|=7.000$ 满足构造要求。

例 8.4 下面转移到签名方案，具体如下：

① 由 $\boldsymbol{f},\boldsymbol{g}$，可求得 $\boldsymbol{f}_q^{-1}$ 和 $\boldsymbol{h}$ 如下：

$$\boldsymbol{f}_q^{-1}=(11,0,-11,11,9,5,1,-3,-2,8,-5)$$

$$\boldsymbol{h} = \boldsymbol{f}_q^{-1} \cdot g = (7, -11, 10, -4, -11, 6, -2, 0, -8, 2, -11)$$

这样得到公钥 $\boldsymbol{h}$ 和私钥 $(\boldsymbol{f}, \boldsymbol{g}, \boldsymbol{F}, \boldsymbol{G})$。

② 给定消息向量 $\boldsymbol{m} = (\boldsymbol{m}_1, \boldsymbol{m}_2)$，下面计算签名：

$$\begin{cases} \boldsymbol{m}_1 = (7, 7, 2, 0, 7, 1, 2, -2, -4, -1, -8) \\ \boldsymbol{m}_2 = (-6, -1, -6, -5, 4, 2, 7, 7, 7, -5, 5) \end{cases}$$

可计算 $(\boldsymbol{v}_1, \boldsymbol{v}_2)$ 如下：

$$\begin{aligned} \boldsymbol{v}_1 &= \lfloor (\boldsymbol{m}_1 \cdot \boldsymbol{G} - \boldsymbol{m}_2 \cdot \boldsymbol{F})/q \rceil \\ &= \left\lfloor \begin{array}{c} \frac{91x^{10}}{23} - \frac{12x^9}{23} + \frac{17x^8}{23} - \frac{12x^7}{23} - \frac{7x^6}{23} - \frac{55x^5}{23} + \\ \frac{42x^4}{23} + \frac{63x^3}{23} + \frac{60x^2}{23} + \frac{12x}{23} + \frac{30}{23} \end{array} \right\rceil \\ &= (1, 1, 3, 3, 2, -2, 0, -1, 1, -1, 4) \\ \boldsymbol{v}_2 &= \lfloor (-\boldsymbol{m}_1 \cdot \boldsymbol{g} + \boldsymbol{m}_2 \cdot \boldsymbol{f})/q \rceil \\ &= \left\lfloor \begin{array}{c} \frac{43x^{10}}{23} + \frac{8x^9}{23} - \frac{17x^8}{23} - \frac{5x^7}{23} - \frac{17x^6}{23} - x^5 - \\ \frac{25x^4}{23} + \frac{21x^3}{23} - \frac{14x^2}{23} + \frac{39x}{23} - \frac{12}{23} \end{array} \right\rceil \\ &= (-1, 2, -1, 1, -1, -1, -1, 0, -1, 0, 2) \end{aligned}$$

根据上述向量可求得签名 $\boldsymbol{s}$ 为

$$\boldsymbol{s} = \boldsymbol{v}_1 \cdot \boldsymbol{f} + \boldsymbol{v}_2 \cdot \boldsymbol{F} = (-8, 1, -2, -3, 4, 0, 8, 2, 3, 8, 10)$$

③ 得到消息签名对 $(\boldsymbol{m}, \boldsymbol{s})$，验证者可计算 $\boldsymbol{t} = \boldsymbol{h} \cdot \boldsymbol{s}$ 得到

$$\boldsymbol{t} = (6, -5, 6, 5, 8, 0, 3, -7, -6, -1, -9)$$

最后，可计算 $\|(\boldsymbol{s}, \boldsymbol{t}) - (\boldsymbol{m}_1, \boldsymbol{m}_2)\|$ 如下：

$$\begin{aligned} \|(\boldsymbol{s}, \boldsymbol{t}) - (\boldsymbol{m}_1, \boldsymbol{m}_2)\| &= \|(0, 2, 2, -1, 2, -1, 1, 2, 1, 1, 3, 1, 0, \\ &\quad -1, -2, 1, -2, -1, -2, 0, 0, -3)\| \\ &\approx 7.416\,2 \leqslant N \end{aligned}$$

因此，这是一个有效的签名。

8.4.2 方案分析

NTRU 签名方案采用了 NTRU 加密中相似的密钥结构，它的私钥是格 $\mathcal{L}$ 的“好基”$\boldsymbol{B}_{sk}$，而公钥则为“坏基”$\boldsymbol{B}_{pk}$，其可表示如下：

$$\boldsymbol{B}_{sk} = \begin{pmatrix} \boldsymbol{f} & \boldsymbol{g} \\ \boldsymbol{F} & \boldsymbol{G} \end{pmatrix}, \qquad \boldsymbol{B}_{pk} = \begin{pmatrix} 1 & \boldsymbol{h} \\ 0 & q \end{pmatrix} \tag{8.13}$$

给定消息向量 $(\boldsymbol{m}_1,\boldsymbol{m}_2)$，NTRU 签名目标是求取 $(\boldsymbol{m}_1,\boldsymbol{m}_2)$ 在格 $\mathcal{L}$ 中的最近向量 $(\boldsymbol{s},\boldsymbol{t})$，给定“好基” $\boldsymbol{B}_{sk}$，可采用 Babai 方法获得该最近向量如下：

首先，在实数域内获得消息向量 $(\boldsymbol{m}_1,\boldsymbol{m}_2)$ 的格 $\mathcal{L}$ 表示如下：

$$(\boldsymbol{m}_1,\boldsymbol{m}_2)=(\boldsymbol{u}_1,\boldsymbol{u}_2)\cdot\begin{pmatrix}\boldsymbol{f} & \boldsymbol{g}\\ \boldsymbol{F} & \boldsymbol{G}\end{pmatrix} \tag{8.14}$$

考虑到 $\det(\mathcal{L})=\boldsymbol{f}\cdot\boldsymbol{G}-\boldsymbol{g}\cdot\boldsymbol{F}=q$，因此可得到实数向量 $(\boldsymbol{u}_1,\boldsymbol{u}_2)$ 如下：

$$(\boldsymbol{u}_1,\boldsymbol{u}_2)=(\boldsymbol{m}_1,\boldsymbol{m}_2)\cdot\begin{pmatrix}\boldsymbol{f} & \boldsymbol{g}\\ \boldsymbol{F} & \boldsymbol{G}\end{pmatrix}^{-1}=(\boldsymbol{m}_1,\boldsymbol{m}_2)\cdot\frac{1}{q}\begin{pmatrix}\boldsymbol{G} & -\boldsymbol{g}\\ -\boldsymbol{F} & \boldsymbol{f}\end{pmatrix} \tag{8.15}$$

其次，根据 Babai 算法，只需要对实数向量 $(\boldsymbol{u}_1,\boldsymbol{u}_2)$ 进行四舍五入取整即可得到最近向量表示 $(\boldsymbol{v}_1,\boldsymbol{v}_2)=(\lfloor\boldsymbol{u}_1\rceil,\lfloor\boldsymbol{u}_2\rceil)$，因此可得到最近向量为 $(\boldsymbol{s},\boldsymbol{t})$ 计算如下：

$$(\boldsymbol{s},\boldsymbol{t})=(\boldsymbol{v}_1,\boldsymbol{v}_2)\cdot\begin{pmatrix}\boldsymbol{f} & \boldsymbol{g}\\ \boldsymbol{F} & \boldsymbol{G}\end{pmatrix} \tag{8.16}$$

最后，NTRU 签名中的签名仅为 $\boldsymbol{s}$，验证者可以采用公钥 $\boldsymbol{h}$ 恢复 $\boldsymbol{t}$ 如下：

$$\begin{aligned}\boldsymbol{h}\cdot\boldsymbol{s}&=\boldsymbol{f}_q^{-1}\cdot\boldsymbol{g}\cdot\boldsymbol{s}=\boldsymbol{f}_q^{-1}\cdot\boldsymbol{g}\cdot(\boldsymbol{v}_1\cdot\boldsymbol{f}+\boldsymbol{v}_2\cdot\boldsymbol{F})\\&=\boldsymbol{v}_1\cdot\boldsymbol{g}\cdot(\boldsymbol{f}_q^{-1}\cdot\boldsymbol{f})+\boldsymbol{v}_2\cdot(\boldsymbol{g}\cdot\boldsymbol{f}_q^{-1}\cdot\boldsymbol{F})\\&=\boldsymbol{v}_1\cdot\boldsymbol{g}+\boldsymbol{v}_2\cdot(\boldsymbol{G}-q\boldsymbol{f}_q^{-1})\\&=\boldsymbol{v}_1\cdot\boldsymbol{g}+\boldsymbol{v}_2\cdot\boldsymbol{G}-q\boldsymbol{v}_2\cdot\boldsymbol{f}_q^{-1}\\&=\boldsymbol{t}\pmod q\end{aligned}$$

根据 Babai 算法近似向量误差估计，误差近似于 $\|(\boldsymbol{s},\boldsymbol{t})-(\boldsymbol{m}_1,\boldsymbol{m}_2)\|\approx n(\det(\mathcal{L}))^{1/n}/\sqrt{2\pi e}$，其中，$\sqrt{2\pi e}=4.12$、$n=2N$、$q\approx 2^n$ 且 $\det(\mathcal{L})=q$。因此，$\|(\boldsymbol{s},\boldsymbol{t})-(\boldsymbol{m}_1,\boldsymbol{m}_2)\|\approx N$。

下面将给出如何求取 $\boldsymbol{F},\boldsymbol{G}$ 以使其满足方案的要求：

定理 8.4　存在多项式 $\boldsymbol{f},\boldsymbol{g}\in\mathcal{R}$ 和正整数 q，使得多项式 $\boldsymbol{F}',\boldsymbol{G}'\in\mathcal{R}$ 满足 $\boldsymbol{f}\cdot\boldsymbol{G}'-\boldsymbol{g}\cdot\boldsymbol{F}'=q\pmod{X^N-1}$，且存在一个多项式 $\boldsymbol{\Phi}\in\mathcal{R}$，使得小系数多项式 $\boldsymbol{F},\boldsymbol{G}$ 存在，满足 $\boldsymbol{F}=\boldsymbol{F}'-\boldsymbol{\Phi}\cdot\boldsymbol{f}$ 和 $\boldsymbol{G}=\boldsymbol{G}'-\boldsymbol{\Phi}\cdot\boldsymbol{g}$。

证明　根据定理，此处直接给出 $\boldsymbol{F},\boldsymbol{F}',\boldsymbol{G},\boldsymbol{G}'$ 构造如下：

① 给定多项式 $\boldsymbol{f},\boldsymbol{g}\in\mathbb{R}$，根据扩展欧几里得算法得到如下等式：

$$\boldsymbol{f}_1\cdot\boldsymbol{f}\equiv r_{\boldsymbol{f}}\pmod{X^N-1},\qquad \boldsymbol{g}_1\cdot\boldsymbol{g}\equiv r_{\boldsymbol{g}}\pmod{X^N-1}$$

其中，$r_{\boldsymbol{f}}$ 和 $r_{\boldsymbol{g}}$ 为互素整数。

② 根据扩展欧几里得算法得到 $ar_f + br_g = 1$，那么根据上式可得

$$a \cdot \boldsymbol{f}_1 \cdot \boldsymbol{f} + b \cdot \boldsymbol{g}_1 \cdot \boldsymbol{g} = 1 \pmod{X^N - 1}$$

③ 令 $\boldsymbol{G}' = q \cdot a \cdot \boldsymbol{f}_1$ 和 $\boldsymbol{F}' = -q \cdot b \cdot \boldsymbol{g}_1$，那么满足等式

$$\boldsymbol{f} \cdot \boldsymbol{G}' - \boldsymbol{g} \cdot \boldsymbol{F}' = q \pmod{X^N - 1} \tag{8.17}$$

④ 为了构造小整数系数的多项式 $\boldsymbol{F}$、$\boldsymbol{G}$，可采用 Babai 算法中求取最近向量的方法，即给定一个好基 $\boldsymbol{f}$、$\boldsymbol{g}$，对目标向量 $\boldsymbol{F}'$、$\boldsymbol{G}'$，那么可得到它们的最近向量 $\boldsymbol{F}'_{\boldsymbol{f}}$、$\boldsymbol{G}'_{\boldsymbol{g}}$ 如下所示：

$$\boldsymbol{F}'_{\boldsymbol{f}} = \lfloor \boldsymbol{F}' \boldsymbol{f}^{-1} \rceil \cdot \boldsymbol{f}, \qquad \boldsymbol{G}'_{\boldsymbol{g}} = \lfloor \boldsymbol{G}' \boldsymbol{g}^{-1} \rceil \cdot \boldsymbol{g}$$

其中，$\boldsymbol{f}^{-1}$ 和 $\boldsymbol{g}^{-1}$ 是在实数多项式空间求取的，即 $\boldsymbol{f}^{-1}$、$\boldsymbol{g}^{-1} \in \mathbb{R}[x]$。进一步，可得

$$\begin{cases} \boldsymbol{F} = \boldsymbol{F}' - \boldsymbol{F}'_{\boldsymbol{f}} = \boldsymbol{F}' - \lfloor \boldsymbol{F}' \boldsymbol{f}^{-1} \rceil \cdot \boldsymbol{f} = \varepsilon_{\boldsymbol{f}} \cdot \boldsymbol{f} \\ \boldsymbol{G} = \boldsymbol{G}' - \boldsymbol{G}'_{\boldsymbol{g}} = \boldsymbol{G}' - \lfloor \boldsymbol{G}' \boldsymbol{g}^{-1} \rceil \cdot \boldsymbol{g} = \varepsilon_{\boldsymbol{g}} \cdot \boldsymbol{g} \end{cases} \tag{8.18}$$

其中，$\varepsilon_{\boldsymbol{f}}, \varepsilon_{\boldsymbol{g}}$ 为由四舍五入操作引入的误差。根据最近向量的性质，可知 $\boldsymbol{F}$、$\boldsymbol{G}$ 能满足小整数系数的要求。

⑤ 为了将这两个等式整合起来，需要 $\boldsymbol{\Phi} \approx \lfloor \boldsymbol{F}' \boldsymbol{f}^{-1} \rceil \approx \lfloor \boldsymbol{G}' \boldsymbol{g}^{-1} \rceil$，根据等式 (8.17) 可知： $\boldsymbol{G}' \cdot \boldsymbol{g}^{-1} - \boldsymbol{F}' \cdot \boldsymbol{f}^{-1} = q \boldsymbol{f}^{-1} \boldsymbol{g}^{-1} \pmod{X^N - 1}$，因此，$\|\boldsymbol{G}' \cdot \boldsymbol{g}^{-1} - \boldsymbol{F}' \cdot \boldsymbol{f}^{-1}\| = \|q \boldsymbol{f}^{-1} \boldsymbol{g}^{-1}\| = q/(\|\boldsymbol{f}\| \|\boldsymbol{g}\|)$,由于 $\boldsymbol{f}$、$\boldsymbol{g}$ 都是系数在 $\{-1, 0, 1\}$ 的多项式,这表示 $\lfloor \boldsymbol{F}' \boldsymbol{f}^{-1} \rceil \approx \lfloor \boldsymbol{G}' \boldsymbol{g}^{-1} \rceil$，因此，令 $\boldsymbol{\Phi} = \lfloor (\boldsymbol{F}' \boldsymbol{f}^{-1} + \boldsymbol{G}' \boldsymbol{g}^{-1})/2 \rceil$。问题得证。 ■

下面简单给出 NTRU 签名的安全性。在基于格密码设计之初，设计者非常寄希望于这种密码能抵抗量子计算机攻击，但是实际情况却事与愿违。首先，不难发现 NTRU 签名与 GGH 签名非常相似，也是能抵抗非学习情况下的选择性伪造，但是却不能抵抗存在性伪造攻击。其次，在 2000 年之后不断出现一些针对签名者私钥的攻击。总的来看，尽管攻击需要学习大量签名，但目前已经很难保证 NTRU 签名的安全。

8.5 小　　结

本章对基于格密码的 GGH 和 NTRU 等签名方案进行了介绍，并给出了两个方案的示例及方案的安全性分析。通过对本章的学习，读者能够基本掌握格密码的构造原理和实现方法，将为对格密码的进一步研究奠定基础。

第 9 章

盲签名与盲认证技术

学习目标与要求

1. 掌握数字认证技术中的数据隐私性要求。
2. 掌握盲签名方案的基本概念、结构、构造和分析方法。
3. 掌握盲认证方案的基本概念、原理和构造方法。

9.1 引　　言

随着数据安全和隐私保护的观念日益受到国家、社会与个人的广泛重视，如何最大限度地保证网络中的数据隐私已经成为信息安全领域主要研究课题之一。据此，本章将探讨两种具有数据隐私保护性的认证技术，分别叫作“盲签名”技术和“盲验证”技术。这里的所谓“盲”就是指签名者或者验证者能够在无须知晓数据情况下完成某种认证功能，这也被称为“数据盲性”。这两种技术分别对应到数字签名方案中的“签名”和“验证”等两个过程，因此本章将两者统一加以介绍和分析。显然，这两种认证技术的基础是零知识证明理论及其构造方法。本章将分别对盲签名和盲验证方案进行设计和讨论，并给出协议设计的基本思路及安全分析方法。

9.2 盲　签　名

盲签名（blind signature）是一种签名者在无法获知被签名信息的情况进行的签名，它在数据拥有者需要匿名的安全协议中有广泛而重要的应用。在普通数字签名中，签名者总是在获取被签名数据后才实施签名，这是通常的办公事务所需要的。但有时却需要某个人对某数据签名，而又不能让他知道数据的内容，如在无记名投票选举和数字货币系统中就往往需要这种盲签名。选举协议中用户按要求进行投票后，需要投票中心对投票进行签名认证，用以保证选票不再被更改并认证其为有效票，但此过程不需要或不允许投票中心获知投票内容，因此，较为理想的方式就是盲签名。总的来说，盲签名与普通签名相比有两个显著的特点。

① 签名者不应知道所签名的数据之内容。

② 在签名被接收者泄露后，签名者不能追踪具体某次签名。

后者可理解为如果把签名的数据给签名者看，他能够确信是自己的签名，但无法知道什么时候对什么样的盲数据施加签名而得到此签名数据。

密码学的盲签名方案由 D. Chaum 在文献 [6] 中首先提出。D. Chaum 形象地将盲签名比喻成在信封上的签名，也就是准备一个信封，并在需要签名的位置将一页复写纸放入信封与待签名文档之间，在签名文件放入后进行信封封口。这一过程被称为盲化过程，经过盲化的文件对别人而言是不能被阅读的。给定一个盲化后文件，签名者只需要在信封签名位置进行手写签名，复写纸就可将签名字体复写到待签名文档中。

9.2.1 盲数字签名定义

定义 9.1（数字盲签名） 给定 $\mathcal{M}$、$\mathcal{A}$ 和 $\mathcal{K}=(\mathcal{PK}\times\mathcal{SK})$ 分别为消息空间、签名空间和（公私钥对构成的）密钥空间，一个数字盲签名方案应是一个满足以下条件的三元组 (Gen,Sig,Ver)。

① $\mathrm{Gen}:1^\kappa\to\mathcal{K}$。以安全参数 κ 为输入，它输出用户公钥 $pk\in\mathcal{PK}$ 和对应私钥 $sk\in\mathcal{SK}$，即 $(pk,sk)=\mathrm{Gen}(1^\kappa)$。

② $\mathrm{Sig(R,S)}\to\mathcal{A}$。它是一个消息所有者 R 与签名者 S 之间的交互过程，采用交互过程进行描述如下：

$$\langle \mathrm{R}(m)\leftrightarrow \mathrm{S}(sk)\rangle(pk)\to\sigma \tag{9.1}$$

这表示协议中消息所有者 R 持有秘密 m，签名者 S 持有私钥 sk，协议结束后，消息所有者获得签名 σ。

③ $\mathrm{Ver}:\mathcal{PK}\times\mathcal{M}\times\mathcal{A}\to\{\mathrm{true},\mathrm{false}\}$。它是一个验证算法，输出签名真实性来判定真或者假，即，$\mathrm{Ver}_{pk}(m,\sigma)=\mathrm{true/false}$。

可以看出，盲签名与普通签名的区别在于其签名过程不同，这一过程不是签名者独立完成的算法而是一个交互协议。根据交互协议的要求，签名协议应既满足协议方输入的隐私性，同时又保证结果的正确性。签名的正确性应满足：

$$\Pr[\mathrm{Ver}_{pk}(m,\sigma)=\mathrm{true}|(pk,sk)=\mathrm{Gen}(1^\kappa),\langle \mathrm{R}(m)\leftrightarrow \mathrm{S}(sk)\rangle(pk)\to\sigma]=1 \tag{9.2}$$

与通常的数字签名的抗伪造攻击原理不同，由于消息盲化的影响，盲签名方案通常并不需要去讨论签名伪造问题（包括选择性伪造或存在性伪造）。原因很简单，在盲签名机制中，签名者会忠实地对任何盲化后的消息予以签名，无论该消息来自于合规的消息发送者或者恶意敌手，因此这就导致了敌手可以获得其所需的任何签名。有鉴于此，本节将不讨论签名伪造性的问题。

9.2.2 盲数字签名安全性

盲签名的安全性主要体现在“盲”上，具体而言有下面两层含义：

① **消息盲性**：是指签名信息的内容对签名者来说是盲的，即签名者无法获取信息的内容。

② **不可连接性**：是指签名者即使在签名时保留了签名信息，也无法将其与某次具体的签名过程相对应。

为了实现消息盲性，盲签名采用了下面构造流程：首先，消息所有者将明文消息 m 进行保密性变换，得到“盲化消息” t，使用 t 替代 m 的相关信息，这一步被称为“盲化”；其次，将 t 交给签名者进行签名，得到签名后结果 t'；最后，待签名者取回 t'，并用“盲化”的逆过程得到最终的签名 σ，此步也被称为“去盲化”。这个过程如图 9.1所示。

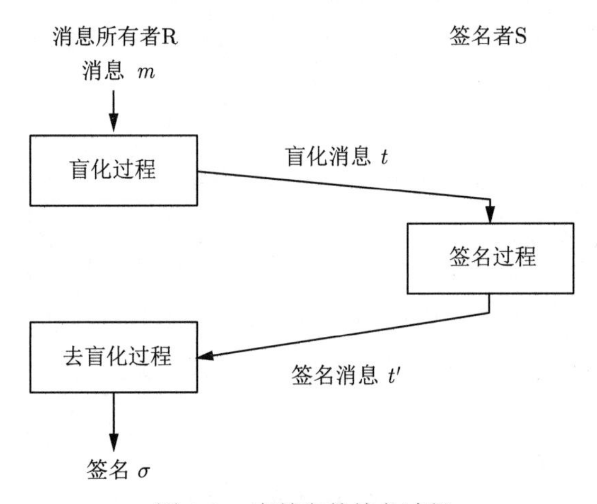

图 9.1　盲签名的签名过程

与盲性相比，不可连接性是一种安全性要求更强的概念，它又可被分为两种情况：

① **弱连接性**：原始签名消息 m 与签名者的记录之间无法建立对应关系，即挑战者随机选择两个消息 (m_0, m_1)，分别将两个消息发送给签名者进行盲签名，并按照签名协议得到有效消息签名对 (m_0, σ_0) 和 (m_1, σ_1)；然后挑战者随机选择 1 比特 $b \in \{0, 1\}$，将 m_b 发送给签名者，让签名者猜测 b，但签名者获胜的优势是可忽略的。

② **强连接性**：签名消息及其签名对 (m, σ) 与签名者的记录之间无法建立对应关系，即挑战者随机选择两个消息 (m_0, m_1)，分别将两个消息发送给签名者进行盲签名，并按照签名协议得到有效消息签名对 (m_0, σ_0) 和 (m_1, σ_1)；然后挑战者随机选择 1 比特 $b \in \{0, 1\}$，将 (m_b, σ_b) 发送给签名者，让签名者猜测 b，但签名者获胜的优势是可忽略的。

显然，强连接性的要求要强于弱连接性，这种连接性有时也被称为匿名性。

9.3　基于 RSA 的盲签名方案

本节将介绍一种基于 RSA 签名的盲签名方案（见表 9.1），它是由 D. Chaum 在 1985 年提出的。该方案的盲化过程没有采用消息加密的方式将密文全部传给签名者，而仅需要传递它的一个摘要的变换形式，以保证消息的盲性。

表 9.1　RSA 盲签名方案

步　骤	签　名　者	认　证　者
密钥生成	选择 RSA 类型的大整数 $N = pq$，随机选择 e 且 $\gcd(e, \varphi(N)) = 1$，计算 $d \equiv e^{-1} \pmod{\varphi(N)}$，公布 $pk = (N, e)$ 但保密 $sk = (p, q, d)$	
签名过程	① R ← S：随机选择 $k \in \mathbb{Z}_N$，计算 $$t \equiv \text{Hash}(m) \cdot k^e \pmod N$$ 并把 t 发送给 S。 ② S ← R：S 对 t 进行 RSA 签名，即 $$t' \equiv t^d = \text{Hash}^d(m) \cdot k \pmod N$$ ③ R 去盲化获得签名 $$\sigma \equiv t'/k \pmod N$$	
验证算法		验证 $\sigma^e \equiv \text{Hash}(m) \pmod N$ 确定签名有效性

密钥生成$\text{Gen}(1^\kappa) = (pk, sk)$：签名者 S 根据安全参数 κ 选择一个 RSA 类型的大整数 $N = pq$，其中，p、q 是两个大安全素数，即 $p = 2p' - 1$ 和 $q = 2q' - 1$。随机选择一个 e 使得 $\gcd(e, \varphi(N)) = 1$，计算公钥指数 $d \equiv e^{-1} \pmod{\varphi(N)}$，签名者公布 $pk = (N, e)$，但保密 $sk = (p, q, d)$。

签名过程$\text{Sig}_{sk}(m) = \sigma$：签名过程是一个消息所有者 R 与签名者 S 之间的交互协议：

① R ← S：给定一个消息 m，消息所有者 R 对消息进行盲化，随机选择 $k \in \mathbb{Z}_N$，并把下面盲化消息 t 发送给签名者 S：

$$t \equiv \text{Hash}(m) \cdot k^e \pmod N$$

② S ← R：给定一个盲化消息 t，签名者 S 对 t 进行 RSA 签名，即

$$t' \equiv t^d = \text{Hash}^d(m) \cdot k \pmod N$$

③ 消息所有者 R 进行去盲化过程 $\sigma = t'/k \pmod N$，获得签名 σ。

验证过程$\text{Ver}_{pk}(m, \sigma) = \{\text{true}, \text{false}\}$：给定消息签名对 (m, σ) 和签名公钥 (N, e)，验证下面等式是否成立：

$$\sigma^e \equiv \text{Hash}(m) \pmod N$$

如果成立，输出 true；否则，输出 false。

签名过程不是一个算法而是一个交互过程，采用交互过程进行描述如下：

$$\langle \mathrm{R}(m) \leftrightarrow \mathrm{S}(sk)\rangle(pk) \to \sigma \tag{9.3}$$

这表示协议中消息所有者 R 持有秘密 m，签名者 S 持有私钥 sk，协议结束后，消息所有者获得签名 σ，同时，签名者获得了盲化消息 t。

9.3.1 安全性分析

定理 9.1 基于 RSA 的盲签名方案是强不可连接的。

证明 根据强连接性定义，对于挑战者随机选择的两个消息 (m_0, m_1)，令 RSA 盲签名方案的两次签名过程中签名者得到的盲化信息为 (t_0, t_1)。进而对于给定的挑战消息签名对 (m_b, σ_b)，签名者可以恢复出用于盲化的随机数 $k_0 \equiv (t_0/\mathrm{Hash}(m_b))^d \pmod N$ 和 $k_1 \equiv (t_1/\mathrm{Hash}(m_b))^d \pmod N$，其中，$\mathrm{Hash}(m_b)$ 与 N 不互素的概率是可被忽略的。由于 k_0 与 k_1 是随机选择的，因此它们在统计学上是不可区分的。进一步来说，由于 $\sigma_0 = t_0^d/k_0 = \mathrm{Hash}^d(m_b)$ 和 $\sigma_1 = t_1^d/k_1 = \mathrm{Hash}^d(m_b)$，意味着 $\sigma_0 = \sigma_1 = \sigma_b$，即所给签名可以为两次签名记录的最终签名。这表明对签名者两次签名过程是统计不可区分的，因此也是强不可连接的，定理得证。 ■

在基于 RSA 的盲签名方案中，最大的安全问题是敌手可以利用签名实现密文解密。当攻击者发送被攻击密文用于盲签名时，该消息对签名者而言是其无法获知的（盲的），因此签名过程也就相当于实施了一次解密过程。

例 9.1 例如，对于一个攻击者 A 的密文 $c = m^e \pmod N$，A 在对其进行盲化得到 $t = c \cdot r^e = (mr)^e \pmod N$ 之后将其送给签名者 S。S 对其进行 RSA 签名得到 $t' = t^d = mr \pmod N$，并回送给攻击者 A。最后，攻击者得到解密后的明文：$t'/r = m \pmod N$。

显然这一攻击简单而有效，考虑到 RSA 密码系统仍然是目前最主要的商业密码系统，因此必须对这种加密和签名过程加以必要的限制。

9.3.2 方案实例

令 $p = 4973$ 且 $q = 1217$，则 $N = pq = 6\ 052\ 141$ 是一个 RSA 型的模整数。随机选择加密指数 $e = 5097$ 并与 $\varphi(N)$ 互素，那么可得到解密指数 $d = 1\ 215\ 833$。这样就构造出一个基于 RSA 的盲签名系统。

例 9.2 给定消息 $m = 3\ 630\ 046$，消息持有者进行盲化并获取签名过程如下：

① 持有者选择随机 $k = 5\ 633\ 459$，并计算盲化信息

$$t = m * k^e \equiv 446\ 234 \pmod{6\ 052\ 141}$$

将其发送给签名者。

② 签名者对其进行简单的 RSA 签名如下：

$$t' = t^d \equiv 2\ 492\ 233 \pmod{6\ 052\ 141}$$

并返还给消息持有者。

③ 持有者首先采用扩展欧几里得算法获得 $k^{-1} = 734\ 889$，然后得到最后的签名如下：

$$\sigma = t' * (k^{-1}) = 2\ 492\ 233 * 734\ 889 \equiv 3\ 603\ 435 \pmod{6\ 052\ 141}$$

在验证过程中，任何人都可以验证消息签名对 $(m, \sigma) = (3\ 630\ 046, 3\ 603\ 435)$ 是否有效，这里验证等式为 $\sigma^e = 3\ 630\ 046 = m \pmod{6\ 052\ 141}$。

9.4 基于 DL 的盲签名方案

基于 RSA 的盲签名方案的设计特点是具有强不可连接性，然而这种强不可连接性却使得使用者缺失了对消息的跟踪功能，例如，发现了一个有问题的签名，如不能确定何时该签名被签署，便不能获取当时保留的签名者信息等证据。有鉴于此，人们希望采用一种弱不可连接性的盲签名方案来解决这一问题。这也说明，强的安全性不一定是人们追求的目标，能满足功能的要求才是应用的需求。

下面介绍一种基于离散对数（DL）问题的盲签名构造，它的签名采用了经典的 ElGamal 签名形式，同时又实现了弱不可连接性。该方案具体构造（见图 9.2）如下：

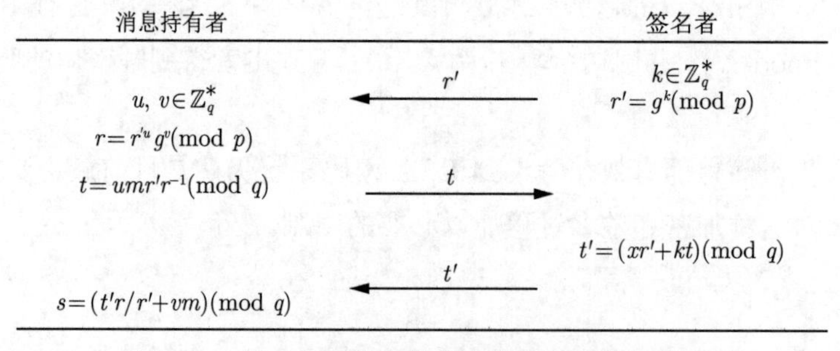

图 9.2 基于 DL 的盲签名方案中的盲签名过程

密钥生成Gen$(1^\kappa) = (pk, sk)$：根据安全参数 κ 生成签名者公私钥如下：

随机选择两个大素数 p, q 且 $q|(p-1)$，保证在 $\mathbb{Z}_p$ 上计算 DL 问题是困难的；

随机选择一个阶为 q 的生成元 $g \in \mathbb{Z}_p^*$；

随机选择一个整数 x，计算 $y = g^x \pmod p$；

公布公钥 $pk = (p, q, g, y)$，保留私钥 $sk = (x)$。

签名过程$\mathrm{Sig}_{sk}(m)=\sigma$：给定消息 m，签名是一个消息持有者 R 与签名者 S 的交互过程。

$\mathrm{S}\to\mathrm{R}$：签名者 S 首先选择一个随机数 $k\in\mathbb{Z}_q^*$，并计算 $r'=g^k \pmod p$ 将结果发送给 R。

$\mathrm{R}\to\mathrm{S}$：选择两个随机数 $u,v\in\mathbb{Z}_q^*$，计算 $r=r'^u g^v \pmod p$，再对消息 m 进行盲化：$t=umr'r^{-1} \pmod q$，并发送 t 给 R。

$\mathrm{S}\to\mathrm{R}$：签名者进行签名 $t'=(xr'+kt) \pmod q$ 并返还 t'。

输出最后的签名为 $\sigma=(r,s)$，其中，

$$s=(t'r/r'+vm) \pmod q \tag{9.4}$$

验证过程$\mathrm{Ver}_{pk}(m,\sigma)=\{\mathrm{true},\mathrm{false}\}$：给定消息签名对 $(m,(r,s))$，验证方程为 $g^s=y^r r^m \pmod p$，并输出验证结果。

这一方案与基于 RSA 的盲签名方案有些不同：首先，盲签名协议是由签名者发起的，而不是由消息持有者发起的；其次，为了实现可跟踪性，签名者将选择一个随机变量将其用于签名的形成，这相当于对签名进行了标记。

9.4.1 安全性分析

定理 9.2　在基于 DL 的盲签名方案中，通过交互签名过程所得到的签名是有效的。

证明　对一个忠实的签名者返回的 t'，消息持有者能计算 s 如下：

$$\begin{aligned}s&=t'r/r'+vm=(xr'+kt)\cdot r/r'+vm\\&=xr+kumr'r^{-1}\cdot r/r'+vm\\&=xr+kum+vm=xr+(ku+v)m \pmod q\end{aligned}$$

因此，消息持有者可获得签名 $\sigma=(r,s)=[r=r'^u g^v \pmod p), xr+(ku+v)m \pmod q]$，下面等式表明该签名能使签名验证等式 $\mathrm{Ver}_{pk}(m,\sigma)=\mathrm{true}$ 成立：

$$\begin{aligned}g^s&=g^{xr+(ku+v)m}=(g^x)^r\cdot(g^{ku+v})^m\\&=y^r\cdot(r'^u g^v)^m=y^r r^m \pmod p\end{aligned}$$

根据上面分析，可得下面概率：

$$\Pr\left[\mathrm{Ver}_{pk}(m,\sigma)=\mathrm{true}\;\middle|\;\begin{array}{c}(pk,sk)=\mathrm{Gen}(1^\kappa),\\ [\mathrm{R}(m)\leftrightarrow \mathrm{S}(sk)](pk)\to\sigma\end{array}\right]=1$$

因此，定理得证。 ■

定理 9.3 基于 DL 的盲签名方案具有弱不可连接性，但不具有强不可连接性。

证明 ① 基于 DL 的盲签名方案不具有强不可连接性。为了证明这一性质，此处将给出一种跟踪算法作为强不可连接性的反例如下：在一次盲签名过程中，签名者 S 能够形成的第 i 次签名记录为 $\mathrm{R}_i=(k,r',t,t')$，并将它们记录下来。

当给定一个消息签名对 $[m,(r,s)]$ 时，签名者 S 可以根据它与每一条签名记录 R_i 获得下面签名过程的秘密：

$$\begin{cases} u=\dfrac{tr}{r'm} \pmod q \\ v=\dfrac{s-t'r/r'}{m} \pmod q \end{cases} \tag{9.5}$$

根据这两个值可测试如下等式 $r=r'^u\cdot g^v \pmod p$。当该条记录是该签名对的原始记录，则下面等式成立：

$$\begin{aligned} r'^u\cdot g^v &= g^{ku+v}=g^{k\frac{tr}{r'm}+\frac{s-t'r/r'}{m}}=g^{\frac{(kt-t')r}{r'm}+\frac{s}{m}} \\ &= g^{\frac{-xr'r}{r'm}+\frac{s}{m}}=g^{\frac{s-xr}{m}}=(g^s y^r)^{1/m} \\ &= (r^m)^{1/m}=r \pmod p \end{aligned} \tag{9.6}$$

否则，等式不成立。由此可以在签名与它的原始记录之间建立连接，因此该方案不具有强不可连接性。

② 基于 DL 的盲签名方案具有弱不可连接性。通过上面的分析不难发现，当签名者只给予原始消息 m 时，他人并不能依靠之前的记录恢复出 (u,v)，因而不能从记录中找出哪一条记录与该消息关联，所以该方案具有弱不可连接性。

综上所述，该方案是一个具有弱不可连接性的方案，但不具备强不可连接性，定理得证。 ■

9.4.2 方案实例

为了构造一个基于离散问题的盲签名方案，可令 $p=25\ 144\ 622\ 039$，其是一个素数，$p-1$ 有一个素因子 $q=739\ 547\ 707$，其中，$q*34+1=p$。随机选择阶为 q 的生成元 $g=6\ 686\ 584\ 615$。下面给出一个签名过程示例：

例 9.3 首先，签名者随机选择 $x=33\ 868\ 993$，并计算 $y=g^x=15\ 826\ 802\ 086 \pmod p$，并把公钥 $pk=(p,q,g,y)$ 进行公开。

其次，给定一个消息 $m=118\ 016\ 629$，签名过程如下：

① 签名者随机选择 $k=102\ 148\ 991$，并计算 $r'=g^k=19\ 891\ 230\ 978 \pmod p$，然后发送 r' 给消息持有者。

② 消息持有者随机选择 $(u,v)=(179\ 724\ 213, 424\ 056\ 964)$，并计算

$$r=r'^u g^v=7\ 724\ 781\ 841 \pmod p$$

以及

$$t = umr'r^{-1} = 81\ 737\ 100 \pmod q$$

其中，$r^{-1} = 366\ 542\ 060$ 可由扩展 GCD 运算获得，并将 t 发送给签名者。

③ 签名者计算 $t' = (xr' + kt) = 8\ 631\ 869 \pmod q$，并将其返还。

④ 消息持有者获得的最后签名为 $[m, (t, s)] = [118\ 016\ 629, (81\ 737\ 100, 606\ 577\ 479)]$，其中，

$$s = (t'r/r' + vm) = 606\ 577\ 479 \pmod q$$

最后，验证算法能够验证上述签名是有效的，即

$$g^s = 24\ 324\ 935\ 347 = y^r r^m \pmod p$$

下面以示例验证前面跟踪算法的正确性。

例 9.4 给定上面的签名对 $[m, (r, s)]$，签名者可以根据式 (9.5) 和已有的记录 (k, r', t, t') 恢复消息持有者的秘密 (u, v) 如下：

$$\begin{cases} u = \dfrac{tr}{r'm} = 179\ 724\ 213 \pmod q \\ v = \dfrac{s - t'r/r'}{m} = 424\ 056\ 964 \pmod q \end{cases}$$

进而通过验证等式 $r'^u g^v = 7\ 724\ 781\ 841 = r \pmod p$ 成立，说明该签名是与上述记录对应的，因此跟踪成功。

9.5 数据盲认证技术

随着互联网技术和移动计算技术的发展以及大数据和外包计算的兴起，人们设计出了一些具有“数据盲验证”性质的密码方案 [7]。与传统的消息完整性和来源认证机制需要验证者获得消息的特性不同，数据盲验证技术是指在验证者无须获得原始数据的情况下对数据（完整性或所有权）进行验证的方法，也就是待验证数据对验证者来说是“盲”的，但是这并不能影响验证者对数据完整性或来源性的判断。

数据盲验证技术的提出是与当前的网络环境与现实需求紧密关联的，特别是在云计算技术和移动计算技术飞速发展，网络服务向大数据和外包计算发展的趋势日益明显的今天 [8–9]，数据资产的价值日益重要，保障数据有效性的要求也日趋强烈。为了保障这些数据资产在存储、传输和处理中的安全，需要及时对数据进行完整性验证，这种验证的首要要求是高效性，也就是可以支持验证巨大规模（达到 GB 或 TB）的数据，并要求验证中的计算开销和传输开销尽可能地小。但是，目前数据验证技术都需要验证者下

载数据，这无疑将耗费大量的网络通信资源，因此常规的验证方法对大数据场景而言是不现实的，也是不可行的。

盲签名技术是指签名过程中数据对签名者是不可知的，盲化过程是在签名过程（Sign）中被采用的。与盲签名相比较，数据盲验证技术的盲化过程不是在签名阶段而是验证阶段，也就是在签名的验证过程（Verify）中实现对消息的盲化，验证者并不需要知道所验证消息的具体内容。实际应用中通常采用交互式证明系统来实现盲验证。交互式证明系统通常由两个实体：证明者（Prover）和验证者（Verifier）组成，通过两者之间交换信息，最终由验证者来判定证明者的某种宣称。

> 数据盲验证（Blind Verification）是一个交互证明系统，任何人（作为验证者）依据数据原始所有者留下的公钥，通过与数据持有者的交互来验证数据的完整性和所有权，且不需要获知该数据的具体内容。

盲验证技术被用于交互式证明时，验证者每次可向证明者发送不同的挑战，证明者根据挑战问题和待验证数据 m 共同生成响应，最终验证者根据证明者返回的响应状况进行数据的完整性验证和来源判定。

数据盲认证的另一个问题是既然验证者看不到数据，如果证明者存在两个有效的消息签名对 (m_1,σ_1) 和 (m_2,σ_2)，那么证明者可以选择其中任何一个与验证者进行验证。由于消息 m_1 和 m_2 对验证者而言就是盲的，因此他并不知道证明者已经进行了替换。为了解决这种欺骗问题，一个简单的方法是在签名过程中将消息的辅助信息（Info）（例如，消息主题、文件名等）加入到消息签名中，与消息建立稳定的连接，从而对不同消息加以区分，那么在验证过程中验证者只需要持有这部分信息（Info）和消息所有者的公钥 pk 就能替代原消息进行验证。

基于交互式证明系统的定义，此处给出如下数据盲验证方案的形式化定义：

① $\mathrm{KeyGen}: 1^\kappa \to \mathcal{K}$。给定安全参数 κ，生成用户公私密钥对 $(pk,sk)=\mathrm{KeyGen}(1^\kappa)$。

② $\mathrm{Sign}: \mathcal{SK}\times\mathcal{M}\times\{0,1\}^*\to\mathcal{A}$。给定数据 m 和辅助信息 Info，生成数据标签 $\sigma=\mathrm{Sign}_{sk}(m,\mathrm{Info})$。

③ $\mathrm{Verify}(\mathrm{P},\mathrm{V})\to\{\mathrm{true},\mathrm{false}\}$：证明者 P 和验证者 V 之间的交互式协议，协议结果返回 $\{\mathrm{True},\mathrm{False}\}$。在公钥密码体制下其定义为

$$\langle \mathrm{P}(m,\sigma)\leftrightarrow \mathrm{V}(\mathrm{Info})\rangle(pk)\to\{\mathrm{True},\mathrm{False}\} \tag{9.7}$$

其中，$\langle \mathrm{P}\leftrightarrow \mathrm{V}\rangle$ 表示 P 和 V 之间的两方交互协议，证明者拥有数据 m 及其签名 σ，验证者只需拥有签名者公钥 pk 和数据基本信息 Info 即可完成验证。

在安全性方面，数据的盲验证方案作为一种签名方案首先需要满足一般签名的安全性要求，即具有数据标签 $\sigma=\mathrm{Sign}_{sk}(m,\mathrm{Info})$ 以对抗伪造攻击，包括选择性伪造攻击、存在性伪造攻击等；其次，在验证阶段其还需要满足下面两个性质：

数据盲性（Data Blindness）：给定验证者或窥视验证过程的敌手所能获取的信息，任意概率多项式时间算法 A 至多能以可忽略概率 ε 获得待验证信息 m，即

$$\Pr\left[\mathrm{A}\left(\mathrm{View}_V\left(\langle \mathrm{P}(m,\sigma) \leftrightarrow \mathrm{V}(\mathrm{Info})\rangle(pk)\right)\right) = m\right] \leqslant \varepsilon \tag{9.8}$$

验证完备性（Verification Soundness）：对于无效的信息及其标签 (m^*,σ^*)，任意概率多项式时间算法 P^* 至多能以可忽略概率 ε 使验证者通过验证，即

$$\Pr\left[\langle \mathrm{P}^*(m^*,\sigma^*) \leftrightarrow \mathrm{V}(\mathrm{Info})\rangle(pk) = \mathrm{True}\right] \leqslant \varepsilon \tag{9.9}$$

9.6 数据盲认证方案

下面采用 RSA 密码体制构造一个数据盲认证方案，该方案在盲验证阶段将消息作为 RSA 的加密指数实现了信息盲化（私密性），具体方案如下：

KeyGen：建立 RSA 密码系统，首先选择一个 RSA 类型的大整数 $N = pq$，其中，p,q 是两个大安全素数，即 $p = 2p' + 1$ 和 $q = 2q' + 1$。随机选择一个 e 使得 $\gcd[e,\varphi(N)] = 1$，计算公钥指数 $d \equiv e^{-1}[\mathrm{mod}\varphi(N)]$；再选择一个随机整数 $u \in \mathbb{Z}_N^*$ 且 $\mathrm{Order}(u) = p'q'$，并选择任意一个 Hash 函数 $H(\cdot)$，签名者公布公钥 $pk = [N,e,u,H(\cdot)]$，但保密存储私钥 $sk = (p,q,d)$。

Sign：给定消息 m 和它的辅助信息 Info，签名者使用密钥 sk 获得签名 σ，其中，

$$\sigma = [H(\mathrm{Info}) \cdot u^m]^d \pmod N \tag{9.10}$$

Verify：这是一个证明者 P 和验证者 V 之间的交互协议（见图 9.3）：

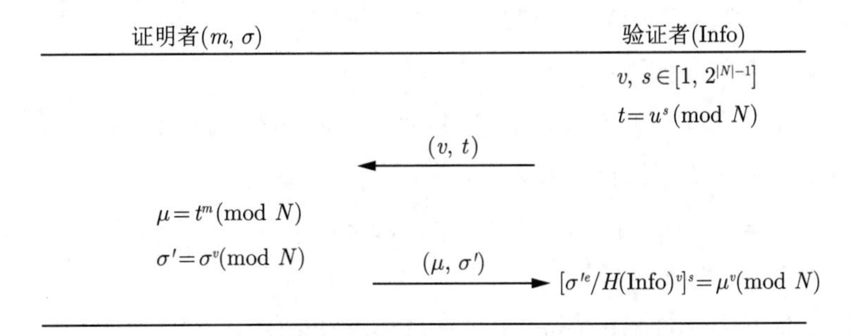

图 9.3 基于 RSA 的盲验证方案中的盲验证过程

$\mathrm{P} \leftarrow \mathrm{V}$：V 随机选择两个整数 $v,s \in [1,2^{|N|-1}]$，计算 $t = u^s \pmod N$，发送挑战 (v,t) 到 P；

$\mathrm{P} \rightarrow \mathrm{V}$：P 对 V 发来的挑战 (v,t) 计算响应 (μ,σ')，并返回给 V，其中，

$$\begin{cases} \mu = t^m \pmod N \\ \sigma' = \sigma^v \pmod N \end{cases} \tag{9.11}$$

V：V 通过下面等式验证数据有效性：

$$[\sigma'^e/H(\text{Info})^v]^s = \mu^v \pmod N \tag{9.12}$$

如果成立则返回 true；否则返回 false。

在上述 RSA 密码系统构造中，已通过对安全素数 p 和 q 的选取可以保证系统具有很大的子群（阶数为 $p'q'$），这种方法能保证盲认证方案中离散对数问题的求解也是困难的。此外，在验证阶段 V 发送了两个随机数 (v,t)，其分别用于对消息和签名的“加密”，实现对消息的盲化。

9.6.1 方案实例

首先，密钥生成过程中参数选择的示例如下：

例 9.5 选取长度为 30 比特的 RSA 型合数 $N = pq = 2\ 470\ 291\ 009$，其中，$p = 65\ 687$ 和 $q = 37\ 607$。可以验证 $p' = (p-1)/2 = 32\ 843$ 和 $q' = (q-1)/2 = 18\ 803$ 都为素数，因此，p 和 q 为安全素数，并且 $p'q' = 617\ 546\ 929|\varphi(N)$。

其次，随机选取加密指数 $e = 52\ 309$，$d = 1\ 383\ 822\ 685$，使得 $ed \equiv 1[\text{mod}\varphi(N)]$。再选择随机数 $u = 182\ 283\ 150$，使得 $u^{p'q'} \equiv 1 \pmod N$ 以保证它的阶为 $p'q'$，构造出公钥 $pk = (N,e,u)$，私钥 $sk = (p,q,d)$。

最后，对一个简单消息的签名过程如下：

例 9.6 给定消息 m 为“this is a large secret!”，它的辅助信息 Info 为“message1”。为了进行运算，分别计算 Hash 值：$m = 87\ 920\ 990$ 和 $H(\text{Info}) = 48\ 572\ 313$。将这两者进行捆绑后可得到消息签名 $\sigma = [H(\text{Info}) \cdot u^m]^d = 1\ 805\ 152\ 129 \pmod N$。

在交互验证阶段，证明者 P 拥有 $(m,\sigma) = (87\ 920\ 990, 1\ 805\ 152\ 129)$ 即可对验证者 V 验证数据的有效性如下：

例 9.7 ① V 选择 $v = 1\ 173\ 511\ 764$ 和 $s = 962\ 076\ 541$，计算 $t = u^s \pmod N = 2\ 115\ 536\ 562$，将 (v,t) 发送给 P。

② P 计算 $\mu = t^m \pmod N = 679\ 026\ 522$ 和 $\sigma' = \sigma^v \pmod N = 1\ 043\ 565\ 143$，返回 (μ,σ') 到 V。

③ V 验证 $[\sigma'^e/H(\text{Info})^v]^s \pmod N = (1\ 705\ 189\ 154*157\ 027\ 052)^s = 262\ 923\ 366$ 以及 $\mu^v \pmod N = 262\ 923\ 366$ 相等，因此验证过程有效。

9.6.2 安全性分析

首先，通过下面等式能够验证方案的有效性：

$$\left(\frac{\sigma'^e}{H(\text{Info})^v}\right)^s = \left(\frac{[H(\text{Info}) \cdot u^m]^{vde}}{H(\text{Info})^v}\right)^s = \left(\frac{H(\text{Info})^v \cdot u^{vm}}{H(\text{Info})^v}\right)^s$$

$$= u^{vsm} = t^{mv} = \mu^v \pmod N \tag{9.13}$$

其次，根据签名 $\sigma=[H(\text{Info})\cdot u^m]^d \pmod N$ 的构造可知，给定消息 m 和辅助信息 Info，由于签名中没有引入新的随机量，因而签名 σ 具有不变的特点。

对于数据 m，它的签名 σ 必须满足通常签名的不可伪造性要求。首先证明其在选择性伪造攻击下的安全性：

定理 9.4（抗选择性伪造） 在随机预言机 (Oracle) 模型下，如果 RSA 问题的 (ε,t)-安全假设成立，那么基于 RSA 的盲认证方案以 $[\varepsilon^{1/2},(t-2t_H)/2]$-安全的标准便可抵抗选择性伪造，其中，$t_H$ 为一次 Hash 查询时间。

证明 对任意给定的消息 m 和辅助信息 Info，假设存在算法 A 能够在时间 t' 内以 $\Pr[\text{A}(\text{Info},m)=\sigma]>\varepsilon'$ 的概率生成签名 σ，其中，$\varepsilon>0$。下面可以利用 A 的优势去解决 RSA 问题：给定任意 (N,e,C)，求取 M 使得 $M^e=C \pmod N$ 成立。下面将显示如何利用 Oracle 模型求解 RSA 问题：

① 随机选择 u，并发送 $pk=(N,e,u)$ 给 A。

② 任选文件名 Info_1 和一个消息 m，请求 A 伪造签名，直到 A 返回签名 σ_1，并验证其有效性：$\sigma_1^e=H(\text{Info}_1)\cdot u^m \pmod N$，否则重复上述过程。

③ 再任选文件名 Info_2 和消息 m，请求 A 伪造签名，直到 A 返回签名 σ_2，并验证其有效性：$\sigma_2^e=H(\text{Info}_2)\cdot u^m \pmod N$，否则重复上述过程。

④ 任何 A 对 Info 的 Hash 值查询（被称为随机 Oracle 查询），如果 $\text{Info}=\text{Info}_1$，返回 $H(\text{Info})=C$，否则返回 $H(\text{Info})=\lambda^e \pmod N$，其中，$\lambda$ 为任意随机数；同时，记录上述所有数值。

⑤ 令 $H(\text{Info}_2)=\lambda^e \pmod N$，计算 $M=(\sigma_1\lambda)/\sigma_2$ 作为 RSA 问题的结果。

下面将说明结果的正确性，首先，由两个伪造签名可知

$$\frac{\sigma_1^e}{\sigma_2^e}=\frac{H(\text{Info}_1)\cdot u^m}{H(\text{Info}_2)\cdot u^m}=\frac{C}{\lambda^e} \pmod N$$

那么，显然有 $[(\sigma_1\lambda)/\sigma_2]^e=C \pmod N$，因此，$M=(\sigma_1\lambda)/\sigma_2$，RSA 问题可解。

这意味着在两次对 A 的查询后，将以如下概率求解 RSA 问题：

$$\begin{aligned}\varepsilon&=\Pr[\text{RSA}(N,e,C)=M]\\&=\Pr[\text{A}(\text{Info}_1,m)=\sigma_1]\cdot\Pr[\text{A}(\text{Info}_2,m)=\sigma_2]\\&>\varepsilon'^2\end{aligned}\tag{9.14}$$

RSA 问题的求解时间 t 要大于两次 A 的查询所花费时间 t' 和至少两次随机 Oracle 查询时间之和，即 $t>2t'+t_H$，因此，盲认证方案的抗选择性伪造攻击是 (ε',t')-安全，其中，$\varepsilon'<\varepsilon^{1/2}$ 和 $t'<(t-2t_H)/2$。 ■

定理 9.5（抗存在性伪造） 基于 RSA 的盲认证方案以 (ε,t)-安全可抵抗选择性伪造，则离散对数（DL）问题是 (ε,t)-安全的。

证明 假设存在一个算法 A 能够在时间 t' 内以至少 ε' 的概率求解 $\mathbb{Z}_p^*$ 群下的离散对数问题，也就是 $\Pr[\mathrm{DL}(p,g,y)=x]>\varepsilon'$，其中，$p$ 可为合数。下面将利用 A 的优势去实现对所提方案的存在性伪造攻击：给定 $pk=(N,e,u,H(\cdot))$，能够获得一个伪造的有效消息签名对 (m,Info,σ)，其中 N 如方案中定义。下面给出求解算法 B 如下：

① 给定 $pk=(N,e,u,H(\cdot))$，任选一个信息 Info。

② 请求 A 计算离散对数问题 $\mathrm{DL}(N,H(\mathrm{Info}),u)$，如果 A 返回解答 x，则验证 $u=H^x(\mathrm{Info}) \pmod N$，如果成功则继续，否则重复前两步。

③ 采用扩展欧几里得算法求 e 和 x 的最大公因子，如果公因子为 1，那么可得等式 $ae+bx=1$，其中 $a,b\in\mathbb{Z}$，否则重复上面过程。

④ 令 $\sigma=H^a(\mathrm{Info}) \pmod N$ 且 $m=-b$，返回消息签名对 (m,Info,σ)。

下面说明结果的正确性。根据等式 $ae+bx=1$ 和 $u=H^x(\mathrm{Info}) \pmod N$，有以下等式关系：

$$H(\mathrm{Info})^{ae+bx}=(H^a(\mathrm{Info}))^e\cdot(H^x(\mathrm{Info}))^b=\sigma^e\cdot u^{-m}=H(\mathrm{Info}) \pmod N$$

因此，可得到有效的签名验证等式 $\sigma^e=H(\mathrm{Info})\cdot u^m \pmod N$，这表明消息签名对 (m,Info,σ) 是有效的。

进而可将存在性伪造的成功概率表示为

$$\begin{aligned}\varepsilon&=\Pr[\sigma^e=H(\mathrm{Info})\cdot u^m \pmod N:\mathrm{B}(pk)=(m,\mathrm{Info},\sigma)]\\&=\Pr[\mathrm{DL}(N,H(\mathrm{Info}),u)=x]>\varepsilon'\end{aligned}\tag{9.15}$$

显然，算法所花费的时间为求取离散对数时间加上其他步骤时间，即有 $t>t'$。这与在模 N 下盲认证方案的抗存在性伪造攻击是 (ε',t')-安全相矛盾，其中，$\varepsilon>\varepsilon'$ 和 $t>t'$，因此定理得证。 ■

下面分析数据盲认证方案中验证过程 $\langle \mathrm{P}(m,\sigma)\leftrightarrow \mathrm{V}(\mathrm{Info})\rangle(pk)$ 的数据盲性。首先定义验证者或敌手对某次交互验证过程所能观测的数据（称为 $\mathrm{View}_{\mathrm{V}}$）定义为

$$\mathrm{View}_V\{[\mathrm{P}(m,\sigma)\leftrightarrow \mathrm{V}(\mathrm{Info})](pk)\}=(s,v,t,\mu,\sigma')$$

显然，在上述 View_V 中与待验证数据相关的信息只有 $\mu=t^m \pmod N$[①]。此外，由 μ 得到 m 的困难性等于求解 $\mathbb{Z}_N^*$ 上的离散对数问题：已知 (N,t,μ) 求 m，使得 $\mu=t^m \pmod N$，其中，$N=pq$，且 t 具有大的阶 $p'q'$。

推论 9.1（验证数据盲性） 给定 RSA 类型大合数 N，基于 RSA 的盲认证方案具有数据盲性，如果求解 $\mathbb{Z}_N^*$ 上的离散对数问题是困难的。

① 尽管 σ' 也含有 m 的信息，但是从其中提取 m 的信息要比 μ 困难，具体原因留给读者进行分析。

为了防止证明者对验证者进行欺骗，协议应该满足完备性的需求。如上面所述，敌手通过选择性伪造或存在性伪造都是困难的，那么可行的验证协议欺骗方法是找出验证协议中的漏洞。由于验证协议采用了两次交互的结构：V 发送挑战，P 做出回答。而在挑战中核心问题是 s，给定验证者 V 发送的挑战问题 (v,t)，如果敌手能够猜测 s 使得 $t = u^s \pmod N$，那么敌手可以进行如下伪造攻击：

① 选择任意整数作为签名 σ^*，计算 $\mu = (\sigma^*)^e/H(\text{Info}) \pmod N$；

② 计算 $\sigma' = (\sigma^*)^v$ 且 $\mu' = \mu^s \pmod N$。

容易证得 (σ',μ') 是有效签名。因此，只要离散对数问题是可解的，那么协议完备性将无法被满足。下面基于 RSA 问题求解的困难，将给出一个针对其完备性的证明：

定理 9.6　给定在辅助信息 Info 下的消息 m，如果 RSA 问题求解是困难的，则基于 RSA 的盲认证方案中验证过程是完备的。

证明　根据定理，对任意给定在辅助信息 Info 下的消息 m，假设存在一个敌手 P^* 能够对验证者 V 进行欺骗。下面将描述如何利用 P^* 的能力求解 RSA 问题：给定 (N,e,C) 求 M，使得 $M^e = C \pmod N$。在随机 Oracle 模型下具体算法如下：

① 随机选择 $u \in \mathbb{Z}_N$，生成公钥 $pk = (N,e,u)$。

② 允许 P^* 查询辅助信息 Info 对应的消息和 Hash 值，对于 P^* 的查询请求，随机选择一个消息 $m \in \mathbb{Z}_N$，并计算 $H(\text{Info}) = C/u^m \pmod N$，予以记录。

③ 随机选择 v、s，保证 $\gcd(e,v) = 1$，计算 $t = u^s \pmod N$，并将 (v,t) 发送给 P^*。

④ 在 P^* 返回 (μ,σ) 后，验证 $\mu = t^m \pmod N$ 且 $[\sigma^e/H(\text{Info})^v]^s = \mu^v \pmod N$，如果成立，则计算 (a,b)，使得 $ae+bv=1$，输出 $M = C^a \cdot \sigma^b \pmod N$；否则，重复上述过程。

下面验证算法的有效性，由 $\mu = t^m \pmod N$ 和 $[\sigma^e/H(\text{Info})^v]^s = \mu^v \pmod N$ 可知

$$\sigma^{es} = H(\text{Info})^{vs} \cdot \mu^v = H(\text{Info})^{vs} \cdot u^{vsm} = [H(\text{Info}) \cdot u^m]^{vs} = C^{vs} \pmod N$$

从而 $\sigma^e = C^v \pmod N$。再由 $ae+bv=1$ 可以计算得到

$$C^{ae} \cdot C^{bv} = C^{ae} \cdot \sigma^{be} = (C^a \cdot \sigma^b)^e = M^e = C \pmod N$$

因此 $M^e = C \pmod N$ 是有效的 RSA 问题解。 ■

下面将阐述方案中的验证过程具有特定条件下的零知识性。

定理 9.7（验证者的零知识性）　基于 RSA 的盲认证方案在验证阶段对验证者具有零知识性，如果 $\gcd(e,v)=1$ 且 $v \neq 1$。

证明 下面将构造一个模拟器 S 来生成验证者在协议执行过程中所观察的数据。令公钥为 $pk = [N, e, u, H(\cdot)]$，模拟器构造如下：

① 随机选择 v、s 和 Info，确保 $\gcd(e, v) = 1$ 且 $v \neq 1$，并计算 $t = u^s \pmod N$。

② 根据 $\gcd(e, v) = 1$ 计算 (a, b)，使得 $ae - bv = 1$ 成立。

③ 计算 $\mu = H(\text{Info})^{bvs} \pmod N$ 和 $\sigma' = H(\text{Info})^{av} \pmod N$。

④ 输出 $\text{View}_V = (s, v, t, \mu, \sigma')$。

通过下面等式可以验证所得到的 View_V 对盲验证过程是有效的：

$$\left[\frac{\sigma'^e}{H(\text{Info})^v}\right]^s = \frac{H(\text{Info})^{aves}}{H(\text{Info})^{vs}} = H(\text{Info})^{aves-vs}$$
$$= H(\text{Info})^{bvvs} = \mu^v \pmod N \tag{9.16}$$

显然，由于上述过程中所选择的 $v, s,$ Info 是随机的，所以这将导致 σ' 和 μ 与真实交互过程所得到数据也是统计不可区分的（去除 e, v 不互素的概率之后），因此，这使原盲验证协议具有零知识性。 ■

注意，上面的零知识性是有条件的。例如，当 $v = 1$ 时，验证者可以从证明者手中得到消息 m 的签名 σ，此时，盲验证协议是非零知识的。此外，前述数据盲性只限制了消息的不可获得，并不一定要实现零知识性。

对比证明者 P 的完备性和验证者 V 的零知识性，不难发现两者之间的差别在于对 s 的猜测，如果证明者 P 能够知道 s，那么也就能采用零知识中模拟器 S 进行欺骗，但这需要从 $t = u^s \pmod N$ 中获取 s，即求解离散对数问题。此外，对于窃听协议执行过程的敌手而言，由于其无法从 t 中获取 s，因此上述过程并不适用于窃听敌手。

9.7 小　结

本章对具有“盲性”的两类认证协议（盲签名和盲认证）进行了基本的定义和方案构造。由于数据作为一种重要的资产越来越受到重视，因此如何保证互联网中数据的隐私已经成为政府、企业和公众必须考虑的问题。有鉴于此，本章内容对于读者掌握具有数据隐私性的协议构造具有一定的指导意义。

第 10 章 其他数字签名技术

学习目标与要求

1. 掌握数字签名方案设计的进阶密码学基础。
2. 掌握通过数学手段提高可证明安全 Hash 方案效率的方法。
3. 掌握几种经典的特殊数字签名方案和设计思想。

数字签名技术主要有两类：一类是普通数字签名技术，只提供签名生成和签名验证这两个基本功能，而且这两个功能可分别由单个签名者和单个验证者独立完成，该类数字签名技术通常被称为数字签名算法，如 RSA 签名算法、DSA 签名算法等；另一类是特殊数字签名技术，该类数字签名技术除了提供签名生成和签名验证等基本功能外，还能根据实际应用需求具有其他特定的辅助功能，或需要联合签名与验证，如不可否认的数字签名技术、指定验证者签名技术、群签名技术等。

本章将针对后者进行讲解，在进一步介绍密码学 Hash 函数构造方法的基础上，重点介绍第二类数字签名技术中有代表性的几种。

10.1 广义 Hash 函数

广义 Hash 函数 $h:\{0,1\}^l \to \{0,1\}^k$ 是指具有均匀（一致）分布输出和随机碰撞性质，但是不具有密码学所需要的单向性的函数。这种函数被广泛应用于计算机、通信等领域，例如基于 Hash 表的快速存储与检索等具体场景便需用到此类函数。

令 m 为 h 函数的值域大小，当函数具有均匀分布输出时，就意味着对任意输入 x 和输出 y，Hash 函数输出概率 $\Pr[h(x) = y] = 1/m$。但这并不表示它的输出是完全随机的，即对任意两个消息的 Hash 值发生碰撞的概率很小，$\Pr[y_1 = y_2 : h(x_1) = y_1 \wedge h(x_2) = y_2] = 1/m$。如果满足上述条件（输出具有均匀随机分布），则该函数将被称为广义 Hash 函数：

定义 10.1（广义 Hash 函数） 给定一个 Hash 函数 h 且值域大小为 m，对于任意 $x \neq y$，如果有碰撞概率 $\Pr[h(x) = h(y)] \leqslant 1/m$，那么它将被称为广义 Hash 函数。

广义 Hash 的碰撞概率仅与 h 的值域大小 m 相关，其可由定理 4.1 得知：如果对任意定义域内的 x，h 的输出正好覆盖整个值域，那么这个 h 函数就被称为广义 Hash

函数。

下面将给出一个简单的广义 Hash 函数，这个函数被称为“线性同余 Hash 函数”。令 p 是一个素数，m 是一个正整数，a、b 是两个小于 p 的随机整数，该函数定义如下：

引理 10.1 令 $h_{a,b}(x)=(ax+b \mod p)(\mathrm{mod}\ m)$，其中，$a\in\mathbb{Z}_p-\{0\}$，$b\in\mathbb{Z}_p$，且 $p\geqslant m$，则 $h_{a,b}(x)$ 是一个广义 Hash 函数。

证明 首先，证明该函数满足输出均匀覆盖值域 $[0,m]$。假设 $h_{a,b}$ 输出不是均匀覆盖的，则存在某些整数必然不存在原像。但是给定任意 $z\in\mathbb{Z}_m$，求它在 $h_{a,b}$ 函数下的原像 x，即 $h_{a,b}(x)=[ax+b(\mathrm{mod}\ p)](\mathrm{mod}\ m)=z$。上述等式等价于计算等式 $z+km=ax+b\ (\mathrm{mod}\ p)$，其中，$k$ 为满足 $0\leqslant z+km<p$ 的整数。因此，可求 $x=(z+km-b)*a^{-1}\ (\mathrm{mod}\ p)$。对于素数 p，x 一定存在有效解，且解的个数至多为 $n=\lceil p/m\rceil$ 个，其中，$0\leqslant k\leqslant\lceil p/m\rceil-1$。因此，$h_{a,b}$ 输出是均匀覆盖的。

其次，可以证明 $h_{a,b}$ 输出发生碰撞的概率小于 $1/m$。令任意 $x\neq y$ 产生碰撞，对于每个 x，存在至多 $\lceil p/m\rceil$ 个值映射到与 $h_{a,b}(x)$ 同一个模 m 剩余，但是这些值中只有一个等于 y，去掉 x 本身，因此留下至多 $\lceil p/m\rceil-1$ 个 y 的备选。根据碰撞概率 $\Pr[h_{a,b}(x)=h_{a,b}(y)]=\dfrac{\lceil p/m\rceil-1}{p-1}\leqslant\dfrac{1}{p-1}\left[\dfrac{p+(m-1)}{m}-1\right]=\dfrac{p-1}{(p-1)m}=1/m$。根据定义 10.1，$h_{a,b}(x)$ 是一个广义 Hash 函数。■

作为密码学安全的 Hash 函数，其安全性要求要比前述广义 Hash 函数更高，特别是当有敌手进行攻击时，碰撞的发生已经不是随机选择，而是敌手在一定计算资源下的恶意选择。

10.2 SQUASH 构造的改进

采用分组密码构造的 Hash 函数具有运算快、无条件安全的特点，并且通常在差分攻击、代数攻击分析等方面表现出较强的安全性，但是这并不代表它们的可证明安全性，对分组密码安全性的证明，目前仍缺乏有效的工具和方法。随着对可证明安全密码研究的深入，可证明安全的 Hash 函数构造也越来越引起各国学者重视。

可证明安全的密码技术通常是建立在对某种 NP 困难问题的规约基础上的，因此，这类 Hash 构造是以 NP 困难问题存在为条件的，故其也被称为有条件安全的 Hash 构造。一个有效的 Hash 函数构造需要满足一些良好的性质：

① 输出分布接近于随机分布；

② 计算要足够快；

③ 满足单向性、碰撞性要求，且可证明安全。

在上述要求中，计算要足够快是指基于 NP 困难问题的 Hash 构造其计算速度应接近于分组 Hash 函数的运算性能。为了满足这一性质，下面将在基础篇中已介绍过的 SQUASH 构造基础上进行改进，展现一种更加高效的 Hash 函数构造，并通过该改进过程让读者理解密码算法的演化过程。

10.2.1 SqHash 函数构造

前述 SQUASH 构造存在一些问题。首先，在安全性方面 SQUASH 构造完全是基于模 N 下平方剩余问题求解困难这一假设的。尽管引入了截断函数 LSB 使得用户丢失了 Hash 函数输出的部分信息，但是用户可以随机补充一定长度的随机数对其进行数据填充，再求得它的平方根即可得到有效的 Hash 碰撞。其次，SQUASH 中引入了密钥 s，由于实现数据完整性的公开验证中并不需要提供密钥，因此 s 可被忽略掉，但又不能够影响 Hash 函数的使用和安全。

为了解决上述问题，文献 [10] 中给出了一个改进版本，定义如下：

定义 10.2（SqHash 函数）　令 N 是一个分解困难的 n 比特大整数，SqHash 函数是一个由 $\mathbb{Z}_N$ 到 $\{0,1\}^k$ 的函数族：SqHash $= \{f_{\boldsymbol{IV}}:\{0,1\}^s \rightarrow \{0,1\}^k | \boldsymbol{IV} \in \{0,1\}^l\}$，其中，函数 f 定义为

$$f_{\boldsymbol{IV}}(m) = \mathrm{MSB}_k[(m||\boldsymbol{IV})^2 \pmod N] \tag{10.1}$$

其中，函数输入满足 $s+l<n$，$\boldsymbol{IV}$ 是初始向量且 $\boldsymbol{IV} \neq 0$，$\mathrm{MSB}_l(N) \neq \boldsymbol{IV}$，$\mathrm{MSB}_k(x)$ 表示 x 中最重要的 k 比特。

此处简单分析该方案的安全性，上述改进引入了一个初始向量 $\boldsymbol{IV} \in \{0,1\}^l$，显然，$m||\boldsymbol{IV} = m \cdot 2^l + \boldsymbol{IV}$，那么可知

$$(m||\boldsymbol{IV})^2 = (m \cdot 2^l + \boldsymbol{IV})^2 = m^2 \cdot 2^{2l} + \boldsymbol{IV}^2 + m \cdot \boldsymbol{IV} \cdot 2^{l+1} \tag{10.2}$$

这里并不建议 $\boldsymbol{IV}=0$，因为其将使得上式过于简单。由于初始向量的引入，即使平方剩余问题是可解的，或者敌手能够获得 N 的分解，上述 Hash 函数的碰撞概率仍然是可以被忽略的，具体原因见下面的证明。

定理 10.1　令模 N 下求解平方剩余问题的成功概率为 ε'，SqHash 函数是一个 (ε, Q)-安全的 Hash 函数，其中，Q 为攻击的次数，l 为初始向量 $\boldsymbol{IV}$ 的长度，e 为大整数 N 所能分解素数的个数，且 $\varepsilon < \dfrac{Q \cdot \varepsilon'}{2^{l-e}}$。

证明　假设敌手 A 能够以概率 ε' 解决平方剩余问题，那么给定一个 Hash 值 y，用户选取 $n-k$ 比特随机值 r 对 y 进行填充，即，$y' = y \cdot 2^{n-k} + r$，进而计算 y' 在模 N 下的根 x，不妨设 $x = x'||z$，也就是

$$y' = y \cdot 2^{n-k} + r = x^2 = (x'||z)^2 \pmod N$$

显然，一个有效的攻击是满足 $z = \boldsymbol{IV}$。由于 r 是随机填充的 $n-k$ 比特，以及模运算下平方根的不可预测性，那么，z 的值也是无法预测的，其中，$|\boldsymbol{IV}| = |z| = 2^l$。

假设 N 所能分解素数的数目为 e 个，即每次可得到的平方根数目为 2^e 个，那么 $z = \boldsymbol{IV}$ 的成功概率为

$$\Pr[z = \boldsymbol{IV} : y' = (x'||z)^2 \pmod N] = 1 - (1 - 1/2^l)^{2^e} \approx \frac{2^e}{2^l} = 1/2^{l-e} \tag{10.3}$$

总结上述过程，敌手发现一个 y 的原像的成功概率为

$$\begin{aligned}\varepsilon &= \Pr[\text{SqHash}(x') = y'] \\ &= \Pr[z = \boldsymbol{IV} : y' = (x'||z)^2 \pmod N] \\ &= \Pr[y' = (x'||z)^2 \pmod N) : A(y') = x'||z] < \frac{1}{2^{l-e}} \cdot \varepsilon'\end{aligned}$$

如果敌手进行了 Q 次上述过程，那么不难证明成功概率 ε 小于 $\dfrac{Q \cdot \varepsilon'}{2^{l-e}}$。问题得证。■

假设平方剩余问题能以概率 1 被计算，那么发现 SqHash 碰撞的概率为 $Q/2^{l-e}$，仍然与初始向量的长度 l 呈指数递减，因此，只要 l 足够大（如 $l = 80$ 比特），其仍然能保证 SqHash 函数的安全。

10.2.2 无条件 SqHash 函数构造

上述 SqHash 构造仍然涉及选择平方剩余问题中的大整数 N 来保证构造安全的问题。目前互联网中广泛使用的 MD5/SHA-1 等算法并不需要附加的信息用于实现 Hash 值的计算和验证，因此，最好的解决办法是全世界都使用同一个缺省的 N。这就带来了一个问题，对于某一个 N（如 $N = 2^{1277} - 1$）而言，并不能保证全世界没有一个机构在 SQUASH 函数的生命周期内都无法将其攻破，而且这种攻破即使成功通常也不会公开。有鉴于此，有必要寻找一种能够消除 N 的方案，同时又不会降低 Hash 函数的安全性。

为了解决上述问题，首先考虑的方法是采用“位”运算替代“整数”运算。普通 n 比特整数的平方运算，其乘法运算的位可表示如下：

$$\begin{array}{cccccccccc}
 & & & & a_{n-1} & a_{n-2} & \cdots & a_1 & a_0 \\
 & & & & b_{n-1} & b_{n-2} & \cdots & b_1 & b_0 \\
\hline
 & & & & a_{n-1}b_0 & a_{n-2}b_0 & \cdots & a_1b_0 & a_0b_0 \\
 & & & a_{n-1}b_1 & a_{n-2}b_1 & a_{n-3}b_1 & \cdots & a_0b_1 & \\
 & & & \vdots & \vdots & \vdots & & & \\
 & a_{n-1}b_{n-2} & \cdots & a_2b_{n-2} & a_1b_{n-2} & a_0b_{n-2} & & & \\
a_{n-1}b_{n-1} & a_{n-2}b_{n-1} & \cdots & a_1b_{n-1} & a_0b_{n-1} & & & & \\
\hline
c_{2n-1} & c_{2n-2} & \cdots & c_n & c_{n-1} & c_{n-2} & \cdots & c_1 & c_0
\end{array} \tag{10.4}$$

进一步来说，在前一节中所采用的模 $N=2^n-1$ 被使用时，上述乘法运算变为：

$$
\begin{array}{cccccc}
a_{n-1} & a_{n-2} & a_{n-3} & \cdots & a_1 & a_0 \\
b_{n-1} & b_{n-2} & b_{n-3} & \cdots & b_1 & b_0 \\
\hline
a_{n-1}b_0 & a_{n-2}b_0 & a_{n-3}b_0 & \cdots & a_1b_0 & a_0b_0 \\
a_{n-2}b_1 & a_{n-3}b_1 & a_{n-4}b_1 & \cdots & a_0b_1 & a_{n-1}b_1 \\
\vdots & \vdots & \vdots & \vdots & \vdots & \vdots \\
a_1b_{n-2} & a_0b_{n-2} & a_{n-1}b_{n-2} & \cdots & a_3b_{n-2} & a_2b_{n-2} \\
a_0b_{n-1} & a_{n-1}b_{n-1} & a_{n-2}b_{n-1} & \cdots & a_2b_{n-1} & a_1b_{n-1} \\
\hline
c_{n-1} & c_{n-2} & c_{n-3} & \cdots & c_1 & c_0
\end{array} \tag{10.5}
$$

从每一列来看，它满足比特上循环卷积（使用 $*_c$ 表示）的定义，也就是说，给定比特向量 $\boldsymbol{a}=(a_{n-1},a_{n-2},\cdots,a_1,a_0)$ 和 $\boldsymbol{b}=(b_{n-1},b_{n-2},\cdots,b_1,b_0)$, 对任意 $k\in[0,n-1]$，将满足下面关系：

$$
\begin{aligned}
c_k=(\boldsymbol{a}*_c\boldsymbol{b})_k&=\sum_{i=0}^{n-1}a_i\cdot b_{k-i(\bmod n)}\\
&=a_0b_k+a_1b_{k-1}+\cdots+a_{n-1}b_{k-n+1(\bmod n)}
\end{aligned} \tag{10.6}
$$

但是循环卷积并没有考虑进位问题，为了尽量保持一致，可引入一个带进位的循环卷积，其可被表示为 $\boldsymbol{a}*'_c\boldsymbol{b}=\boldsymbol{c}$ 且 $\boldsymbol{c}=(c_{n-1},c_{n-2},\cdots,c_1,c_0)$，即对于任意 $k=0,\cdots,n-1$，满足如下等式：

$$
\begin{cases}
r_{-1}=r_{n-1}=0\\
c_k=(\boldsymbol{a}*_c\boldsymbol{b})_k+r_{k-1(\bmod n)} \pmod 2\\
r_k=((\boldsymbol{a}*_c\boldsymbol{b})_k+r_{k-1(\bmod n)}-c_k)/2
\end{cases} \tag{10.7}
$$

注意，这里的进位（由 $r_0,\cdots,r_{n-1}$）也是循环计算的，输出结果中每一位的进位影响的范围是 $\log n$ 比特，因此，上式中 $k=[0,n+\log n]$；否则，采用带进位的循环卷积计算的结果与实际运算结果会出现差错。

基于上面分析，可以采用下面等式替代 SqHash 定义中的 $f_{\boldsymbol{IV}}$ 定义：

$$
f_{\boldsymbol{IV}}(m)=\mathrm{MSB}_k((m||\boldsymbol{IV})*'_c(m||\boldsymbol{IV})) \tag{10.8}
$$

采用上述改进形式的好处是：① 效率更高；② 取消了 N；③ 安全性变为了无条件安全。感兴趣的读者可自行对其效率和安全性进行分析。

10.3　双线性映射

在 2000 年后，Boneh 和 Franklin 在椭圆曲线 EC 上给出了 Tate 模和 Weil 对的快速算法，实现了双线性映射（Bilinear Maps）。由于双线性映射提供了更加丰富的数学性质，故其已成为目前密码方案构造的普遍基础，并形成了一系列新颖的密码学构造，被称为基于配对的密码学（pairing-based cryptography）。由于这种基于配对的密码学的基础是双线性映射，所以下面将对双线性映射进行简单介绍。这里省略了双线性映射的实现方法，而仅从抽象概念角度加以介绍。

下面给出双线性映射的定义和性质。在素数阶 p 的乘法群 G_1、G_2、G_T 上定义双线性映射 $e: G_1 \times G_2 \rightarrow G_T$，它满足下面性质：给定整数 a_1、a_2 和 b_1、b_2，以及 $u, u_1, u_2 \in G_1$ 和 $v, v_1, v_2 \in G_2$，则有

$$e(u_1^{a_1} \cdot u_2^{a_2}, v) = e(u_1, v)^{a_1} \cdot e(u_2, v)^{a_2} \tag{10.9}$$

$$e(u, v_1^{b_1} \cdot v_2^{b_2}) = e(u, v_1)^{b_1} \cdot e(u, v_2)^{b_2} \tag{10.10}$$

如果 $G_1 = G_2$，那么上述非对称双线性映射将退化为对称双线性映射 $e: G \times G \rightarrow G_T$。

定义 10.3（双线性映射） 令 G_1、G_2 和 G_T 是三个阶为素数 p 的乘法循环群，设 e 为双线性映射 $e: G_1 \times G_2 \rightarrow G_T$。双线性映射具有以下的性质：

① 双线性（bilinear）：对于所有的 $G \in G_1$，$H \in G_2$ 和 $a, b \in \mathrm{Z}_p^*$，将有

$$e(G^a, H^b) = e(G, H)^{ab}$$

② 非退化性（non-degenerate）：$e(G, H) \neq 1$。

③ 可计算性（computable）：存在有效的算法计算 $e(G, H)$。

其中，$e(\cdot, \cdot)$ 是对称操作，也就是说，$e(G^a, H^b) = e(G, H)^{ab} = e(G^b, H^a)$。

在数学上，双线性映射并不缺乏，例如，定义两个二维向量（$\boldsymbol{u}, \boldsymbol{v}$）构成行列式的值即为双线性映射，即给定 $\boldsymbol{u} = (u_1, u_2)$ 和 $\boldsymbol{v} = (v_1, v_2)$，则可得双线性映射

$$e(\boldsymbol{u}, \boldsymbol{v}) = \det \begin{pmatrix} u_1 & u_2 \\ v_1 & v_2 \end{pmatrix} = u_1 v_2 - u_2 v_1 \tag{10.11}$$

但是它并不一定能用于密码学构造，原因在于下面的安全性定义：

定义 10.4（安全双线性映射） 一个双线性映射 $e: G_1 \times G_2 \rightarrow G_T$ 被称为 (t, ε)-安全的，如果对于任何 t 时间的敌手 A，则下面等式成立：

$$\Pr[e(g, h) = e(\boldsymbol{u}, \mathrm{A}(g, h, \boldsymbol{u})) : g, \boldsymbol{u} \in G_1, h \in G_2] \leqslant \varepsilon$$

下面对双线性映射下的困难问题进行简介。回忆有限域下的 Diffie-Hellman 假设，假设 G 是素数 q 阶乘法循环群，那么下面三个问题都是计算困难的：

定义 10.5（离散对数问题，DL） 令 G 是素数 q 阶乘法循环群，生成元为 g，设元 $y \in G$，找到整数 $x \in \mathbb{Z}_q$ 满足 $g^x = y$。

定义 10.6（计算 Diffie-Hellman 问题，CDH） 假设 G 是素数 q 阶乘法循环群，生成元为 g，$a,b \in \mathbb{Z}_q^*$ 是未知的，给定 $g, g^a, g^b \in G$，计算 g^{ab}。

定义 10.7（判定 Diffie-Hellman 问题，DDH） 假设 G 是素数 q 阶乘法循环群，生成元为 g，$a,b,c \in \mathbb{Z}_q^*$ 是未知的，区分四元组 $\left(g, g^a, g^b, g^{ab}\right)$ 和 $\left(g, g^a, g^b, g^c\right)$。

随着双线性映射的出现，假设 $G_1 = G_2 = G$，那么上述三个问题中离散对数问题和计算 Diffie-Hellman 问题（CDH）是困难的，但是判定问题（DDH）是容易的，也就是说采用双线性映射计算 $e(g^a, g^b) = e(g, g^c)$ 等式的两侧，如果相等，那么可知 $g^c = g^{ab}$。注意，计算 Diffie-Hellman 问题可由安全双线性映射性质推出，但是计算 Diffie-Hellman 问题的结果并不等同于安全双线性映射性质。

下面给出几个在双线性映射存在下依然是计算困难的新问题：

定义 10.8（计算双线性 Diffie-Hellman 问题，CBDH） 假设 $a,b,c \in \mathbb{Z}_q^*$ 且均是未知的，给定 $g, g^a, g^b, g^c \in G$，计算 $e(g,g)^{abc}$。

定义 10.9（判定双线性 Diffie-Hellman 问题，DBDH） 假设 $a,b,c,r \in \mathbb{Z}_q^*$ 且均是未知的，区分五元组 $\left(g, g^a, g^b, g^c, e(g,g)^{ab}\right)$ 和 $\left(g, g^a, g^b, g^c, e(g,g)^r\right)$。

当 G_1 与 G_2 不同时，下面这些问题将是困难的，故通常在下面问题名称中的 Diffie-Hellman 前加“Co”以表示区别：

定义 10.10（计算 Co-Diffie-Hellman 问题，Co-CDH） 假设 $a,b \in \mathbb{Z}_q^*$ 且均是未知的，给定 $g_1, g_1^a \in G_1$ 和 $g_2, g_2^b \in G_2$，计算 g_2^{ab}。

定义 10.11（判定 Co-Diffie-Hellman 问题，Co-DDH） 假设 $a,b,r \in \mathbb{Z}_q^*$ 且均是未知的，给定 $g_1, g_1^a \in G_1$ 和 $g_2, g_2^b \in G_2$，区分 g_2^{ab} 和 g_2^r。

针对 G_T 下元素的计算和判定问题包括：

定义 10.12（计算双线性 Co-Diffie-Hellman 问题，Co-CBDH） 假设 $a,b \in \mathbb{Z}_q^*$ 且均是未知的，给定 $g_1, g_1^a, g_1^b \in G_1$ 和 $g_2 \in G_2$，计算 $e(g_1,g_2)^{ab}$。

定义 10.13（判定双线性 Co-Diffie-Hellman 问题，Co-DBDH） 假设 $a,b \in \mathbb{Z}_q^*$ 且均是未知的，给定 $g_1, g_1^a, g_1^b \in G_1$ 和 $g_2 \in G_2$，区分 $e(g_1,g_2)^{ab}$ 和 $e(g_1,g_2)^r$。

事实上，在双线性映射群上的困难问题远不止于此，故需要在实际构造和证明中对其加以灵活选择和使用。

10.4 不可否认数字签名

1989 年 Chaum 和 Antwerpen 提出了不可否认数字签名（undeniable signature）[11]。不可否认数字签名协议由三部分组成：签名算法、验证算法、否认协议。推断不可否认数字签名的真伪性是通过接收者和签名者执行一个否认协议（disavowal protocol）来实现的。不可否认数字签名具有以下特性：

① 签名者能够限制签名的验证权，即没有签名者的合作，接收者就无法验证签名。这一性质有效地防止了签名接收者滥用签名的行为，在某种程度上保护了签名者的利益。

② 签名者不能抵赖其曾签过的签名。由于签名者可声称一个合法的签名是伪造的，在这种情况下，如果签名者拒绝参加验证，就可认为签名者具有欺骗行为。如果签名者参加验证，由否认协议就可推断出签名者的真伪性。

不可否认数字签名在某些应用场合是十分有用的。例如，软件开发者可利用不可否认数字签名对他们的软件进行保护，只允许付费的顾客验证签名并使这一部分顾客相信开发者仍然对该软件负责。

10.4.1 不可否认数字签名方案

本小节介绍 Chaum-Antwerpen 提出的不可否认数字签名。设 $p=2q+1$ 是一个使得 q 是素数并且在 $\mathbb{Z}_p$ 上的离散对数是难处理的素数，G 表示 $\mathbb{Z}_p^*$ 中的阶为 q 的乘法子群。$a\in\mathbb{Z}_p^*$ 是一个阶为 q 的元素，$1\leqslant a\leqslant q-1$，令 $\beta=\alpha^a \pmod p$。

该方案的具体步骤如下所示：

① 密钥生成算法：定义 $\mathcal{K}=\{(p,q,\alpha,a,\beta)|\beta=\alpha^a \pmod p\}$，其中，值 p,α 和 β 是公开的，a 是秘密的。

② 签名算法：对 $K=(p,q,\alpha,a,\beta)\in\mathcal{K}$ 和给定消息 $x\in G$，定义 $y=\mathrm{Sig}_K(x)=x^a \pmod p$。

③ 验证算法：对消息签名对 (x,y)，可通过执行下列步骤来验证签名。

$A\rightarrow B$：签名接收者 A 随机选择 $e_1,e_2\in\mathbb{Z}_q^*$，A 计算 $c=y^{e_1}\beta^{e_2} \pmod p$，并将 c 发送给签名者 B。

$A\leftarrow B$：B 计算 $d=c^{a^{-1} \pmod q} \pmod p$，并将 d 发送给 A。

A：A 将 y 作为合法的签名接收，条件是当且仅当 $d=x^{e_1}\alpha^{e_2} \pmod p$ 时。

④ 否认协议：对消息签名对 (x,y)，其否定协议执行如下：

A 随机选择 $e_1,e_2\in\mathbb{Z}_q^*$。

A 计算 $c=y^{e_1}\beta^{e_2} \pmod p$，并将 c 发送给签名者 B。

B 计算 $d=c^{a^{-1} \pmod q} \pmod p$，并将 d 发送给 A。

A 验证 $d\neq x^{e_1}\alpha^{e_2} \pmod p$。

A 随机选择 $f_1,f_2\in\mathbb{Z}_q^*$。

A 计算 $C=y^{f_1}\beta^{f_2} \pmod p$，并将 C 发送给签名者 B。

B 计算 $D=C^{a^{-1} \pmod q} \pmod p$，并将 D 发送给 A。

A 验证 $D\neq x^{f_1}\alpha^{f_2} \pmod p$。

A 作出判断：y 是一个伪造，当且仅当 $(d\alpha^{-e_2})^{f_1}=(D\alpha^{-f_2})^{e_1} \pmod p$。

上述步骤中前四步和之后四步构成两轮不成功的验证协议。最后一步是一个一致性检测（Consistency Check），这个检测能使 A 确定 B 是否按协议中规定的方式完成了他的回答。

下面证明 B 只能以很小的概率欺骗 A，而且这个结果不依赖于任何计算假设。

定理 10.2 如果 $y \neq x^a \pmod p$，那么接收者 A 将以 $\frac{1}{q}$ 的概率把 y 作为 x 的一个合法签名接收，即 $\Pr[d = x^{e_1}\alpha^{e_2} | \exists x, \forall d, y \neq x^a] < \frac{1}{q}$。

证明 因为 $y, \beta \in G$，所以每一个可能的 c 恰好对应于 q 个有序对 (e_1, e_2)。当签名者 B 接收到 c 时，他无法知道 c 是 A 用这 q 个有序对 (e_1, e_2) 中的哪一个来构造的。如果 $y \neq x^a \pmod p$，那么 B 所做的任何可能的回答 $d \in G$ 恰好和这 q 个有序对 (e_1, e_2) 中的一个一致。

因为 α 是 G 的生成元，所以其能将 G 中的每一个元素表示成 α 的幂次元。设 $c = \alpha^i, d = \alpha^j, x = \alpha^k, y = \alpha^l$，其中，$i, j, k, l \in \mathbb{Z}_q$。考虑下面两个同余式：

$$c = y^{e_1}\beta^{e_2} \pmod p, \quad d = c^{a^{-1} \pmod q} \pmod p \tag{10.12}$$

这两个同余式等价于下面两个同余式：

$$\begin{cases} i = le_1 + ae_2 \pmod q \\ j = ke_1 + e_2 \pmod q \end{cases} \tag{10.13}$$

假定 $y \neq x^a \pmod p$，等价于 $l \neq ak \pmod p$。而同余方程组 (10.13) 的系数矩阵为

$$\boldsymbol{M} = \begin{pmatrix} l & a \\ k & 1 \end{pmatrix}$$

该矩阵的行列式为

$$\det(\boldsymbol{M}) = l - ak \neq 0 \pmod q$$

所以方程组 (10.13) 有唯一解。即，每一个 $d \in G$ 恰好是对 q 个可能的有序对 (e_1, e_2) 中之一的正确回答。因此，B 将以 $\frac{1}{q}$ 的概率给 A 一个能通过验证的回答 d，因此定理得证。 ■

否认协议可满足以下两个要求：首先，通过 A 测试两次验证过程中 B 所提供响应的正确性，B 能够使 A 相信某个不合法的签名是伪造的，见定理 10.3；其次，考虑到有效签名同时保证两次测试都不成立且响应也正确是几乎不可能的，B 以一个很小的概率使 A 相信某个合法的签名是伪造的，见定理 10.4。

定理 10.3 如果 $y \neq x^a \pmod p$，且 A, B 都采纳了否认协议，那么 $(d\alpha^{-e_2})^{f_1} = (D\alpha^{-f_2})^{e_1} \pmod p$。

证明 因为 $d = c^{a^{-1} \pmod q} \pmod p$, $c = y^{e_1}\beta^{e_2} \pmod p$, $\beta = \alpha^a \pmod p$ 等式成立，所以有下面关系

$$\begin{aligned}(d\alpha^{-e_2})^{f_1} &= ((y^{e_1}\beta^{e_2})^{a^{-1}}\alpha^{-e_2})^{f_1} = y^{e_1 f_1 a^{-1}}\beta^{e_2 a^{-1} f_1}\alpha^{-e_2 f_1} \\ &= y^{e_1 f_1 a^{-1}}\alpha^{e_2 f_1}\alpha^{-e_2 f_1} = y^{e_1 f_1 a^{-1}} \pmod p\end{aligned} \tag{10.14}$$

同理可得，$(D\alpha^{-f_2})^{e_1} = y^{e_1 f_1 a^{-1}} \pmod p$，因此，可得 $(d\alpha^{-e_2})^{f_1} = (D\alpha^{-f_2})^{e_1} \pmod p$。这表明只要 B 忠实地执行验证协议，不论 $d \neq x^{e_1}\alpha^{e_2} \pmod p$ 和 $D \neq x^{f_1}\alpha^{f_2} \pmod p$ 是否成立，都将导致否认协议中最后一步的一致性检验获得成功。 ■

B 也许企图否认一个合法的签名，在这种情况下假定 B 没有采纳否定协议，即 B 没有按协议的规定去构造 d 和 D。因此，定理 10.4中假定 B 有能力产生满足否认协议中第四步、第八步和最后一步的值 d 和 D，但这种情况发生的概率是（统计上）可被忽略的。

定理 10.4 假定 $y = x^a \pmod p$，且 A 采纳了否认协议。如果 $d \neq x^{e_1}\alpha^{e_2} \pmod p$ 并且 $D \neq x^{f_1}\alpha^{f_2} \pmod p$，那么 $(d\alpha^{-e_2})^{f_1} \neq (D\alpha^{-f_2})^{e_1} \pmod p$ 的概率是 $1 - \dfrac{1}{q}$。

证明 假定下面的同余式成立，

$$\begin{cases} y = x^a & \pmod p \\ d \neq x^{e_1}\alpha^{e_2} & \pmod p \\ D \neq x^{f_1}\alpha^{f_2} & \pmod p \\ (d\alpha^{-e_2})^{f_1} = (D\alpha^{-f_2})^{e_1} & \pmod p \end{cases}$$

这将导出一个矛盾。一致性检测最后一步可表示成下列形式：$D = d_0^{f_1}\alpha^{f_2} \pmod p$，其中 $d_0 = d^{\frac{1}{e_1}}\alpha^{\frac{-e_2}{e_1}} \pmod p$ 是仅仅依赖于否认协议中前四步的一个值。

由定理 10.2知，y 是 d_0 的合法签名的概率为 $1-\dfrac{1}{q}$。但是已经假定 y 是 x 的合法签名，所以 $x^a \equiv d_0^a \pmod p$ 的概率为 $1-\dfrac{1}{q}$，这意味着 $x = d_0$ 的概率为 $1-\dfrac{1}{q}$。然而，事实上 $d \neq x^{e_1}\alpha^{e_2} \pmod p$ 意味着 $x \neq d^{\frac{1}{e_1}}\alpha^{\frac{-e_2}{e_1}} \pmod p$。因为 $d_0 = d^{\frac{1}{e_1}}\alpha^{\frac{-e_2}{e_1}} \pmod p$，所以有 $x \neq d_0$，这是一个矛盾。故 B 欺骗 A 的概率为 $\dfrac{1}{q}$，上述过程可由下面不等式表示：

$$\begin{aligned}&\Pr[(d\alpha^{-e_2})^{f_1} = (D\alpha^{-f_2})^{e_1} | \forall(d,D), d \neq x^{e_1}\alpha^{e_2}, D \neq x^{f_1}\alpha^{f_2}, y = x^a] \\ &= \Pr[D = d_0^{f_1}\alpha^{f_2}, d_0 = d^{\frac{1}{e_1}}\alpha^{\frac{-e_2}{e_1}} | \forall(d,D), d \neq x^{e_1}\alpha^{e_2}, D \neq x^{f_1}\alpha^{f_2}, y = x^a] \\ &= \Pr[D = d_0^{f_1}\alpha^{f_2}, d_0 = d^{\frac{1}{e_1}}\alpha^{\frac{-e_2}{e_1}} | \forall(d,D), d^{\frac{1}{e_1}}\alpha^{\frac{-e_2}{e_1}} \neq x, D \neq x^{f_1}\alpha^{f_2}, y = x^a] \\ &= \Pr[D = d_0^{f_1}\alpha^{f_2} | \exists d_0, d_0 = d^{\frac{1}{e_1}}\alpha^{\frac{-e_2}{e_1}}, \forall(d,D), d_0 \neq x, D \neq x^{f_1}\alpha^{f_2}, y = x^a]\end{aligned}$$

$$\begin{aligned}&\Pr[d_0 = d^{\frac{1}{e_1}}\alpha^{\frac{-e_2}{e_1}}|\exists d_0, \forall(d, D), d_0 \neq x, D \neq x^{f_1}\alpha^{f_2}, y = x^a]\\&= 1 \cdot \Pr[d = d_0^{e_1}\alpha^{e_2}|\exists d_0, \forall d, d_0 \neq x, y = x^a]\\&= \Pr[d = d_0^{e_1}\alpha^{e_2}|\exists d_0, \forall d, y \neq {d_0}^a] < \frac{1}{q}\end{aligned} \tag{10.15}$$

因此，定理得证。 ■

10.4.2 不可否认数字方案实例

例 10.1（不可否认签名实例） 选取素数 $q = 11\ 909$，则 $p = 2q + 1 = 23\ 819$ 也为素数。在 G 中随机选择 $a = 1595$ 和 $\alpha = 173$，计算

$$\beta = 173^{1595} \pmod{23\ 819} = 2971$$

得到参数集合 $K = (p = 23\ 819, \alpha = 173, a = 1595, \beta = 2971)$，其中 $(p = 23\ 819, \alpha = 173, \beta = 2971)$ 为签名者的公钥，$a = 1595$ 为签名者的私钥。

假设待签名信息为 $x = 13\ 811$，签名者利用 K 计算签名

$$y = x^a \pmod{p} = 13\ 811^{1595} \pmod{23\ 819} = 8843$$

对于上述消息签名，验证者 A 随机选择 $e_1 = 2891, e_2 = 7416$，并计算

$$c = y^{e_1}\beta^{e_2} \pmod{p} = 8843^{2891} \times 2971^{7416} \pmod{23\ 819} = 4839$$

进一步将 c 发送给签名者 B，B 再计算

$$a^{-1} \pmod{q} = 1595^{-1} \pmod{11\ 909} = 4786$$

并计算

$$d = c^{a^{-1} \pmod{q}} \pmod{p} = 4839^{4786} \pmod{23\ 819} = 17\ 268$$

之后将 d 发送给 A，由 A 最后验证

$$x^{e_1}\alpha^{e_2} \pmod{p} = 13\ 811^{2891} \times 173^{7416} \pmod{23\ 819} = 17\ 268 = d$$

因此，A 将 y 作为合法的签名被接收。

例 10.2（否认协议实例） 假设本实例中所采用的参数和待签名消息与上述例子相同，以下则将分别从两种情况描述本否认协议：

第一种情况：对于一个伪造签名 $y = 21\ 106 \neq x^a \pmod{p}$，验证者 A 与忠诚的签名者 B 执行否认协议的过程如下所示：

① A 随机选择 $e_1 = 2891, e_2 = 7416$，并计算

$$c = y^{e_1}\beta^{e_2} (\bmod\ p) = 21\ 106^{2891} \times 2971^{7416} \pmod{23\ 819} = 5297$$

② 进一步将其发送给 B，由 B 再计算

$$d = c^{a^{-1} \pmod q} \pmod p = 5297^{4786} \pmod{23\,819} = 399$$

并将其发送给 A；

③ A 验证 $d \neq x^{e_1}\alpha^{e_2} \pmod p$；

④ A 再次随机选择 $f_1 = 365, f_2 = 9653$，计算

$$C = y^{f_1}\beta^{f_2} \pmod p = 21\,106^{365} \times 2971^{9653} \pmod{23\,819} = 11\,891$$

⑤ 并将其发送给 B，由 B 再计算

$$D = C^{a^{-1} \bmod q} \pmod p = 11\,891^{4786} \pmod{23\,819} = 18\,192$$

并将其发送给 A；

⑥ A 验证 $D \neq x^{f_1}\alpha^{f_2} \pmod p$；

⑦ 最后，由 A 计算

$$\begin{cases} (d\alpha^{-e_2})^{f_1} \pmod p = (399 \times 173^{-7416})^{365} \pmod{23\,819} = 14\,515 \\ (D\alpha^{-f_2})^{e_1} \pmod p = (18\,192 \times 173^{-9653})^{2891} \pmod{23\,819} = 14\,515 \end{cases}$$

因此，有 $(d\alpha^{-e_2})^{f_1} = (D\alpha^{-f_2})^{e_1} \pmod p$，A 判定该签名为伪造的，且 B 是一个忠实的签名者。

第二种情况：对于一个合法签名 $y = x^a \pmod p = 8843$，一个不忠诚的签名者 B 企图否认该合法签名，并向验证者 A 证明该签名是伪造的，则 A 与 B 执行否认协议过程如下所示：

① A 随机选择 $e_1 = 2891, e_2 = 7416$，并计算

$$c = y^{e_1}\beta^{e_2} \pmod p = 21\,106^{2891} \times 2971^{7416} \pmod{23\,819} = 5297$$

② 进一步将其发送给 B；B 在此时伪造 $d = 13\,761$ 使得 $d \neq x^{e_1}\alpha^{e_2} \pmod p$，之后 B 将其发送给 A；

③ A 验证 $d \neq x^{e_1}\alpha^{e_2} \pmod p$；

④ A 再次随机选择 $f_1 = 365, f_2 = 9653$，计算

$$C = y^{f_1}\beta^{f_2} \pmod p = 21\,106^{365} \times 2971^{9653} \pmod{23\,819} = 11\,891$$

并将其发送给 B；

⑤ B 伪造 $D = 6653$ 使得 $D \neq x^{f_1}\alpha^{f_2} \pmod p$，之后 B 将其发送给 A；

⑥ A 验证 $D \neq x^{f_1}\alpha^{f_2} \pmod p$；

⑦ 最后，A 计算

$$\begin{cases} (d\alpha^{-e_2})^{f_1} \mod p = (13\,761 \times 173^{-7416})^{365} \pmod{23\,819} = 13\,563 \\ (D\alpha^{-f_2})^{e_1} \mod p = (6653 \times 173^{-9653})^{2891} \pmod{23\,819} = 6826 \end{cases}$$

因此，有 $(d\alpha^{-e_2})^{f_1} \neq (D\alpha^{-f_2})^{e_1} \pmod p$，A 判断 B 对其进行了欺骗。

10.5　指定验证者签名

由于勒索（Blackmailing）攻击和黑手党（Mafia）攻击的存在，不可否认数字签名有时并不能达到预期的目的，其主要的问题就是因为签名者不知道他要向谁提供签名的合法性证明。不可否认签名的这个缺陷激发了 Jakobsson 等人在 1996 年的欧洲密码学会议论文 [12] 上首次提出一种非交互式不可否认签名——指定验证者签名（designated verifier signature）。在该技术条件下，签名者 A 可以向指定验证者 B 证明签名的合法性，但是任何第三方都无法从签名判断这一消息的起源（如 A 的身份等），只有指定的验证者 B 可以验证签名的合法性，这使得签名者的身份隐私得以有效保护。在电子投标这类应用中，指定验证者签名具有非常现实的应用需求。

10.5.1　指定验证者定义

与标准的数字签名不同，指定验证者签名只有被指定的验证者才能验证消息的合法性，任何非指定用户都不能对消息签名的合法性进行验证。其不能验证的根本原因在于：指定验证者自己也能产生签名，而且这一签名与签名者所产生的签名是不可区分的。因此，当被指定的验证者 Bob 收到 Alice 给他的签名时，因为他自己没有产生该签名，所以他能确信这一签名是 Alice 产生的，并且验证其是否合法。但是其他的用户，如 Cindy，就无法接受签名是 Alice 的，因为 Bob 也可能是消息的签署者。Jakobsson 等人用下面的语言简单的描述了该问题：

> 假设只有参与的双方才能判断证明的正确性，Alice 希望向 Bob 证明命题“v 是真的”，Alice 将向 Bob 证明命题“或者 v 是真的，或者我是 Bob”来代替原命题。

显然，Alice 向 Bob 证明命题“或者 v 是真的，或者我是 Bob”是真的，由于 Alice 无法证明她是 Bob，所以她只能证明 v 是真的；而如果 Bob 向其他用户 Cindy 证明命题“或者 v 是真的，或者我是 Bob”是真的，他刚好可证明“我是 Bob”。所以，虽然 Bob 能证明该命题是真的，但是他无法使 Cindy 相信“v 是真的”。

Jakobsson 等人介绍了两个信任模型。一、指定验证者：暗藏的验证者 Cindy 不信任参与的双方（签名者 Alice、验证者 Bob），认为他们都有可能产生 $\theta \vee \phi_{\text{Bob}}$ 是“真的”的证明，其中，θ 代表 v 是真的，ϕ_{Bob} 是 Bob 私钥的知识的证明。二、强指定验证者：暗藏的验证者 Cindy 信任 Bob，相信他只是一个相当诚实的验证者，不会是签名者。然而，Cindy 试图通过“合法的”交互协议欺骗 Bob，使她确信 $\theta \vee \phi_{\mathrm{Bob}}$ 是“真的”。第二个模型是比较弱的信任模型，因此相应地它能得到更强的安全性。迄今为止，所有的（强）指定验证者签名方案都是遵从这两个信任模型的。下面给出了相应的定义。

定义 10.14（指定验证者） 假设 $(P_{\mathrm{A}}, P_{\mathrm{B}})$ 是 Alice 向 Bob 证明命题 θ 是“真的”的协议。如果对任何包含 Alice、Bob 和 Cindy 的协议 $(P_{\mathrm{A}}, P'_{\mathrm{B}}, P_{\mathrm{C}})$，Bob 能向 Cindy 证明 θ 是“真的”，那么存在协议 $(P''_{\mathrm{B}}, P_{\mathrm{C}})$ 使得 Bob 能完成 P''_{B} 的计算，且 Cindy 不可能把 $(P_{\mathrm{A}}, P'_{\mathrm{B}}, P_{\mathrm{C}})$ 的副本从 $(P''_{\mathrm{B}}, P_{\mathrm{C}})$ 的副本中区分出，则称 Bob 是指定验证者。

定义 10.15（强指定验证者） 假设 $(P_{\mathrm{A}}, P_{\mathrm{B}})$ 是 Alice 向 Bob 证明命题 θ 是“真的”的协议。如果对任何包含 Alice、Bob、Dave 和 Cindy 的协议 $(P_{\mathrm{A}}, P_{\mathrm{B}}, P_{\mathrm{D}}, P_{\mathrm{C}})$，Dave 能向 Cindy 证明 θ 是“真的”，那么存在协议 $(P'_{\mathrm{D}}, P_{\mathrm{C}})$ 使得 Dave 能完成 P'_{D} 的计算，且 Cindy 不可能把 $(P_{\mathrm{A}}, P_{\mathrm{B}}, P_{\mathrm{D}}, P_{\mathrm{C}})$ 的副本从 $(P'_{\mathrm{D}}, P_{\mathrm{C}})$ 的副本中区分出，则称 Bob 是强指定验证者。

10.5.2 指定验证者签名的安全性

指定验证者的签名必须满足以下几个条件：

① **正确性**：指定验证者的签名必须能通过验证算法。

② **不可伪造性**：给定签名者和验证者，其他人在不知道签名者或验证者私钥的情况下，将无法生成一个有效的签名。

③ **不可传递性**：指被指定的验证者可以生成一个与原签名不可区分的副本，即，指定验证者不可能向第三方证明签名是签名者生成的。

④ **签名源隐匿性**：假设给定一个消息 m 和对 m 的签名 σ，第三方将无法确定这个签名是签名者生成的或是指定验证者生成的。

⑤ **不可授权性**：即使签名者或指定验证者在不泄露私钥的情况下将一些与私钥有关的值发送给其他第三方，第三方也不能任意地验证或对消息进行签名。

10.5.3 指定验证者签名方案

本小节介绍一个指定验证者的签名方案。

首先，令 p、q 是两个大素数且 $q|(p-1)$。定义两个独立的安全 Hash 函数如下：

$$\begin{cases} H: & \{0,1\}^* \to G = \langle g \rangle \\ H': & G^8 \to \mathbb{Z}_q \end{cases} \tag{10.16}$$

其次，设 $g \in \mathbb{Z}_p^*$ 的阶 q；设待签名消息为 m，DVS 方案简述如下：

① 密钥生成算法 $\mathrm{KeyGen}(p, q, g, H, H') = [(pk_s, sk_s), (pk_v, sk_v)]$。

签名者的私钥为 $x \in_R \mathbb{Z}_q$，公钥为 $y = g^x \pmod p$，即 $pk_s = (y)$ 和 $sk_s = (x)$。

验证服务器的群公、私钥分别为 $y_v = g^{x_v} \pmod p$ 和 $x_v \in_R \mathbb{Z}_q$，即 $pk_v = (y_v)$ 和 $sk_v = (x_v)$。

② 签名算法 $\text{Sign}(p, q, g, pk_s, sk_s, pk_v, m) = \sigma$。

随机选择 $r \in_R \{0,1\}^{n_r}$，利用 Hash 函数 H 计算 $h = H(m, r)$。

计算 $z = h^x = H(m, r)^x \pmod p$[注意离散对数 $\text{DL}_g(y) = \text{DL}_h(z) = x$]。

随机选择 $k \in_R \mathbb{Z}_q$，计算 $u = g^k, v = h^k \pmod p$。

随机选择 $l \in_R \mathbb{Z}_q$，计算 $w = g^l, w' = y_v^l = g^{lx_v} \pmod p$。

利用 Hash 函数 H' 计算 $c = H'(g, h, y, z, u, v, w, w')$。

计算 $s = (k + cx) \pmod q$，输出 m 的签名 $\sigma = (z, r, s, w, c)$。

③ 验证算法 $\text{Ver}_{\text{DVS}}(p, q, g, pk_s, sk_v, \sigma) = \{\text{true}, \text{false}\}$。

DVS 计算 $h = H(m, r)$，$u = g^s y^{-c}$，$v = h^s z^{-c}$，$w' = w^{x_v}$，最后验证等式 $c' = H'(g, h, y, z, u, v, w, w') = c$ 是否成立以确定签名的真伪。

10.5.4 指定验证者签名方案实例

例10.3　选择两个素数，$p = 788\,189$，$g = 488\,910$。对于签名者，令其私钥 $x = 123$，则公钥为 $y = g^x \pmod p = g^{123} \pmod p = 338\,888$。对于验证者服务器 DVS，令其私钥 $x_v = 456$，则其公钥为 $y_v = g^{x_v} \pmod p = 488\,910^{456} \pmod{788\,189} = 78\,738$。

假设待签名消息为 $m = 110$，则签名者将通过如下步骤对其进行签名：

① 随机选择 $r = 101$，利用 Hash 函数 H 计算 $h = H(m, r) = 2\,751\,838\,313$;

② 计算

$$z = h^x \pmod p = 2\,751\,838\,313^{123} \pmod{788\,189} = 716\,158$$

③ 随机选择 $k = 5786$，计算

$$\begin{cases} u = g^k \pmod p = 488\,910^{5786} \pmod{788\,189} = 137\,545 \\ v = h^k \pmod p = 2\,751\,838\,313^{5786} \pmod{278\,189} = 207\,212 \end{cases}$$

④ 随机选择 $l = 11\,235$，计算

$$\begin{cases} w = g^l \pmod p = 488\,910^{11\,235} \pmod{788\,189} = 153\,205 \\ w' = y_v^l \pmod p = 78\,738^{456} \pmod{788\,189} = 271\,180 \end{cases}$$

⑤ 利用 Hash 函数 H' 计算 $c = H'(g, h, y, z, u, v, w, w') = 541\,675$，计算

$$s = (k + cx) \pmod q = (5786 + 541\,675 \times 123) \pmod{788\,188} = 421\,805$$

输出 m 的签名 $\sigma = (z = 716\,158, r = 101, s = 421\,805, w = 153\,205, c = 541\,675)$。

对于上述消息签名，指定的验证者 DVS 计算

$$\begin{cases} h = H(m, r) = 2\ 751\ 838\ 313 \\ u = g^s y^{-c} \pmod{p} = 488\ 910^{421\ 805} \times 338\ 888^{-541\ 675} \pmod{788\ 189} = 137\ 545 \\ v = h^s z^{-c} \pmod{p} = 2\ 751\ 838\ 183^{521\ 805} \times 716\ 158^{-541\ 675} \pmod{788\ 189} = 207\ 212 \\ w' = w^{x_v} \pmod{p} = 153\ 205^{456} \pmod{788\ 189} = 271\ 180 \end{cases}$$

进一步计算 $c' = H'(g, h, y, z, u, v, w, w') = 541\ 675 = c$，则验证者 DVS 将 σ 作为合法签名。

10.6 签　　密

签密技术（signcryption）就如同它的名称一样，是一种数字签名与加密的混合体，既具有数字签名对消息进行完整性和所有权认证的功能，同时对消息本身也保证了其机密性。签密非常适用于高安全性要求的领域，例如，接收者希望发送者发来一个消息，但是这一消息只能他本人知晓，同时，要确定发送者的身份。需要说明的是，在对称密码体制中，仅仅采用加密技术即可实现签密功能，无须专门采用签密技术，原因在于对称密钥是建立在发送者与接收者之间共享密钥的基础上，如果假设密钥只有发送者和接收者知道，那么接收者只要收到密文并正确解密，那么这一消息一定是发送方加密的，成功解密便能保证消息的完整性。

签密技术是针对公钥密码体制而提出的一项技术。原因在于，公钥体制下任何人都可以获得接收者的公钥并对消息进行加密，但对接收者而言解密只能保证消息的机密性以及完整性，却无法了解是谁发送了这一消息。因此，需要额外的签名技术来实现消息的来源认证。

接下来的技术问题是如何将公钥加密与签名结合起来。

一种方式是先加密后签名，也就是令发送者 A 的密钥为 pk_{A} 和 sk_{A}，接收者 B 的密钥为 pk_{B} 和 sk_{B}，那么这种方式就是生成

$$(c = \mathrm{Encrypt}_{pk_{\mathrm{B}}}(m), \mathrm{Sign}_{sk_{\mathrm{A}}}(c))$$

显然，这种方式的问题在于如果攻击者 C 想要欺骗 B“C 是消息发送者”，那么只需要简单地对签名进行替代 $[c = \mathrm{Encrypt}_{pk_{\mathrm{B}}}(m), \mathrm{Sign}_{sk_{\mathrm{C}}}(c)]$。由此可知，这种方式并不可行。

另一种方式是先签名后加密，也就是采用如下形式：

$$\mathrm{Encrypt}_{pk_{\mathrm{B}}}(m||\mathrm{Sign}_{sk_{\mathrm{A}}}(m))$$

这种方式没有安全性问题，但从性能方面和实用性的角度而言其仍需改进。首先，公钥密码体制的执行效率很慢，因而对大文件必须采用对称加密与公钥加密混合的二层加密

方式才较为实用，因此，需要引入对称加密 $(\mathcal{E},\mathcal{D})$；另一方面，数字签名往往需要采用先 Hash 求得摘要后再进行私钥签名的方式。综合以上两点，上述方式将可演化为

$$\mathcal{E}_k(m),\mathrm{Sign}_{sk_\mathrm{A}}(\mathrm{Hash}(m)),\mathrm{Encrypt}_{pk_\mathrm{B}}(k) \tag{10.17}$$

这里将签名从对称加密中提取出来，由于消息具有保密性，故其可避免被敌手伪造。然而，从密码学的角度来说，这种方式数据之间联系得仍然不够紧密，需要继续进行演化，可得如下形式：

$$\mathcal{E}_k(m),\mathrm{Encrypt}_{pk_\mathrm{B}}(k,\mathrm{Sign}_{sk_\mathrm{A}}(\mathrm{Hash}(m))) \tag{10.18}$$

这种形式能够满足对性能、功能和安全性的要求，因此已经被广泛接受。

10.6.1 签密的定义

如前所述，签密方案是加密和签名的复合体，既用加密机制实现机密性，又用签名实现消息完整性和对发送者身份的验证。事实上，与数字签名中并不知道接收者是谁不同，签密过程是发送者 A 和接收者 B 之间的通信过程（而不是交互过程），而且 A 和 B 是确定的。下面将根据这些特点给出签密方案的定义。

① **系统参数生成**：给定安全强度 κ，生成发送者 A 与接收者 B 之间共享的密码系统参数 mpk 和主私钥 msk，即，$\mathrm{Setup}(1^\kappa)\to(mpk,msk)$；

② **用户密钥生成**：分别生成发送者 A 与接收者 B 的公私密钥对 $(pk_\mathrm{A},sk_\mathrm{A})$ 和 $(pk_\mathrm{B},sk_\mathrm{B})$，即，$\mathrm{GenKey}(mpk,msk,u)\to(pk_u,sk_u)$，其中，$u\in\{\mathrm{A},\mathrm{B}\}$；

③ **签密过程**：指定明文 m，发送者 A 使用接收者 B 的公钥 pk_B 和自己的私钥 sk_A，生成签密密文 σ，即，$\mathrm{SignCrypt}(mpk,pk_\mathrm{B},sk_\mathrm{A},m)\to\sigma$；

④ **解签密过程**：接收者 B 利用自己的私钥 sk_B 和发送者的公钥 pk_A 从签密密文 σ 中恢复消息 m，同时判定消息的完整性，如果消息没被更改，则返回 True，否则返回 False，即，$\mathrm{UnSignCrypt}(mpk,sk_\mathrm{B},pk_\mathrm{A},\sigma)\to(m,b)$，其中，$b\in\{\mathrm{True},\mathrm{False}\}$。

签密方案的安全性也需要同时满足完整性和完备性两方面要求，考虑到签密方案是加密和签名的复合体，因此，它的完备性需要考虑解密完备性和签名完备性等两方面的要求。具体定义如下：

① **完全性（completeness）**：对于一个有效的签密输出，任何接收者采用解签密算法都能够以完全概率恢复明文并验证其有效性，即

$$\Pr[\mathrm{UnSignCrypt}(sk_\mathrm{B},pk_\mathrm{A},\sigma)=(m,\mathrm{True}):\sigma\leftarrow\mathrm{SignCrypt}(sk_\mathrm{A},pk_\mathrm{B},m)]=1 \tag{10.19}$$

② **签名完备性**（signature soundness）：对一个无效的发送者 A 而言，他通过任意多项式时间算法 $\mathcal{A}$ 所伪造的签密输出通过解签密算法恢复明文和通过验证的概率是可被忽略的，即，存在足够小的 ε，使得

$$\Pr[\mathrm{UnSignCrypt}(sk_\mathrm{B},pk_\mathrm{A},\sigma)=(m,\mathrm{True}):\sigma\leftarrow\mathcal{A}(pk_B,m)]<\varepsilon \tag{10.20}$$

③ **解密完备性 (decryption soundness)**：对一个无效的接收者 B 而言，给定任何有效的签密输出，那么对于任意多项式时间算法 $\mathcal{A}'$ 来说恢复明文和通过验证的概率是可被忽略的，即，存在足够小的 ε，使得

$$\Pr[\mathcal{A}'(pk_{\mathrm{A}}, \sigma) = (m, \mathrm{True}) : \sigma \leftarrow \mathrm{SignCrypt}(sk_{\mathrm{A}}, pk_{\mathrm{B}}, m)] < \varepsilon \tag{10.21}$$

10.6.2 签密方案

在 1977 年华人学者郑玉良（Yuliang Zheng）[13] 首先提出了一种新的密码原语来同时满足签密所需的机密性、完整性、认证和不可否认性等要求，他称这一密码原语为数字签密（Digital Signcryption）。基于数字签密的概念，Zheng 提出了两个非常相似的签密方案，被称为 SCS1 和 SCS2。SCS1 和 SCS2 执行步骤非常相似，包括 4 个过程，即系统参数生成、主公/私钥生成、签密和解签密。

下面将以 SCS1 为例介绍该方案的具体执行过程，其是建立在有限域内求解离散对数困难的假设下，并且为了支持大文件支持加密方采用对称加密模式。

① **Setup**$(1^\kappa) \to (mpk, msk)$：可信权威机构 CA 执行以下步骤生成系统参数：

随机选择两个大素数 p 和 q，并且有 $q|(p-1)$ 成立；

随机选择一个阶为 q 的生成元 $g \in \mathbb{Z}_p$；

H 是一个密码学 Hash 函数，$H: \{0,1\}^* \to \mathbb{Z}_p$；

选择一个对称的加密算法 $(\mathcal{E}, \mathcal{D})$；

最终，输出 $mpk = (p, q, g, H, \mathcal{E}, \mathcal{D})$ 作为系统参数，主私钥 msk 为空。

② **GenKey**$(mpk, msk, u) \to (pk_u, sk_u)$：接收者和发送者分别生成公/私钥如下：

发送者 A 的密钥：用户 A 随机选择一个整数 $x_{\mathrm{A}} \in \mathbb{Z}_q$，并计算 $y_{\mathrm{A}} \leftarrow g^{x_{\mathrm{A}}} \pmod p$，因而，私钥为 $sk_{\mathrm{A}} = x_{\mathrm{A}}$，并形成公钥证书 $\mathrm{Cert(A)} = (mpk, y_{\mathrm{A}}, \mathrm{Sign}_{\mathrm{CA}}(mpk, y_{\mathrm{A}}))$。

接收者 B 的密钥：接收 B 的私钥为 x_{B}，令 $y_{\mathrm{B}} \leftarrow g^{x_{\mathrm{B}}} \pmod p$，公钥证书为 $\mathrm{Cert(B)} = (mpk, y_{\mathrm{B}}, \mathrm{Sign}_{\mathrm{CA}}(mpk, y_{\mathrm{B}}))$。

③ **SignCrypt**$(mpk, pk_{\mathrm{B}}, sk_{\mathrm{A}}, m) \to \sigma$：对于消息 m，发送者 A 执行以下步骤：

随机选择整数 u 且 $u \in \mathbb{Z}_q^*$，计算 $K \leftarrow y_{\mathrm{B}}^u \pmod p$；

将密钥 K 分为合适长度的 K_1 和 K_2；

计算 $e \leftarrow H(K_2, m)$；

计算 $s \leftarrow u(e + x_{\mathrm{A}})^{-1} \pmod q$；

计算 $c \leftarrow \mathcal{E}_{K_1}(m)$；

将消息 m 的签密密文 (c, e, s) 发送给 B。

④ **UnSignCrypt**$(mpk, sk_{\mathrm{B}}, pk_{\mathrm{A}}, \sigma) \to (m, \mathrm{True/False})$：当收到签密密文 (c, e, s) 时，接收者 B 执行以下步骤：

通过已知的 s、p、g、y_{A}、y_{B} 和 x_{B} 恢复密钥 K：

计算 $K \leftarrow (g^{e} \cdot y_{\mathrm{A}})^{s \cdot x_{\mathrm{B}}} \pmod p$；

将 K 分为 K_1 和 K_2；

计算 $m \leftarrow \mathcal{D}_{K_1}(c)$；

如果 $e = H(K_2, m)$，接受 m 并输出 True，否则输出 False。

上述签密过程如图 10.1。不难看出该方案符合前节介绍的签密构造思想，同时，其所采用的数字签名设计直接来源于 ElGamal 签名的变形形式。

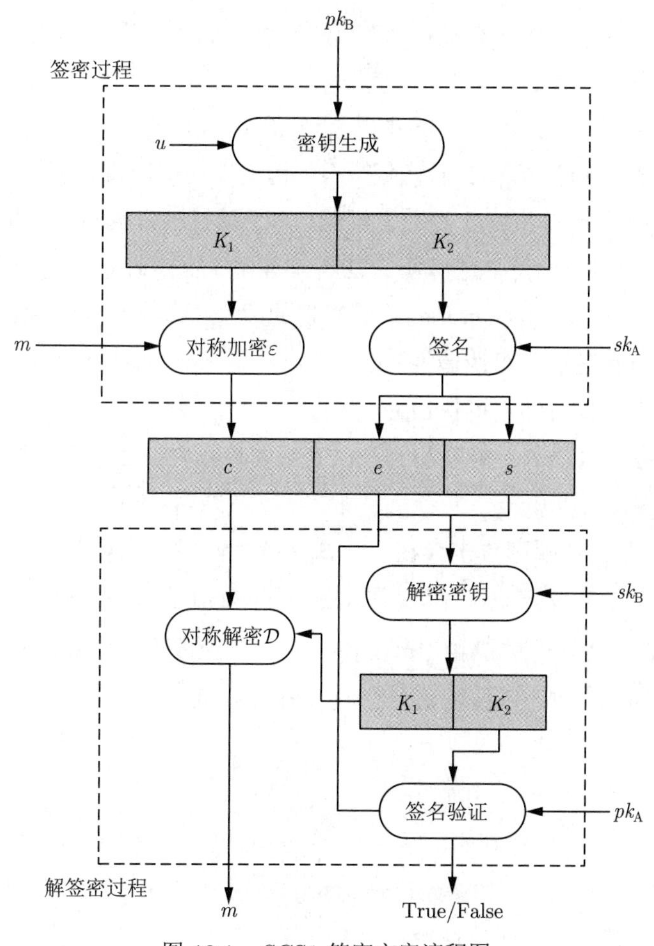

图 10.1　SCS1 签密方案流程图

10.6.3　签密方案的安全性

关于签密方案 SCS1 的安全性，首先需要分析方案的有效性，即正确的签密信息接收者可以恢复消息 m 并验证该消息的有效性（完整性和来源正确性）。

定理 10.5　SCS1 签密方案是有效的。

证明 在 SCS1 方案中具有有效密钥 sk_{B} 的接收者 B 能够依据下面等式通过计算 $K \leftarrow (g^e y_{\mathrm{A}})^{sx_{\mathrm{B}}} \pmod p$ 恢复密钥 K。

$$K = y_{\mathrm{B}}^u = g^{x_{\mathrm{B}}u} = g^{x_{\mathrm{B}}s(e+x_{\mathrm{A}})} = (g^e g^{x_{\mathrm{A}}})^{sx_{\mathrm{B}}} = (g^e y_{\mathrm{A}})^{sx_{\mathrm{B}}} \pmod p \tag{10.22}$$

随后将 K 分为 $K1$ 和 $K2$，计算 $m = \mathcal{D}_{K_1}(c) = \mathcal{D}_{K_1}(\mathcal{E}_{K_1}(m)) = m$。最后验证 $e = H(K_2, m)$ 是否成立，因为有效的接收方可以正确地恢复密钥 K 并对其进行划分，消息 m 可被正确解密，所以 $e = H(K_2, m)$ 总能成立。因此 SCS1 签密方案是有效的。 ■

除了方案的有效性，这里还需要分析方案的不可伪造性和不可否认性，下面将对其逐一进行简单分析。

不可伪造性：由于 SCS1 方案中的签名部分本质上是一个具有可恢复承诺的 ElGamal 签名，在选择消息攻击下签名的不可伪造性的证明可直观地遵从 Pointcheval 和 Stern 所提出的对于 ElGamal 签名方案的、基于随机预言机模型（ROM）的证明。因此参照 Pointcheval-Stern 签名的分析方法不难证明下面定理，该定理采用了随机预言机模型和分支引理（Forking Lemma），感兴趣的读者可查阅相关文献进行学习。

定理 10.6（抗存在性不可伪造性） 在 Fork 假设下，如果离散对数问题是困难的，上述签密方案具有抗存在性不可伪造性。

需要注意的是，只要敌手能观测到一次完整的接收者解密过程，那么以后所有密文将不再安全：

定理 10.7（存在性解密攻击存在） 如果敌手能学习到以前的签密解密过程，那么将存在一种有效的攻击方式，可以帮助敌手直接对消息进行解密。

证明 给定任意一个签密输出 $\sigma = (c, e, s)$，假设敌手能够观测到一次有效的解签密过程，则敌手将获得 $K \leftarrow (g^e \cdot y_{\mathrm{A}})^{s \cdot x_{\mathrm{B}}} \pmod p$，可知

$$y_{\mathrm{A}}^{x_{\mathrm{B}}} = \frac{K^{1/s}}{y_{\mathrm{B}}^e} \pmod p$$

由于 $y_{\mathrm{A}}^{x_{\mathrm{B}}} = g^{x_{\mathrm{A}} x_{\mathrm{B}}} = y_{\mathrm{B}}^{x_{\mathrm{A}}} \pmod p$，这正是 Diffie-Hellman 密钥交换的结果。

令 $Ke = y_{\mathrm{A}}^{x_{\mathrm{B}}} \pmod p$，如果给定一个新的签密输出 $\sigma = (c', e', s')$，那么可通过保留的 $Ke = y_{\mathrm{A}}^{x_{\mathrm{B}}}$ 直接对消息进行解密如下：

$$K' \leftarrow (g^{e'} \cdot y_{\mathrm{A}})^{s' \cdot x_{\mathrm{B}}} = (y_{\mathrm{B}}^{e'} \cdot Ke)^{s'} \pmod p \tag{10.23}$$

再将 K' 分拆为 $K_1 || K_2$，那么使用 K_1 即可解密出明文 $m \leftarrow \mathcal{D}_{K_1}(c)$，因此，这是一种有效的解密攻击。 ■

不可否认性：通常的数字签名提供了签名者的不可否认性，原理在于消息的签名是公共可验证的，同时由于密钥的独占性使得除了签名者以外没有其他人能伪造签名，当

两方对于消息签名有争议的时候，可信第三方可以对签名进行仲裁。然而，在签密方案中如果接收者 B 不能将签名进行公共验证，那么签名的不可否认性将不再成立。反之，如果接收者 B 将签名打开，那么对发送者 A 的不可否认性成立。这里，签名的验证需要对承诺值 K 进行恢复，且恢复过程需要接收者的私钥，而公开私钥是不实际的。为了解决这一问题，方案设计者建议 A 和 B 之间的否认性可以通过一个可信的第三方（如一个法官）来解决，通过法官和 B 之间使用零知识证明协议的方式实现。

10.7 小　结

由于数字签名技术应用的广泛性导致了签名方案的多样性和差异化，因此本章介绍了几种特殊的数字签名技术，包括不可否认签名、指定验证者签名、签密等。通过对本章的学习，读者在了解数字签名设计多样性的基础上应该扩展构造思路，为更加新颖的数字签名方案设计充满信心。

习　题

1. 令 $\boldsymbol{IV} = (1010)_2$，$k = 5, N = 2^{10} - 1$，计算 SqHash(28)，并试求一个碰撞。

2. 令 $\boldsymbol{IV} = (1010)_2$，$k = 5, n = 10$ 比特，求无条件 SqHash(28)，给出计算过程，并试求一个碰撞。

第 11 章

面向群组的签名技术

学习目标与要求

1. 掌握面向群组签名技术的定义与内涵。
2. 掌握身份基签名的定义、构造和安全分析方法。
3. 掌握代理签名的种类和基于密钥管理的方案设计原理。
4. 了解聚合签名的内容、定义和基本构造方法。

11.1 概　　述

网络本身就是通过通信链路连接起来的、用于信息交流和资源共享的计算机环境。随着互联网和相关网络技术（如云计算、移动计算、物联网、车载网等）的迅猛发展，目前网络在交流方式和资源共享的容量、范围、广度等方面都已经发生了巨大的变化。目前，网络最大的特点是群组化趋势日益明显，也就是说网络通信从最初两方间的通信已经发展到大用户群下的瞬时、动态的通信。

与此相对应的是作为保障通信中数据、实体真实性的认证技术也从简单的个体认证（包括互认证）发展为面向大规模群组下的签名和认证技术。这里的群组通常是指一个管理完善的组织，如公司、学校、医院、网络社区等。面向群组的签名技术就是指能够支持群组内一些特殊的签名或认证功能的签名系统，其可以使群组内的信息交流和资源共享更加安全有效。

面向群组的签名技术是面向群组密码系统的重要构成部分。面向群组的密码系统是指为整个群组建立的密码系统，其可以帮助群组中每名成员获得各种安全功能，例如，面向群组的加密技术、面向群组的签名技术、面向群组的认证技术等。从技术的角度看，采用公钥密码体制的面向群组的密码系统与通常面向个人的密码系统具有如下不同：

① 整个群组中成员共享同一个公钥（被称为主公钥）。

② 每名成员具有自己唯一的私钥。

③ 能够对群组中某些或某一类人实施某种安全技术。例如，向指定几个成员发送秘密信息、由群组中所有具备某种资格的人进行签名背书等。

这种群组密码技术的优势就在于整个系统由机构维护，成员无须管理复杂的密码系统，因此这种系统使用方便，管理也更加规范和严格。

群组密码技术在安全性上比通常的密码系统面临更多的威胁，例如，多名成员可以联合起来发起攻击，这被称为共谋攻击。此外，由于需要管理众多成员私钥，群组密码技术也要采用更多安全手段来保证密钥安全，例如，当某个成员做出恶意行为时，系统需要采取有效方法对恶意者加以识别。

近年来，面向群组的签名技术已经获得了长足的发展，出现了一系列的新型签名方法，如门限签名、群签名、环签名等。本章将对身份基签名（Identity-Based Signature，IBS）、代理签名（proxy signature）、聚合签名（aggregate signature）等几种经常使用的群组签名技术加以介绍。

11.2　身份基签名

在公钥密码系统中，私钥由用户保存，公钥被公开。在公钥密码系统建立以后，就有学者提出将公钥表示为用户的标识，以方便其被记忆和使用。表面上看这是一个好主意，但是将用户标识 ID 作为公钥在密码构造上会引发密码体制的变化，原因在于密码系统是一个数学系统，用户标识 ID 只是公钥中的一部分，仅仅使用可记忆标识并不能消除其他数学参数被获取，因此并不能带来便捷性的实质提升。例如，在 RSA 密码系统中，公钥包含 (N, e) 两个参数，e 被替代为所有者标识 ID，但是 N 仍需要使用者去获取，所以这并没有提高 RSA 系统的易用性。

为了解决上面问题，一个合理的方式是将密码系统中的公钥拆分为两部分：密码参数（如 RSA 中的 N）和用户公钥（如 RSA 中公钥指数 e），并且要求一组用户能够共同使用密码参数，而用户公钥则由用户标识来代替。这一思想不知不觉间将密码体制由传统的个人密码系统转化为面向群组的密码系统。

Adi Shamir 早在 1984 年的论文 [14] 中就注意到了这一问题，并且提出了身份基密码系统（Identity-based Cryptography，IBC）的概念，但是该文所期望的采用 RSA 设计身份基加密（Identity-based Encryption，IBE）系统并没有成功，所以转而提出了一种身份基签名方案，该方案能够采用标识身份的字符串来验证签名的有效性。然而，身份基加密 IBE 方案直到 2000 年左右才被 Cock 和 Boneh 与 Franklin 分别设计出来。至此之后，IBE 在过去 20 年里成了密码学研究的热点问题，并在很多领域获得了应用。

定义 11.1（身份基签名）　假设存在一群用户 $U = \{u_1, u_2, \cdots, u_n\}$ 且每名用户 u_i 具有一个唯一标识 ID_i，如果一个密码系统 $S = (\mathrm{Setup}, \mathrm{GenKey}, \mathrm{Sign}, \mathrm{Verify})$ 满足如下性质则其可被称为身份基签名（Identity-based Signature, IBS）：

① **Setup**：根据安全参数生成密码系统的主公钥 mpk 和主私钥 msk，即

$$(msk, mpk) \leftarrow \text{Setup}(1^\kappa)$$

② **GenKey**：给定用户 u_i 的标识 ID_i，由主私钥 msk 生成用户的私钥 sk_i，即

$$sk_i \leftarrow \text{GenKey}(msk, \text{ID}_i)$$

③ **Sign**：某一用户使用自己的私钥 sk_i 生成给定消息 m 的签名，即

$$\sigma_i \leftarrow \text{Sign}(sk_i, m)$$

④ **Verify**：给定 $(m, \text{ID}_i, \sigma_i)$，任何用户可以用主公钥和用户标识 ID_i 验证消息签名对的有效性，即

$$\text{Verify}(mpk, (m, \text{ID}_i, \sigma_i)) = \text{True/False}$$

11.2.1 Shamir 身份基签名方案

下面将介绍 1984 年由 Shamir 提出的身份基签名方案（Shamir-IBS）[14]。该方案建立在 RSA 密码系统下，具体方案为：

① $(msk, mpk) \leftarrow \text{Setup}(1^\kappa)$： 根据安全参数 κ 选择足够长度的两个大素数 p 和 q，使得 $N = pq$ 且 $\varphi(N) = (p-1)(q-1)$。随机选择一个整数 $e \in \mathbb{Z}^*_{\varphi(N)}$ 使得 $\gcd[e, \varphi(N)] = 1$，计算 e 的逆元 d 满足 $ed = 1[\text{mod}\varphi(N)]$。再选取 Hash 函数 $h: \{0,1\}^* \to [1, 2^{|N|-1}]$。最终，由系统管理员保留 $msk = (p, q, d)$，公开公钥 $mpk = [N, e, h(\cdot)]$。

② $sk_i \leftarrow \text{GenKey}(msk, \text{ID}_i)$：给定用户 u_i 的标识 $\text{ID}_i \in \{0,1\}^{|N|}$ 作为用户公钥，由主私钥 msk 生成用户的私钥 $sk_i = \text{ID}_i^d \pmod N$。

③ $\sigma_i \leftarrow \text{Sig}(sk_i, m)$：用户使用自己的私钥 sk_i 生成给定消息 m 的签名，对于消息 m，选择随机 $r \in \mathbb{Z}_N$，计算签名 $\sigma = (t, s)$ 如下：

$$\left.\begin{aligned} t &= r^e \pmod N \\ s &= sk_i \cdot r^{h(t||m)} \pmod N \end{aligned}\right\} \tag{11.1}$$

④ $\text{Verify}(mpk, (m, \text{ID}_i, \sigma_i))$：任何用户可以用主公钥通过下式验证消息签名对的有效性：

$$s^e = \text{ID}_i \cdot t^{h(t||m)} \pmod N \tag{11.2}$$

如果等式成立，则返回 True；否则，返回 False。

11.2.2 安全性分析

首先，在上面 Shamir-IBS 方案中，对于一个有效的消息签名对 $(m, \text{ID}_i, \sigma_i)$ 而言验证算法 Verify 是有效的，即满足完整性要求：

$$s^e = (sk_i \cdot r^{h(t||m)})^e = (\text{ID}_i^d)^e \cdot r^{e \cdot h(t||m)} = \text{ID}_i \cdot t^{h(t||m)} \pmod N$$

其次，作为群组密码系统，为了保证主密钥 msk 的安全，必须保证即使是由合法用户发起的合谋攻击也无法获得主密钥 (p, q, d)。由于每名用户获得的密钥形式为 $\mathrm{ID}_i^d \pmod N$，因此，如在此处将 ID 看作明文，那么这就相当于对经典 RSA 问题的破解。已知 RSA 加密并不能抵抗选择明文（CPA）攻击，因此这一方式存在伪造密钥的风险，但是，这种方式需由多名用户合谋方能获得主密钥，其与 RSA 加密的安全性假设或大数分解问题假设相矛盾，故目前来看是不可行的。

Shamir-IBS 方案作为一种签名方案，其应该满足传统签名的不可伪造性要求，所以下面分别考虑“存在性伪造”和“选择性伪造”两种情况。首先，存在性伪造是指敌手能够伪造出任意一个没有观察或学习过的签名，但对签名中的消息和标识没有限定，这种情况下 Shamir-IBS 方案并不安全：

定理 11.1（唯公钥的存在性伪造攻击存在）　当用户标识 ID 可以是任何指定长度的字符串时，Shamir-IBS 系统并不能够抵抗唯公钥的存在性伪造攻击。

证明　当用户标识 ID_i 可以由任何指定长度字符串构成，也就是其允许包含无意义或不规范字符串时，那么伪造有效签名是非常容易的。例如，给定消息 m，首先随机选择 $(t^*, s^*) \in \mathbb{Z}_N \times \mathbb{Z}_N$，然后求得伪造的标识

$$\mathrm{ID}^* \leftarrow \frac{s^e}{t^{h(t||m)}} \pmod N$$

显然这是一个有效的（存在性）伪造攻击。因此该签名系统并不能够抵抗唯公钥的存在性伪造攻击。■

下面将分析方案对“选择性伪造”的安全性。在 IBS 中选择性伪造是指当签名中的消息 m 和用户标识 ID 被指定时，敌手伪造签名的能力。给定签名者 ID 和消息 m 时，存在几种可能的攻击方式。

① 敌手选取 t 而伪造 s^*：根据判定等式 (11.2) 可知 $s^* = (\mathrm{ID}_i \cdot t^{h(t||m)})^d \pmod N$，因此，该方式要求敌手能够求解 RSA 问题。

② 敌手选取 s 而伪造 t^*：根据判定等式 (11.2) 可知 $s^e/\mathrm{ID}_i = (t^*)^{h(t^*||m)} \pmod N$，上述等式可被变换为

$$\log_v(s^e/\mathrm{ID}_i) = h(t^*||m) \cdot \log_v t^* \pmod N$$

首先，由于 Hash 函数是随机的，方程有解的概率非常低；其次，即便方程有解，该方式也要求敌手既要能够求得合数 N 下的离散对数问题也能实现 Hash 函数求逆。

③ 敌手同时伪造 (s^*, t^*)：这种情况更为一般，可以发现这种情况是与 Hash 函数安全直接相关的，例如，假设 $m = (m_1, \cdots, m_k)$ 且 Hash 函数采用 $\mathrm{Hash}(t||m) = \mathrm{Hash}(\mathrm{Hash}(t||m_1||\cdots||m_{k-1}) \oplus m_k)$ 迭代形式加以计算，那么存在下面攻击。

定理 11.2（抗选择性伪造攻击）　给定签名者标识 ID 和消息 m 时，对于一个

(ε, Q)-安全的 Hash 算法而言，Shamir-IBS 是一个 (ε, Q)-安全的抗唯公钥选择性伪造攻击的签名系统。

证明 给定签名者标识 ID 和消息 m，若敌手首先随机选择一个整数 r 使得 $\gcd(e, \text{Hash}(r)) = 1$，这意味着 e 和 $\text{Hash}(r)$ 互素，因此采用扩展欧几里得算法可以在整数中找到 (u, v)，使得 $u \cdot e + v \cdot \text{Hash}(r) = 1$ 成立，因此，可得如下形式：

$$\text{ID}^{u \cdot e} \cdot \text{ID}^{v \cdot \text{Hash}(r)} = \text{ID} \pmod N \tag{11.3}$$

进而，令 $s = \text{ID}^u$ 且 $t = \text{ID}^{-v} \pmod N$，则有

$$s^e = \text{ID} \cdot t^{\text{Hash}(r)} \pmod N \tag{11.4}$$

下面只需要满足

$$\text{Hash}(t||m||\delta) = \text{Hash}(\text{Hash}(t||m) \oplus \delta) = \text{Hash}(r)$$

也就是 $r = \text{Hash}(t||m) \oplus \delta$，因此，可得 $\delta = r \oplus \text{Hash}(t||m)$。这相当于在消息 m 后面增加了一个新块 δ，也就是 $m' = (m_1, \cdots, m_k, \delta)$。尽管这表示消息内容被增加了，但这并没有改变消息内容，新增部分是非可读性文本 δ，也并不会引起注意。总之，对于一个 (ε, Q)-安全的 Hash 算法而言，如果敌手在 Q 次查询后能以至多 ε 概率有效地发现原项，那么也将以至多 ε 概率实现选择性伪造攻击，因而，Shamir-IBS 方案是 (ε, Q)-安全的。定理得证。 ■

通过上述分析可以看出，Shamir-IBS 方案的安全性不仅依赖于 RSA 密码系统，而且与 Hash 函数的安全性直接相关，故在使用中要加以注意。

11.2.3 实例分析

下面给出一个 Shamir-IBS 方案的实例。令 $\kappa = 20$，随机选择一个 RSA 类型的密码系统：$N = p * q = 145\ 218\ 843\ 799$，其中，$p = 476\ 507$ 且 $q = 304\ 757$。

选择一个随机整数 $e = 417\ 661$，满足 $\gcd[e, \varphi(N)] = 1$，因此存在逆元 $d = 1/e = 61\ 831\ 050\ 773[\text{mod}\ \varphi(N)]$。由此系统管理员将获得主公钥 $mpk = (N, e)$ 和主私钥 $msk = (p, q, d)$。应用上述参数，下面显示两个用户的签名与验证过程。

用户 1：令用户 u_1 具有 Email 地址“Anna.Resendiz@utdallas.edu”，在密钥生成过程中，为了将该地址用 SHA256 的 Hash 值再模 N 作为整数标识

$$\text{ID}_1 = \text{Hash(Email)} \pmod N = 130\ 955\ 715\ 333$$

可生成它的私钥为

$$sk_1 = \text{ID}^d \pmod N = 381\ 489\ 979\ 672$$

给定消息 m=“this is a large secret!”,在签名阶段随机选取一个随机数 $r = 137\ 609\ 023\ 755$，则可计算签名为

$$\left.\begin{aligned} t = r^e \pmod N &\quad = 101\ 446\ 792\ 862 \\ s = sk_1 \cdot r^{h(t||m)} \pmod N &\quad = 422\ 745\ 263\ 862 \end{aligned}\right\} \tag{11.5}$$

最后在验证等式中给定签名 (t,s)，为了验证 $s^e = \mathrm{ID}_i \cdot t^{h(t||m)} \pmod N$，首先计算左侧等式为

$$s^e \pmod N = 420\ 197\ 577\ 714$$

其次，计算右侧等式

$$\mathrm{ID}_1 \cdot t^{h(t||m)} \pmod N = 420\ 197\ 577\ 714$$

两式相等，因此其为一个有效签名。

用户 2：假设用户 u_2 具有 Email 地址“yan.zhu@pku.edu.cn”，在密钥生成过程中，为了将该地址用 SHA256 的 Hash 值再模 N 作为整数标识

$$\mathrm{ID}_2 = \mathrm{Hash(Emal)} \pmod N = 134\ 582\ 514\ 703$$

可生成它的私钥为

$$sk_2 = \mathrm{ID}^d \pmod N = 163\ 651\ 861\ 042$$

对于上面相同的消息，用户可在签名阶段随机选取一个随机数 $r = 335\ 841\ 756\ 737$，则可计算签名为

$$\left.\begin{aligned} t = r^e \pmod N &\quad = 353\ 495\ 164\ 855 \\ s = sk_2 \cdot r^{h(t||m)} \pmod N &\quad = 391\ 048\ 169\ 656 \end{aligned}\right\} \tag{11.6}$$

最后在验证等式中给定签名 (t,s)，为了验证 $s^e = \mathrm{ID}_i \cdot t^{h(t||m)} \pmod N$，首先计算左侧等式为

$$s^e \pmod N = 88\ 585\ 069\ 276$$

其次，计算右侧等式

$$\mathrm{ID}_2 \cdot t^{h(t||m)} \pmod N = 88\ 585\ 069\ 276$$

两式相等，因此其为一个有效签名。

11.3　代理签名

在现实生活中总会遇到一些异常情况，需要签名者将签名权力委托给代理人，让代理人代表他本人行使这一权力。例如，一个公司的经理在外出度假期间需要让他的秘书代替他处理公司的业务，特别是在一些文件上签名。这种委托他人行使签名权力的机制有一个特点，即公司的客户不因签名人的变更而受到影响。也就是说在盖章人发生变化

时，一方面客户不需要改变他们检验印鉴的方法；另一方面，公司也不需要花费时间和金钱去通知每个客户签名人已临时变更。

上述这种特殊的数字签名被称为代理签名。它是指原始签名人（被称为委托人）将他的签名权授予代理签名人（称为代理人），然后让代理签名人代表原始签名人生成有效签名。传统的签章系统中可直接将签章交给代理人表示授权，并将收回签章的行为表示为权力收回。与此不同的是数字签名中的代理签名协议不能把委托人的密钥直接交给代理人，因为给出的信息是无法采用物理方法回收的，代理人可以保留私钥继续行使签名权。

上面讨论的数字签名授权问题涉及签名密钥管理，这就需要考虑数字签名的签名者的身份辨识和权力回收等问题，例如，A 处长需要出差，而这些地方不能很好地访问计算机网络。因此 A 希望接收一些重要的电子邮件，并指示其秘书 B 作相应的回信。这就需要 A 在不能把其私钥给 B 的情况下请 B 进行代理，并且必要时可以收回这种权力。此外，还要考虑 A 利用 B 代理的机会通过对非法文件的签名来栽赃陷害代理人 B 的问题发生。这些问题都需要数字代理签名加以解决。

11.3.1 代理签名的定义

1996 年，Manbo、Usuda 和 Okamoto 首先提出代理签名的概念 [15]。在代理签名体制中，一个被称为委托人的用户可以将他的数字签名权力委托给另外一个或多个被称为代理签名人的用户，代理签名人代表原始签名人生成的数字签名被称为代理签名。代理签名体制由以下几个步骤组成。

① **初始化过程**：选定签名体制的参数、用户的密钥等。

② **签名权利的委托过程**：委托人将自己的数字签名权力委托给代理签名人。

③ **代理签名的生成过程**：代理签名人代表原始签名人生成数字签名。

④ **代理签名的验证过程**：验证人验证代理签名的有效性。

⑤ **代理权利回收过程**：委托人将代理人的签名权收回。

考虑到数字签名方案是建立在公钥密码体制之上的，签名者的签名权力就是所掌握的密钥 msk，因此，签名权力的委托过程本质上就是生成代理者密钥 psk 的过程。所生成的密钥 psk 应与原始的密钥 msk 保持紧密的派生关系，使得代理人所签署的签名能够使任何验证者认可前述的授权关系。由这样的密钥所产生的代理签名应该满足下面安全性要求。

① **不可伪造性**：只有原始签名者和指定的代理签名者能够产生有效的代理签名。

② **可验证性**：从代理签名中验证者能够相信原始的委托人认同了这份签名消息。

③ **不可否认性**：代理签名者不能否认由他建立且被认可的代理签名。

④ **可识别性**：原始签名者能够从代理签名中识别代理签名者的身份。

⑤ **可回收性**：代理人权力被回收后所进行的签名是无效的。

上述属性中，前三项与通常的签名属性是相同的。为了保护委托人的权利，代理签名系统需要保持密钥派生过程中委托人密钥的私密性，这是代理签名保持权力委托关系的安全基础。在委托人多次进行密钥派生后，如果代理人获得了委托人密钥，那么就可以完全取代委托人，这是委托人最不希望看到的。而且，代理签名必须考虑签名权力的回收问题，最大化地保护委托人的权利和利益。

除此之外，代理签名系统也需要考虑代理人的利益，由于在代理签名系统中委托人处于支配地位，他会掌握代理人的签名密钥，这意味着他可以伪造代理人的签名，从而把责任转嫁到代理人身上。为了避免这种情况发生，可将代理签名分为以下两类：

① **托管式代理签名**：委托者能够伪造代理者的签名。

② **非托管式代理签名**：委托者不能够伪造代理者的签名。

所谓“托管”（Escrow）是指将物品（如密钥）搁置在第三方，由它代为行使职能。在代理签名中，委托者如果掌握代理人的密钥，则此方式将被称为托管式，否则其将被称为非托管式。下面将分别介绍这两种签名的简单构造。

11.3.2　托管式代理签名

对于安全的签名权委派，最简单的实现方式是将代理签名转化为一种具有密钥派生性质的密钥管理系统。

> 给定任何一个通常的数字签名方案，可以在不改变原有签名和验证算法的基础上通过构造新的密钥管理系统实现代理签名功能。

下面将以 DSA 或 Schnorr 签名为例，通过一个简单的密钥管理方案来介绍构造托管式代理签名的方式。

首先，简单回顾 DSA 或 Schnorr 签名并作如下定义：

① **密钥生成**：DSA.Setup() $\rightarrow (pk, sk)$，其中，$pk = (p, q, g, y, H(\cdot))$，$sk = (x)$，$H$ 为密码学安全的 Hash 函数，且 $y = g^x \pmod p$。

② **签名算法**：DSA.Sign$(sk, m) \rightarrow \sigma$，其中，$\sigma = (r, s)$。

③ **验证算法**：DSA.Verify(pk, m, σ) = True/False。

下面将基于 DSA 标准签名方案构造一个简单的托管式代理签名方案，如图 11.1 所示。

① **Setup**：调用 DSA.Setup() $\rightarrow (pk, sk)$ 生成委托人的公私密钥 (pk, sk)，其中，$pk = (p, q, g, y, H(\cdot))$，$sk = (x)$，且 $y = g^x \pmod p$。

② **Delegate**：对第 i 个代理者 P_i，委托人选择一个随机整数 $r_i \in \mathbb{Z}_q^*$，计算

$$a_i = xH(r_i) + r_i \pmod q$$

将它作为代理人的私钥 $sk_i = (a_i)$，并将 $(P_i, H(r_i), g^{r_i})$ 放入 pk。

③ **Sign**：委托人或代理人用自己手中的私钥 sk 执行 DSA 签名

$$\text{DSA.Sign}(sk_i, m) \to \sigma$$

将自己的标识也放入，生成消息签名对 (m, P_i, σ)。

④ **Verify**：对给定的 (m, P_i, σ)，验证者 V 首先计算代理人公钥如下：

$$pk_i = y^{H(r_i)} \cdot g^{r_i} \pmod p$$

再用该公钥验证 DSA 签名 $\text{DSA.Verify}(pk_i, m, \sigma) = \text{True/False}$。

⑤ **Revoke**：委托人只需要将要撤销代理人的公钥信息 $(P_i, H(r_i), g^{r_i})$ 从自己的公钥 pk 中删除即可中止委托。

图 11.1中显示了上述方案的示意图。对于上述方案的有效性来说，不难验证代理人的公钥 pk_i 是由验证者从委托人公钥 $pk = (p, q, g, y = g^x, \{(P_i, H(r_i), g^{r_i})\})$ 派生出来的，如下所示：

$$pk_i = y^{H(r_i)} \cdot g^{r_i} = g^{xH(r_i)+r_i} = g^{a_i} \pmod p$$

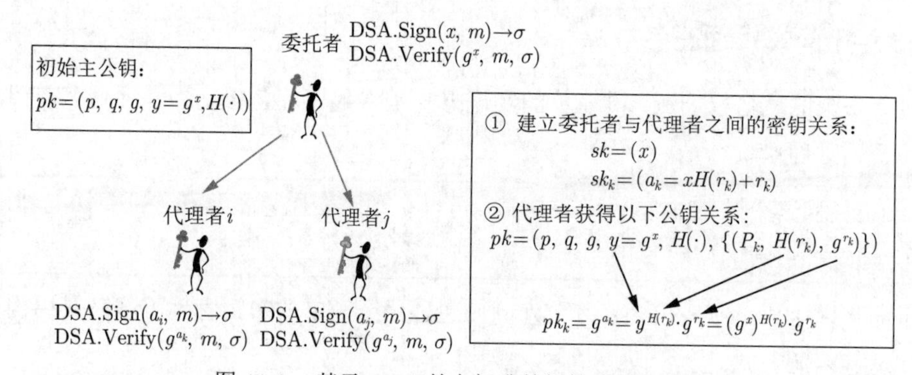

图 11.1　基于 DSA 签名标准的托管式代理签名

为了保证委托人私钥 $sk = (x)$ 的安全，需要确保委托人不能获得随机整数 r_i，这是基于 Hash 函数和离散对数求解困难的前提来实现的：已知 $H(r_i)$，求 r_i 困难是由 Hash 函数的单向性决定的；已知 g^{r_i}，求 r_i 困难是由离散对数求解困难这一问题决定的。

代理签名中的不可伪造性、可验证性、不可否认性是通过 DSA 签名标准实现的，可识别性则是通过公钥中 $(P_i, H(r_i), g^{r_i})$ 直接给出的，而可回收性是通过公钥变化实现的。但其撤销算法却有问题，虽然代理者签名不能再被认证，但是他以前所签署的签名也将无法进行验证。

11.3.3　非托管式代理签名

托管式代理签名方案可能存在着代理人被陷害的风险，即委托人可以生成代理签名来陷害代理者。原因在于委托人知道所有秘密，也能伪造代理签名。下面将采用一个简单的方案来解决这一问题，该方案也被称为非托管式代理签名方案。

为了防范委托人的陷害行为，最为直接的解决方法是确保在密钥派生（Key Delegation）中所生成的代理人签名密钥只由代理人本人所掌握，委托人也无法获得该密钥。这就需要一个交互式密钥委派过程，在这个过程中允许代理人随机选择秘密，该秘密可用于生成自己的签名公私密钥对，但不需要为委托人所获知，通过这一举措来保证代理签名所必要的保密性。基于上述思想，如图 11.2所示，将在 11.3.2 节中基于 DSA 的托管式代理签名方案基础上给出一种非托管式的代理签名构造。

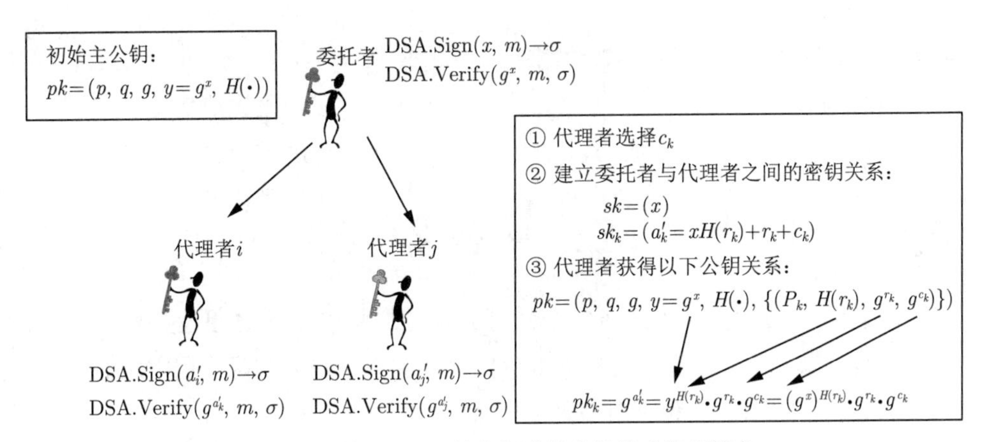

图 11.2　基于 DSA 签名标准的非托管式代理签名

在这个构造中，只需要对原有的密钥派生过程（被称为 Delegate）进行修改，为了简化叙述，此处只给出 Delegate 过程而忽略其他过程的描述，从而保证其他过程保持不变。令 S 表示委托人，Delegate 过程是一个 S 与代理人 P_i 之间的交互式密钥生成协议，具体描述（见图 11.3）如下：

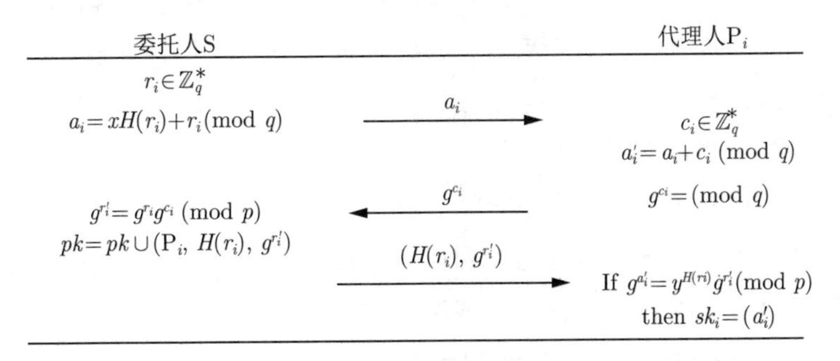

图 11.3　非托管式代理签名方案中的交互式密钥委派过程

$\mathrm{S}\to\mathrm{P}_i$：对第 i 个代理者 P_i，委托人选择一个随机整数 $r_i\in\mathbb{Z}_q^*$，计算

$$a_i=xH(r_i)+r_i \pmod q$$

并将 a_i 秘密地发送给代理人 P_i。

$S \leftarrow P_i$：代理者 P_i 选择一个随机整数 $c_i \in \mathbb{Z}_q^*$，计算

$$a_i' = a_i + c_i \pmod q$$

同时计算 $g^{c_i} \pmod q$，并把它发送给 S。

$S \rightarrow P_i$：委托人计算 $g^{r_i'} = g^{r_i} g^{c_i} \pmod p$，将 $(P_i, H(r_i), g^{r_i'})$ 放入 pk，并发送 $(H(r_i), g^{r_i'})$ 给代理人；

P_i：代理人检测等式 $g^{a_i'} = y^{H(r_i)} \dot{g}^{r_i'} \pmod p$ 是否成立，如果成立，则将它作为代理人的私钥 $sk_i = (a_i')$。

此处简单分析上述协议的有效性，委托人颁发密钥 $xH(r_i) + r_i$，但不知道 c_i，因此无法知道 $a_i = xH(r_i) + r_i + c_i$，也就无法知道代理者私钥，更无法伪造私钥签名。公钥 $pk = (p, q, g, g^x, (H(r_i), g^{r_i}, g^{c_i}))$ 则可用来计算代理者公钥 $g^{a_i'} = (g^x)^{H(r_i)} \cdot g^{r_i} g^{c_i}$。

11.4 聚合签名

聚合签名是一种将多名用户对多个消息分别签署的多个签名通过某种方式聚合而成的签名，其可以证明多来源消息的有效性。聚合签名是根据实际应用需求而产生的一种新的签名技术，它的定义和应用多种多样，其目的是满足信息化社会中大规模、渐增式的、多来源的数据处理形式的安全需要。

例 11.1 在一个信息系统的日志处理中，日志监视器对系统内的每一个异常行为都将生成日志记录 x_i。为了保证日志不被改动，需要对每条记录计算签名 σ_i。但出现问题后，调查人员需要首先对所有记录的完整性进行核对，再将一系列可疑记录进行提取，并以之作为证据提交给司法机关，司法机关也需要对这些记录的有效性进行核对。

从上述过程可以看出，日志的认证系统既需要对每条记录进行验证，也需要对所有记录进行全部的完整性验证。对于后者，如果犯罪分子删除了个别记录，那么系统必须保证能够发现记录的缺失。上面例子是较简单的例子，下面给出一个在传感器网络中更复杂的、多源数据融合的例子。

例 11.2 假设在一个森林中部署了一个传感器网络，它由 n 个温/湿度传感器构成，每个传感器保留一个唯一性的标识和相应的私钥，可以对每周期内采集的数据进行签名，并通过网络将数据和签名传回数据中心保存，用户则可以通过查询的方式访问温湿度信息，通常只需要获得某一周期内的平均温湿度信息即可，但不允许有虚假数据出现。

对比前述两个例子可以发现，第一个例子是沿着时间轴的一维连续数据验证的例子，而第二个则是由时间和传感器构成的二维连续数据聚合验证的例子。从这些例子可以看出，由于应用不同，其安全要求各异，需要聚合签名的功能也有所不同。下面将以第一个例子为例，给出一个聚合签名的定义和构造。

11.4.1 时序聚合签名的定义

针对一维连续数据完整性验证的需要，可以给出一种聚合签名的定义，这种签名被称为时序聚合签名（Time-Series Aggregation Signature, TSAS）。这种签名既可对单一时间节点上的数据进行验证，也可对某一时间节点前所有数据进行验证，具体的定义如下。

① **密钥生成**：给定安全参数 κ，由系统管理员生成签名私钥 sk 和验证公钥 pk，即 $\text{KeyGen}\,(1^\kappa) \to (pk, sk)$。

② **日志签名**：给定时间 t 的日志 m_t，依靠私钥 sk 和之前的签名 σ_{t-1} 产生签名 σ_t，即 $\text{Sign}\,(sk, t, m_t, \sigma_{t-1}) \to \sigma_t$。

③ **单条验证**：给定某一时刻 t 的日志和签名 (t, m_t, σ_t) 以及之前的签名 σ_{t-1}，可验证日志和签名是否正确，即 $\text{Verify}(mpk, t, m_t, \sigma_t, \sigma_{t-1}) \to \{\text{True}, \text{False}\}$。

④ **签名聚合**：给定 t_c 时刻之前的所有日志数据 $\{(t, m_t, \sigma_t)\}_{t \leqslant t_c}$，通过公钥可得到聚合签名 σ_{t_c}，即 $\text{Aggregate}(pk, \{(t, m_t, \sigma_t)\}_{t \leqslant t_c}) \to \sigma_{t_c}$。

⑤ **整体验证**：给定 t_c 时刻之前的所有日志数据 $\{(t, m_t)\}_{t \leqslant t_c}$ 和最终的签名 σ_{t_c}，可验证所有日志是否被改动，即

$$\text{AggVerify}(mpk, \{(t, m_t)\}_{t \leqslant t_c}, \sigma_{t_c}) \to \{\text{True}, \text{False}\}$$

显然，前述定义中的前 3 个函数与普通签名没有太大的差别，因此，也需要单个签名满足不可伪造性的要求。第 4 个函数则要求 $t \leqslant t_c$ 中所有的数据不能存在增加、删除和修改，这是聚合签名所特有的安全性要求。

这里省略对单一日志记录的完整性和完备性定义，而仅给出签名聚合与整体验证的安全性定义：令所有发生在 t_c 之前产生签名的时刻序列为 $t_0 < t_1 < \cdots < t_c$，则序列数据的完整性与完备性定义如下：

① **完整性**：给定所有 $(t_0,\ m_{t_0})$，$\cdots$，$(t_c,\ m_{t_c})$ 以及最后时刻的有效签名 $\sigma_{t_c} \leftarrow \text{Sign}(sk, t_c, m_{t_c})$，整体验证算法能够以完全概率通过验证，即

$$\Pr[\text{AggVerify}(mpk, \{(t, m_t)\}_{t \leqslant t_c}, \sigma_{t_c}) = \text{True}] = 1$$

② **完备性**：给定任意一条时间序列下的数据 $(t_0^*, m_{t_0}^*), \cdots, (t_c^*, m_{t_c}^*)$，只要上述数据与原始数据序列 $\{(t, m_t)\}_{t \leqslant t_c}$ 存在不同，那么对于任意多项式时间内的敌手 A 伪造的聚合签名 $\sigma_{t_c}^*$，整体验证算法只能以可忽略概率 ε 通过验证，即

$$\Pr\left[\begin{array}{c}\text{AggVerify}(mpk, \{(t^*, m_t^*)\}_{t \leqslant t_c}, \sigma_{t_c}^*) \\ = \text{True} : \exists (t^*, m_t^*) \neq (t, m_t), \sigma_{t_c}^* \leftarrow A(mpk, \{(t^*, m_t^*)\}_{t \leqslant t_c})\end{array}\right] < \varepsilon$$

11.4.2 日志系统聚合签名的构造

对于给定的椭圆曲线双线性映射密码系统 $S=(p,G_1,G_2,G_T,e(\cdot,\cdot))$，假设 g 是椭圆曲线上群 G_1 的生成元，h 是椭圆曲线上群 G_2 的生成元。令符号 $||$ 表示消息的链接，并且假设我们有 L 条日志记录。消息序列可被表示为 $m_0,\cdots,m_{L-1}$。

此处构造的日志系统中的聚合签名方案 Log-Agg 由 3 个算法构成：(KeyGen, Sign, AggVer)，每个算法的具体描述如下：

① 密钥生成KeyGen $(1^\kappa)\to(pk,sk)$：给定安全参数 κ，首先选择能达到该安全参数的椭圆曲线双线性映射密码系统 $S=(p,G_1,G_2,G_T,e(\cdot,\cdot))$。随机选择两个随机数 $\alpha,\beta\in\mathbb{Z}_p^*$，分别计算 $u=h^\alpha\in G_2,v=h^\beta\in G_2$，定义公钥为 $pk=(g,h,u,v,H_1,H_2)$，私钥为 $sk=(\alpha,\beta)$，其中，H_1,H_2 为如下定义的 Hash 函数：

$$\left.\begin{aligned} H_1 &: \{0,1\}^*\to G_1 \\ H_2 &: \{0,1\}^*\to \mathbb{Z}_p^* \end{aligned}\right\} \tag{11.7}$$

② 日志签名Sign $(sk,m_i)\to\sigma_i$：用户根据日志数据及 KeyGen 产生的私钥 sk 产生签名，首先计算 g^β，为每条日志记录生成一个签名的过程如下：

首先计算第一条日志记录的签名：$\sigma_0=H_1^\alpha(0)\cdot g^{\beta\cdot H_2(m_0||0)}$；

然后从第二条记录开始按照如下等式计算 $\sigma_1,\cdots,\sigma_{L-1}$：

$$\sigma_{i-1}=\sigma_{i-2}\cdot H_1(i-1)^\alpha\cdot g^{\beta\cdot H_2[m_{i-1}||(i-1)]},\quad 2\leqslant i\leqslant L \tag{11.8}$$

最后得到 $\sigma_0,\ldots,\sigma_{L-1}$。

③ 签名验证：本方案的验证算法分为两种情况 AggV1 和 AggV2：

AggV1：已知日志签名对 $(m_0,\sigma_0),\cdots,(m_{L-1},\sigma_{L-1})$，如果等式

$$\begin{cases} e(\sigma_0,h)=e[H_1(0),u]\cdot e[g^{H_2(m_0||0)},v], & i=0 \\ e(\sigma_{i-1},h)=e(\sigma_{i-2},h)\cdot e[H_1(i-1),u]\cdot e[g^{H_2(m_{i-1}||(i-1))},v], & i=[2,L] \end{cases} \tag{11.9}$$

成立，则验证通过。

AggV2：已知消息序列 $(m_0,\cdots,m_{L-1})$ 和签名 σ_{L-1}，如果等式

$$e(\sigma_{L-1},h)=e\left[\prod_{i=0}^{L-1}H_1(i),u\right]\cdot e\left[g^{\sum\limits_{i=0}^{L-1}H_2(m_i||i)},v\right] \tag{11.10}$$

成立，则验证通过。

下面将对验证算法的正确性进行简单证明。首先，当 $i=0$ 时，下面等式保证 AggV1 中的第一个等式成立：

$$e(\sigma_0,h)=e[H_1^\alpha(0)\cdot g^{\beta\cdot H_2(m_0||0)},h]$$

$$
\begin{aligned}
&= e[H_1^{\alpha}(0), h] \cdot e[g^{\beta \cdot H_2(m_0||0)}, h] \\
&= e[H_1(0), h^{\alpha}] \cdot e[g^{H_2(m_0||0)}, h^{\beta}] \\
&= e[H_1(0), u] \cdot e[g^{H_2(m_0||0)}, v]
\end{aligned}
$$

其次，当 $i \in [2, L]$ 时，下面等式保证 AggV1 中的第二个等式成立：

$$
\begin{aligned}
e(\sigma_{i-1}, h) &= e\{\sigma_{i-2} \cdot H_1(i-1)^{\alpha} \cdot g^{\beta \cdot H_2[m_{i-1}||(i-1)]}, h\} \\
&= e(\sigma_{i-2}, h) \cdot e[H_1(i-1)^{\alpha}, h] \cdot e\{g^{\beta \cdot H_2[m_{i-1}||(i-1)]}, h\} \\
&= e(\sigma_{i-2}, h) \cdot e[H_1(i-1), h^{\alpha}] \cdot e\{g^{H_2[m_{i-1}||(i-1)]}, h^{\beta}\} \\
&= e(\sigma_{i-2}, h) \cdot e[H_1(i-1), u] \cdot e\{g^{H_2[m_{i-1}||(i-1)]}, v\}
\end{aligned}
$$

最后，下面等式保证 AggV2 中等式成立：

$$
\begin{cases}
e(\sigma_0, h) = e[H_1(0), u] \cdot e[g^{H_2(m_0||0)}, v] \\
e(\sigma_1, h) = e(\sigma_0, h) \cdot e[H_1(1), u] \cdot e[g^{H_2(m_1||1)}, v] \\
\qquad\qquad \vdots \\
e(\sigma_{i-1}, h) = e(\sigma_{i-2}, h) \cdot e[H_1(i-1), u] \cdot e\{g^{H_2[m_{i-1}||(i-1)]}, v\}
\end{cases}
$$

将上述等式左右分别相加，不难看出签名相互消去，可得最终等式如下：

$$
e(\sigma_{L-1}, h) = e\left[\prod_{i=0}^{L-1} H_1(i), u\right] \cdot e\left[g^{\sum_{i=0}^{L-1} H_2(m_i||i)}, v\right] \tag{11.11}
$$

11.5　小　　结

本章对几种面向群组的数字签名方案予以了介绍，包括身份基签名、代理签名和聚合签名等。随着互联网技术的发展，越来越多面向群组的签名方案被提出并被构造出来，包括群签名、环签名、门限签名等。由于篇幅原因本章没有予以介绍，有兴趣的读者可以自行查找相关资料进行学习。

第 12 章 面向访问控制的认证技术

学习目标与要求

1. 掌握角色基访问控制的定义与原理。
2. 掌握角色基加密的定义、方案和设计原理。
3. 掌握角色基签名的要求、方案与设计方法。

12.1 引　　言

本章将介绍信息系统中的数字认证技术。与之前介绍的独立数字认证技术不同，信息系统中的数字认证技术是与系统设计紧密相关的，例如，企业内部管理系统、证券服务系统等，它们不仅要管理大量人员并提供优质服务，而且要为系统内的数据、软件、硬件、服务等提供安全保障。

为了保证信息系统的安全性，现有信息系统都被建立在访问控制系统之上。所谓访问控制系统就是指一种通过限制访问主体（用户）对客体（资源）的访问，从而保障数据资源在合法范围内得以有效使用和管理的安全软件平台。它通常可保证合法用户访问受保护的系统资源，防止非法的主体进入受保护的系统，或按照安全策略（security policy）保证合法用户对受保护网络资源的访问予以授权。

访问控制包括三个要素：

主体（subject）：指对资源提出具体访问请求的人或物，是某一操作行为的发起者，但不一定是行为的执行者，可能是某一用户，也可以是用户启动的进程、服务和设备等。

客体（object）：指被访问的实体。所有可以被操作的信息、资源、对象都可以是客体。客体可以是信息、文件、记录等集合体，也可以是网络上的硬件设施、无线通信中的终端，甚至可以包含另外一个客体。

策略（policy）：主体对客体的相关访问规则集合。访问策略体现了一种授权行为，也是客体对主体某些操作行为的许可。

数字认证技术与访问控制技术具有紧密的关系。数据认证技术通常作为网络安全的第一道防线，是网络系统的门户守卫者。作为信息系统安全核心的访问控制技术，数字认证通过访问（参考）监控器来监控系统内的所有行为，包括操作者的命令、运行的程序、数据文件改动等，并对这些行为给系统安全状态带来的改变进行判断，决定是否对这些行为予以授权，通过重复上述过程始终保持系统处于安全状态。

上述基于状态机的访问控制模型要求任何进入系统内的实体（包括人和数据等）必须能够以正确的身份进入系统，如图 12.1所示，数字认证技术正可为这一目标提供技术上的保证，因此数据认证技术与访问控制技术紧密而不可分离，两者共同构成了现代信息系统安全的基础。有鉴于此，本章将对角色基访问控制 RBAC 下的密码系统构造和认证技术进行介绍。

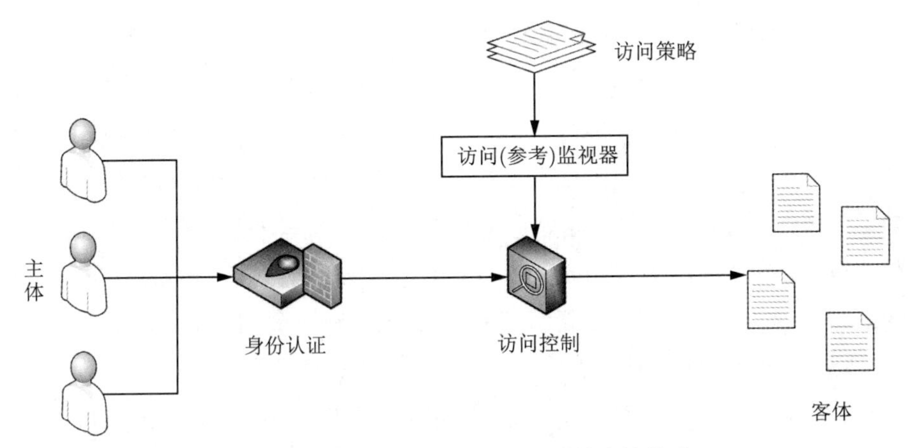

图 12.1 数字认证技术与访问控制技术的关系

12.2 基于角色访问控制简介

在角色基访问控制 RBAC 中，角色是主体和访问客体权限之间的中间层，是连接主体与权限的桥梁：一方面，权限与角色紧密关联；另一方面，主体按照角色进行成员身份的划分。与“用户—权限”的直接关联访问控制模型相比，RBAC 模型通过“用户—角色”与“角色—权限”的关联，简化了对授权的管理，减少了授权管理的工作量和复杂度。

定义 12.1（基于角色访问控制） 令 U,R,P,S 分别表示用户、角色、授权、会话集合，角色基访问控制模型 $\Psi=(\mathrm{U},\mathrm{R},\mathrm{P},\mathrm{S})$ 的定义如下：

$\mathrm{UA}\subseteq\mathrm{U}\times\mathrm{R}$：表示用户到角色之间的多对多映射，例如，$(u_1,r_2)\in\mathrm{UA}$ 表示用户 u_1 具有角色 r_2 的权利。

$\mathrm{PA}\subseteq\mathrm{P}\times\mathrm{R}$：表示行为授权到角色之间的多对多映射，例如，$(p_1,r_2)\in\mathrm{UA}$ 表示角色 r_2 具有对某个实体的 p_1 行为的许可。

$\mathrm{RH}\subseteq\mathrm{R}\times\mathrm{R}$：表示在角色集合上的二元偏序关系，也被称为角色层次，记为 $\mathrm{RH}=(\mathrm{R},\preceq)$，例如，$(r_1,r_2)\in\mathrm{UA}$ 表示角色 r_2 是 r_1 的领导，即 $r_1\preceq r_2$。

user : S $\mapsto U$：将会话 s 映射到一个用户 user(s)。

roles : S $\mapsto 2^R$：将会话 s 映射到一组角色的集合

$$\text{roles}(s) \subseteq \{r \in \mathrm{R} : \exists r' \in \mathrm{R}, r \preceq r', (\text{user}(s), r') \in \mathrm{UA}\} \tag{12.1}$$

依据上述关系与授权到角色的映射，可得到会话 s 的许可如下：

$$\cup_{r \in \text{roles}(s)} \{p \in \mathrm{P} : \exists r'' \in \mathrm{R}, r'' \preceq r, (p, r'') \in \mathrm{PA}\} \tag{12.2}$$

在 RBAC 系统中，最具特色的就是角色集 R 的设置和角色之间的隶属关系或支配关系 RH，这种关系由数学中的偏序关系表示，被称为角色层次（role hierarchy），表示为 $\mathrm{RH} = (\mathrm{R}, \preceq)$。在数学中，偏序关系具有自反、反对称、传递三种属性。在 RH 中，如果 $r_i \preceq r_j$，可以称角色 r_j 是 r_i 的领导、支配者或前驱，同时，r_j 将继承 r_i 的权利。

为了下面方案介绍的需要，此处定义如下符号：$\uparrow r_i = \{r_k : \forall r_k, r_i \preceq r_k\}$ 表示 r_i 所有前驱的集合，符号 $\Uparrow r_i = \{r_k : \forall r_k, r_i \prec r_k\}$ 表示 r_i 所有直接前驱的集合。同样地，定义符号 $\downarrow r_i = \{r_k : \forall r_k, r_k \preceq r_i\}$ 表示 r_i 所有后驱的集合，符号 $\Downarrow r_i = \{r_k : \forall r_k, r_k \prec r_i\}$ 表示 r_i 所有直接后驱的集合。需要注意的是，在层次关系中任意两个角色 r_i 和 r_j 除了具有隶属关系 $r_i \preceq r_j$ 或者 $r_j \preceq r_i$ 外，也存在相互之间无任何关系的可能，这里用 $r_i \| r_j$ 表示。

下面将给出一个角色层次的例子，如图 12.2所示共有 9 个角色，分别表示为 $R = (r_1, \cdots, r_9)$。其中，$r_6 \preceq r_3$ 表示角色 r_3 是 r_6 的前驱或支配者，或者说 r_6 是 r_3 的后驱或从属，此外，$r_1 \| r_2$，说明两者之间没有隶属或支配关系，这表明上述层次中存在了两个最高领导。

在图 12.2(a) 中，通过一张完全图表示了角色之间的关系，显然，这种表示过于复杂，在实际操作中可采用下面的矩阵予以表示：

$$\boldsymbol{M} = \begin{pmatrix} 1 & 0 & 1 & 1 & 1 & 1 & 1 & 1 & 1 \\ 0 & 1 & 0 & 1 & 0 & 1 & 1 & 1 & 1 \\ 0 & 0 & 1 & 0 & 1 & 1 & 0 & 1 & 1 \\ 0 & 0 & 0 & 1 & 0 & 1 & 1 & 1 & 1 \\ 0 & 0 & 0 & 0 & 1 & 0 & 0 & 1 & 0 \\ 0 & 0 & 0 & 0 & 0 & 1 & 0 & 1 & 1 \\ 0 & 0 & 0 & 0 & 0 & 0 & 1 & 0 & 1 \\ 0 & 0 & 0 & 0 & 0 & 0 & 0 & 1 & 0 \\ 0 & 0 & 0 & 0 & 0 & 0 & 0 & 0 & 1 \end{pmatrix} \tag{12.3}$$

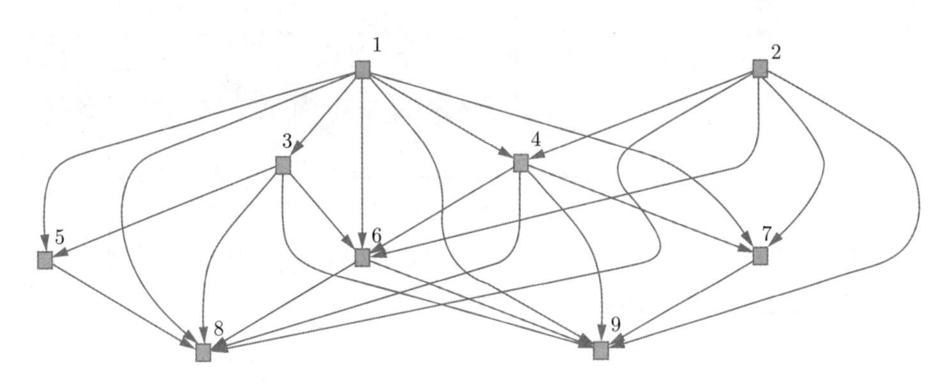

（a）角色之间的隶属关系

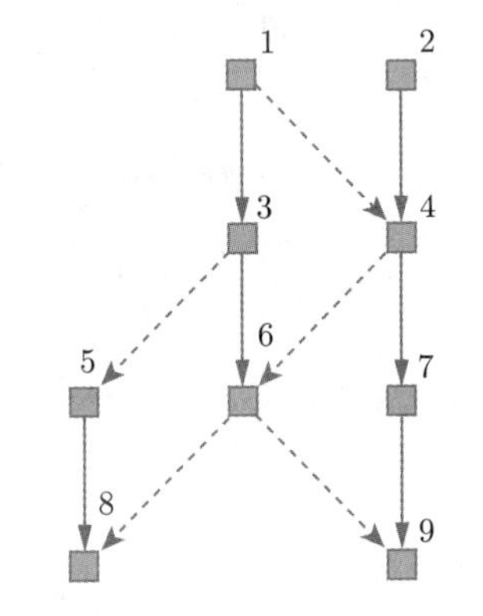

（b）采用偏序关系表示的角色见隶属关系

$$
\boldsymbol{D}=\begin{pmatrix} D_0 \\ D_1 \\ D_2 \\ D_3 \\ D_4 \\ D_5 \\ D_6 \\ D_7 \\ D_8 \\ D_9 \end{pmatrix}=\begin{pmatrix} 635 & 973 \\ 812 & 151 \\ 799 & 517 \\ 870 & 885 \\ 812 & 858 \\ 904 & 89 \\ 270 & 951 \\ 67 & 574 \\ 925 & 81 \\ 75 & 471 \end{pmatrix}
$$

（c）每个角色的公钥参数

图 12.2 角色层次中的角色关系

其中，第 i 行表示 r_i 的所有后驱集合 $\downarrow r_i$，例如，角色 r_3 的所有下属角色为

$$\downarrow r_3=\{r_3,r_5,r_6,r_8,r_9\}=(0,0,1,0,1,1,0,1,1)\in 2^{\mathrm{R}}$$

同样地，第 i 列表示 r_i 的所有前驱集合 $\uparrow r_i$，例如，角色 r_4 的所有上级角色为

$$\uparrow r_4=\{r_1,r_2,r_4\}=(1,1,0,1,0,0,0,0,0)\in 2^{\mathrm{R}}$$

为了简化角色之间的关系，可采用偏序关系对其进行简化，如图 12.2(b) 所示。这种表示更易于理解和进行数学推导，但在工程中采用前述稀疏矩阵或完全图表示则更为方便。

12.3 角色基加密定义

本节将介绍一个基于角色访问控制的角色基密码（Role-Based Cryptography, RBC）系统[16-17]，该系统可支持与 RBAC 相兼容的加密、身份认证和签名。本质上讲，角色基加密（Role-based Encryption，RBE）是一种群组加密技术，它并不是将明文加密后允许某个用户进行解密，而是明文加密给某些角色，这些角色中的用户都可以进行解密，特别是偏序关系的引入，使得 RBAC 中密文能满足其权利继承关系。

给定某一 RBAC 系统，RBE 是一种群组加密技术，可将消息按照某一角色 r_i 进行加密并发送给所有用户，但只有拥有角色 r_j 且 $r_i \preceq r_j$ 的用户能够进行解密。

首先介绍基于 RBAC 加密系统的模型：

定义 12.2（角色基加密） 给定一个 RBAC 访问控制系统 $\Psi = (\mathrm{U}, \mathrm{R}, \mathrm{P}, \mathrm{S})$，一个密码系统如果满足如下性质则将被称为角色基加密（RBE）：

① **系统建立**：给定 Ψ 和数学系统 S 生成系统主公钥 mpk 和主私钥 msk，即 $\mathrm{Setup}(S, \Psi) \to (mpk, msk)$。

② **角色密钥生成**：给定主公钥 mpk，对任意给定的角色 r_i 生成角色公钥 pk_i，即 $\mathrm{GenRKey}(mpk, r_i) \to pk_i$。

③ **用户密钥生成**：给定主私钥 msk，对任意给定的用户 u_{ij} 和它的标识 ID，生成用户私钥 sk_{ij}，其中，前下标 i 表示所在角色 r_i，后下标 j 表示在给定角色内的序号，即 $\mathrm{GenUKey}(msk, \mathrm{ID}, u_{i,j}) \to sk_{ij}$。

④ **加密**：给定主公钥 mpk、消息 M 和指定的接收角色 r_i，生产密文 C_i，即 $\mathrm{Encrypt}(mpk, r_i, M) \to C_i$。

⑤ **解密**：给定主公钥 mpk、用户私钥 sk_{jk} 和密文 C_i，如果 $r_i \preceq r_j$，那么可解密出明文 M，即 $\mathrm{Decrypt}(mpk, sk_{jk}, C_i) \to M$。

下面简要给出上述 RBE 系统的安全性定义：

① **完整性**：对于一个角色 r_i 下的密文 $C_i = \mathrm{Encrypt}(mpk, r_i, M)$，当且仅当 $r_i \preceq r_j$，任何拥有密钥 sk_{jk} 的用户可解密该密文，即加密与解密的关系满足如下等式：

$$\Pr[\mathrm{Decrypt}(mpk, sk_{jk}, \mathrm{Encrypt}(mpk, r_i, M)) = M : r_i \preceq r_j] = 1 \tag{12.4}$$

② **完备性**：对于一个角色 r_i 下的密文 $C_i = \mathrm{Encrypt}(mpk, r_i, M)$，当 $r_i \npreceq r_j$，任何用户（即使拥有密钥 sk_{jk}）都不可以解密该密文，即存在足够小的概率 ε，加密与解密的关系满足如下等式：

$$\Pr[\mathrm{Decrypt}(mpk, sk_{jk}, \mathrm{Encrypt}(mpk, r_i, M)) = M : r_i \npreceq r_j] < \varepsilon \tag{12.5}$$

对比传统公钥加密技术（如 RSA、ElGamal 等），RBE 作为群组密码系统除了考虑通常的（选择明文或选择密文下）语义安全之外，还需要考虑多用户之间的合谋攻击问题，这里仅给出其基本安全性定义。

12.4 角色基加密方案

给定任意一个 RBAC 的访问控制系统 $\Psi = (\mathrm{U}, \mathrm{R}, \mathrm{P}, \mathrm{S})$，基于具有双线性群下的椭圆曲线密码系统，文献 [16] 构造了一个 RBAC 兼容的角色基加密方案如下：

Setup(S,Ψ)：给定素数阶 p 椭圆曲线密码系统 $S=(p,G_1,G_2,G_T,e(\cdot,\cdot))$，随机生成两个生成元 $G\in G_1$ 和 $H\in G_2$。令在角色层次 $(\mathrm{R},\preceq)\in\Psi$ 中角色的集合为 $\mathrm{R}=\{r_1,\cdots,r_m\}$，为每个角色 r_i 选择一个随机数 $\tau_i\in\mathbb{Z}_p^*$ 以及 $\tau_0\in\mathbb{Z}_p^*$，定义主公钥为 $mpk=(H,V,D_0,\{D_i\}_{r_i\in\mathrm{R}})$，其中，

$$\begin{cases} D_0=G^{\tau_0} \\ D_i=G^{\tau_i} \qquad \forall r_i\in\mathrm{R} \\ V=e(G,H)\end{cases} \tag{12.6}$$

相应的系统管理员私钥为 $msk=(G,\tau_0,\tau_1,\cdots,\tau_m)$。

GenRKey(mpk,r_i)：给定角色 $r_i\in\mathrm{R}$，相应的角色密钥 pk_i 能被计算如下：

$$\begin{cases} pk_i=(H,V,W_i,\{D_k\}_{r_k\in\uparrow r_i}) \\ W_i=D_0\cdot\prod\limits_{r_i\not\preceq r_k}D_k\end{cases} \tag{12.7}$$

其中，$\uparrow r_i$ 表示所有比 r_i 资深的角色集合，即 $\uparrow r_i=\{r_k:\forall r_k,r_i\preceq r_k\}$，它也被称为 r_i 的控制域。为了方便起见，定义 $\zeta_i=\tau_0+\sum\limits_{r_i\not\preceq r_k}\tau_k$，可以导出

$$W_i=G^{\tau_0}\cdot\prod_{r_i\not\preceq r_k}G^{\tau_k}=G^{\tau_0+\sum\limits_{r_i\not\preceq r_k}\tau_k}=G^{\zeta_i} \tag{12.8}$$

GenUKey$(msk,\mathrm{ID},u_{i,j})$：给定新用户 $u_{ij}\in\mathrm{U}$ 和标识 ID。首先计算一个唯一性的整数 $x_{ij}=\mathrm{Hash}(\mathrm{ID},u_{ij})$，再计算用户私钥为 $sk_{ij}=(A_{ij},B_{ij})$，其中

$$\begin{cases} lab_{ij}=x_{ij}=\mathrm{Hash}(\mathrm{ID},u_{ij}) & \in\mathbb{Z}_p^* \\ A_{ij}=G^{\frac{x_{ij}}{\zeta_i+x_{ij}}} & \in G_1 \\ B_{ij}=H^{\frac{1}{\zeta_i+x_{ij}}} & \in G_2\end{cases} \tag{12.9}$$

最终，系统管理员将 $(u_{ij},\mathrm{ID},lab_{ij})$ 作为用户登记信息记录在公钥 pk_i 中，并秘密发送 sk_{ij} 给用户。

Encrypt(mpk,r_i,M)：给定消息 $M\in\{0,1\}^{|G_T|}$ 和指定的加密角色 r_i，首先调用 $\mathrm{GenRKey}(mpk,r_i)$ 生成角色密钥 pk_i，然后，随机选择一个整数 $t\in\mathbb{Z}_p^*$ 并计算密文 $C_i=(r_i,C_1,C_2,C_3,D'=\{D'_k\}_{r_k\in\uparrow r_i})$，其中，

$$\begin{cases} C_1=W_i^t & \in G_1 \\ C_2=H^t & \in G_2 \\ C_3=M\cdot V^t & \in G_T \\ D'_k=D_k^t & \forall r_k\in\uparrow r_i\end{cases} \tag{12.10}$$

Decrypt(sk_{jk}, C_i)：给定一个在角色 r_i 下的密文 C_i，所有在 $\uparrow r_i$ 中的用户 u_{jk}（保证 $r_i \preceq r_j$）可用密钥 $sk_{jk} = (A_{jk}, B_{jk})$ 解密消息如下：

$$V' = e\left(C_1 \cdot \prod_{r_l \in \Gamma(r_j, r_i)} D'_l, \mathrm{B}_{jk}\right) \cdot e(A_{jk}, C_2) \tag{12.11}$$

其中，$\Gamma(r_j, r_i) = \bigcup_{r_j \not\preceq r_t} \{r_t\} \setminus \bigcup_{r_i \not\preceq r_t} \{r_t\}$。最终，解密得到明文 $M = C_3/V'$。

上述方案中的核心问题是如何实现 RBAC 中角色层次等价的密码学表示，同时实现解密中的偏序关系，即只要满足 $r_i \preceq r_j$ 的用户都可以对密文进行解密。此外，方案中 D_0 节点的引入很重要，该结点是一个虚拟的最小权利角色结点，其目的是当 RBAC 中的某个角色 r_i 为最小权利结点时，$\{r_k : r_i \not\preceq r_k\} = 0$，此时 $W_i = D_0 \cdot \prod_{r_i \not\preceq r_k} D_k = D_0$，避免空值出现。

12.4.1 方案示例

假定给定一个 RBAC 系统 $\Psi = (\mathrm{U}, \mathrm{R}, \mathrm{P}, \mathrm{S})$，令 $\mathrm{R} = \{r_1, \cdots, r_9\}$，则其所形成的角色层次如图 12.2(a) 和 (b) 所示。下面选择两个用户 $\mathrm{U} = \{u_{1,1}, u_{6,1}\}$ 作为实例演示前述 RBE 方案的计算过程。

首先，选定椭圆曲线下具有双线性映射的密码系统，令椭圆曲线方程为

$$y^2 = x^3 + ax + b \pmod q$$

其中，$a = 37$，$b = 0$，$q = 1009$。该曲线的阶为 $\sharp E(F_{1009}) = 2 \times 5 \times 7 \times 17 = 1190$。

① 在系统建立阶段。令 $p = 5 \times 7 \times 17 = 595$（非素数，由上述椭圆曲线决定），选取 p 阶的生成元 $G = (925, 928)$ 和 $H = (984, 151)$。选择随机数

$$\tau = (\tau_0, \cdots, \tau_9) = \{482, 551, 137, 37, 346, 423, 415, 334, 298, 384\}_{595}$$

生成角色向量 $\boldsymbol{D} = (D_0, \cdots, D_9)$ 如图 12.2(c) 所示，进而计算 $V = e(G, H) = 302 \in F_{1009}$。最终输出 $mpk = (H, V, D_0, \{D_i\}_{r_i \in \mathrm{R}})$。

② 在角色密钥生成阶段。为了生成 r_6 的公钥 pk_i，首先从上节中的角色关系矩阵 $\boldsymbol{M}$ 得到 $\uparrow r_6 = \{r_k : r_6 \preceq r_k\} = \boldsymbol{M}_6 = (1, 1, 1, 1, 0, 1, 0, 0, 0) \in 2^{\mathrm{R}}$；再计算

$$\begin{aligned} \boldsymbol{M}'_6 &= \{r_k : r_6 \not\preceq r_k\} = \mathrm{R} \setminus \{r_k : r_6 \preceq r_k\} = \mathrm{R} \setminus \uparrow r_6 \\ &= \{r_5, r_7, r_8, r_9\} = (0, 0, 0, 0, 1, 0, 1, 1, 1) \in 2^{\mathrm{R}} \end{aligned}$$

再次，根据这一向量可计算

$$W_6 = D_0 \cdot \prod_{r_6 \not\preceq r_k} D_k = D_0 \cdot D_5 \cdot D_7 \cdot D_8 \cdot D_9$$

$$= D_0 \cdot \prod_{k=1}^{9} M'_{6,k} \cdot D_k = D_0 \cdot \langle \boldsymbol{M}'_6, \boldsymbol{D} \rangle = (75, 471)$$

其中，$\langle \cdot, \cdot \rangle$ 表示两向量的内积，最后，输出 $pk_6 = (H, V, W_6, \{D_k\}_{r_k \in \uparrow r_6})$。

同样地，可以计算 r_1 的公钥为 $pk_1 = (H, V, W_1, \{D_k\}_{r_k \in \uparrow r_1})$，其中，$W_1 = (417, 57)$。

③ 在用户密钥生成阶段。设有一个角色 r_6 下的用户 $u_{6,1}$，令其标识 $\text{ID}_{6,1}$ 为“Vincents”，将其转换为用户唯一标识如下：

$$x_{6,1} = \text{Hash}(\text{"Vincents"}) = 1\ 692\ 713\ 132\ 282\ 452\ 251$$

在此基础上采用与 W_6 相同的方法，由私钥 msk 计算 ζ_6 如下：

$$\begin{aligned} \zeta_6 &= \tau_0 + \sum_{r_6 \not\preceq r_k} \tau_k = \tau_0 + \tau_5 + \tau_7 + \tau_8 + \tau_9 \\ &= \tau_0 + \sum_{k=1}^{9} M'_{6,k} \cdot \tau_k \\ &= \tau_0 + \langle M'_6, \tau \rangle = 586 \pmod{595} \end{aligned}$$

计算用户私钥为 $sk_{6,1} = (\text{A}_{6,1}, \text{B}_{6,1})$，其中

$$\begin{cases} lab_{6,1} = x_{6,1} = 531 & \in \mathbb{Z}_p^* \\ \text{A}_{6,1} = G^{\frac{x_{ij}}{\zeta_i + x_{ij}}} = (812, 151) & \in G_1 \\ \text{B}_{6,1} = H^{\frac{1}{\zeta_i + x_{ij}}} = (519, 230) & \in G_2 \end{cases} \tag{12.12}$$

同样地，计算 $u_{1,1}$ 的密钥，令用户标识为 $\text{ID}_{1,1}$ 为“Crown”。采用相同的方法计算 $x_{1,1} = 8\ 738\ 607\ 684\ 305\ 242\ 823$，进而可得到 $\zeta_1 = 545 \pmod{595}$，计算用户私钥为 $sk_{1,1} = (\text{A}_{1,1}, \text{B}_{1,1})$，其中

$$\begin{cases} lab_{1,1} = x_{1,1} = 408 & \in \mathbb{Z}_p^* \\ \text{A}_{1,1} = G^{\frac{x_{ij}}{\zeta_i + x_{ij}}} = (270, 58) & \in G_1 \\ \text{B}_{1,1} = H^{\frac{1}{\zeta_i + x_{ij}}} = (672, 889) & \in G_2 \end{cases} \tag{12.13}$$

④ 在加密阶段。为加密针对角色 r_6 的消息 $M = 45$，选择一个随机数 $t = 258 \in \mathbb{Z}_p^*$，根据第二步中已知的 W_6 计算密文 $C_6 = (r_i, C_1, C_2, \{D'_k\}_{r_k \in \uparrow r_6})$，其中，

$$\begin{cases} C_1 = W_6^t = (925, 928) & \in G_1 \\ C_2 = H^t = (672, 120) & \in G_2 \\ C_3 = M \cdot V^t = 45 \times 431 = 355 & \in G_T \end{cases} \tag{12.14}$$

最后，对 $\forall r_k \in \uparrow r_6 = \{r_1, r_2, r_3, r_4, r_6\}$，计算下面的密文：

$$\boldsymbol{D}' = \begin{bmatrix} (925, 928), (443, 769), (870, 885), (635, 973), \\ \text{Null}, (870, 124), \text{Null}, \text{Null}, \text{Null} \end{bmatrix} \tag{12.15}$$

⑤ 在解密阶段。用户 $u_{6,1}$ 对密文进行解密，由于用户与密文同属于 r_6，因此有 $\Gamma(r_6,r_6)=\bigcup_{r_6\not\preceq r_k}\{r_k\}\setminus\bigcup_{r_6\not\preceq r_k}\{r_k\}=\varnothing$，这意味着 $\prod_{r_l\in\Gamma(r_j,r_i)}D'_l=(\infty,\infty)$。给定用户 $u_{6,1}$ 密钥 $sk_{6,1}=(\mathrm{A}_{6,1},\mathrm{B}_{6,1})$，解密消息如下：

$$V'=e(C_1,\mathrm{B}_{6,1})\cdot e(\mathrm{A}_{6,1},C_2)=935\cdot 935=431\in G_T \tag{12.16}$$

最终解密消息 $C_3/V'=45\in G_T$，解密成功。

下面再用 $u_{1,1}$ 的密钥进行解密，由于 $r_6\preceq r_1$，因此可以计算

$$\begin{aligned}\boldsymbol{\Gamma}(r_1,r_6)&=\bigcup_{r_1\not\preceq r_k}\{r_k\}\setminus\bigcup_{r_6\not\preceq r_k}\{r_k\}\\&=(0,1,1,1,1,1,1,1,1)-(0,0,0,0,1,0,1,1,1)\\&=(0,1,1,1,0,1,0,0,0)\in 2^{\mathrm{R}}\end{aligned}$$

根据这一向量，可计算 $\prod_{r_k\in\Gamma(r_1,r_6)}D'_k$ 为

$$\begin{aligned}D''&=\prod_{r_k\in\Gamma(r_1,r_6)}D'_k=\langle\Gamma(r_1,r_6),\boldsymbol{D}'\rangle\\&=D'_2\cdot D'_3\cdot D'_4\cdot D'_6=(748,988)\end{aligned}$$

给定用户 $u_{1,1}$ 密钥 $sk_{1,1}=(\mathrm{A}_{1,1},\mathrm{B}_{1,1})$，解密消息如下：

$$\begin{aligned}V'&=e(C_1+D'',\mathrm{B}_{1,1})\cdot e(\mathrm{A}_{1,1},C_2)\\&=e[(417,952),(672,889)]\cdot e[(270,58),(672,120)]\\&=302\cdot 105=431\in G_T\end{aligned}$$

最终解密消息 $C_3/V'=45\in G_T$，解密成功。

从上述两个解密过程可知，作为一种群组加密，RBE 可以有效地实现在 RBAC 模型下的信息共享，对系统内角色数目、用户数目都没有限制。

12.4.2 安全分析

首先，上述 RBE 方案满足完整性要求，当 $r_i\preceq r_j$ 时，可求 $\prod_{r_l\in\Gamma(r_j,r_i)}D'_l$，进而依靠下面的等式恢复出有效的 V^t：

$$\begin{aligned}V'&=e\left(C_1\cdot\prod_{r_l\in\Gamma(r_j,r_i)}D'_l,\mathrm{B}_{jk}\right)\cdot e(\mathrm{A}_{jk},C_2)\\&=e\left(W_i^t\cdot\prod_{r_l\in\Gamma(r_j,r_i)}D'_l,\mathrm{B}_{jk}\right)\cdot e(\mathrm{A}_{jk},H^t)\end{aligned}$$

$$
\begin{aligned}
&= e\left(D_0^t \cdot \prod_{r_i \not\preceq r_k} D_k^t \cdot \frac{\prod\limits_{r_j \not\preceq r_k} D_l'}{\prod\limits_{r_i \not\preceq r_k} D_l'}, \mathrm{B}_{jk}\right) \cdot e(\mathrm{A}_{jk}, H^t) \\
&= e\left(D_0^t \cdot \prod_{r_j \not\preceq r_k} D_l^t, \mathrm{B}_{jk}\right) \cdot e(\mathrm{A}_{jk}, H^t) \\
&= e\left(G^{\zeta_j t}, H^{\frac{1}{\zeta_j + x_{jk}}}\right) \cdot e(G^{\frac{x_{jk}}{\zeta_j + x_{jk}}}, H^t) \\
&= e(G, H)^{\frac{\zeta_j t}{\zeta_j + x_{jk}} + \frac{x_{jk} t}{\zeta_j + x_{jk}}} = e(G, H)^t = V^t
\end{aligned} \tag{12.17}
$$

其次，上述 RBE 方案通过将角色层次 RH 构造成为一个与之同构的密钥结构，被称为角色密钥层次（RKH），以实现角色偏序关系，角色层次 RH 与 RKH 保持同构 [17]，其具体证明可由感兴趣的读者自行完成。

上述所介绍的方案为 RBE 的最初版本，后续研究 [18] 中增加了用户撤销功能和角色撤销功能。从以上分析可知，上述 RBE 方案具有如下特点：

① 每个用户只需要保留一个解密私钥，该私钥含有用户的角色信息；

② 系统通过公钥存储角色层次信息；

③ 主密文 (C_1, C_2, C_3) 为定长，通过附加 $\boldsymbol{D}'$ 实现角色继承关系。

12.5 角色基签名定义

角色基签名（Role-based Signature，RBS）是角色基密码系统的重要组成部分，其能够按照角色对消息进行认证，也就是验证给定消息的来源是否属于某个特定的角色。

> 更确切地说，RBS 本质上是一个群签名，也就是一群相同性质的用户都可对某个消息进行签名，对其进行的验证也是核实签名者是否属于某一群体，而不是核实签名者是否为某一个个体。

定义 12.3（角色基签名） 给定一个 RBAC 访问控制系统 $\Psi = (\mathrm{U}, \mathrm{R}, \mathrm{P}, \mathrm{S})$，一个密码系统被称为角色基签名（RBS），如果该系统满足如下性质：

① **系统建立：** 给定 Ψ 和数学系统 S，生成系统主公钥 mpk 和主私钥 msk，即 $\mathrm{Setup}(S, \Psi) \to (mpk, msk)$；

② **角色密钥生成：** 给定主公钥 mpk，对任意给定的角色 r_i 生成角色公钥 pk_i，即 $\mathrm{GenRKey}(mpk, r_i) \to pk_i$；

③ **用户密钥生成：** 给定主私钥 msk，对任意给定的用户 u_{ij} 和它的标识 ID，生成用户私钥 sk_{ij}，其中，前下标 i 表示所在角色 r_i，后下标 j 表示在给定角色内的序号，即 $\mathrm{GenUKey}(msk, \mathrm{ID}, u_{ij}) \to sk_{ij}$；

④ **签名生成**：给定主公钥 mpk、用户私钥 sk_{ij} 和消息 M，可生成角色 r_i 下的签名 σ_i，即 $\text{Sign}(mpk, sk_{ij}, M) \to \sigma_i$；

⑤ **签名验证**：给定角色 r_i 下的公钥 pk_i、用户消息签名对 (M, σ_i)，如果签名者属于角色 r_i，那么返回 True；否则，返回 False，即 $\text{Verify}(pk_i, M, \sigma_i) \to \{\text{True}, \text{False}\}$；

⑥ **签名者跟踪**：给定主公钥 mpk、疑似用户集 $R_u = \{u_1, \cdots, u_k\}$ 及相应签名者秘密 RS 和签名 σ_i，可返回原始签名者 u_s，即 $\text{Trace}(mpk, R_u, \text{RS}, \sigma_i) \to u_s$。

上述定义额外增加了跟踪函数，目的是实现对签名的实际签名者身份进行确认，但这种确认需要知道某些疑似签名者的秘密 RS。对一个有效的跟踪算法而言，其所透漏的秘密并不能帮助敌手获得用户的密钥或者被用于伪造签名。

角色基签名依然需满足数字签名安全性的两个基本安全性质，具体定义如下。

① **完整性(completeness)**：对任意由用户 u_{ij} 生成的有效签名，验证算法都能以完全概率用角色公钥 pk_i 验证其所属的角色为 r_i，即

$$\Pr[\text{Verify}(pk_i, M, \text{Sign}(mpk, sk_{ij}, M)) = \text{True}] = 1 \tag{12.18}$$

② **完备性(soundness)**：对任意多项式时间概率算法 A，当没有指定角色 r_i^* 的密钥时，伪造签名通过验证的成功概率是可被忽略的，即存在足够小的概率 ε，满足

$$\Pr[\text{Verify}(pk_i, M, A(mpk, r_i^*, M)) = \text{True}] < \varepsilon \tag{12.19}$$

12.6 角色基签名方案

这里将介绍一种 RBS 方案 [16]，该方案建立在签名 RBE 方案基础上，并实现了签名用户的跟踪功能。在此 RBS 方案中，系统生成、用户密钥生成、角色密钥生成过程同前述 RBE 方案，其他函数构造如下：

Sign(mpk, sk_{ij}, M): 给定主公钥 mpk、用户私钥 $sk_{ij} = (lab_{ij}, \text{A}_{ij}, \text{B}_{ij})$ 和消息 M，首先调用 $\text{GenRKey}(mpk, r_i) = pk_i$ 获得角色 r_i 的公钥 $pk_i = (H, V, W_i, \{D_k\}_{r_k \in \uparrow r_i})$，应用上述信息生成签名过程如下：

① 随机选择两个整数 $\alpha, \beta \in \mathbb{Z}_p^*$ 并计算。

$$\begin{cases} C_1 = \text{A}_{ij} \cdot W_i^{\alpha} & \in G_1 \\ C_2 = \text{B}_{ij} \cdot H^{\beta} & \in G_2 \\ T = W_i^{\beta} & \in G_1 \end{cases} \tag{12.20}$$

② 随机选择 $r \in \mathbb{Z}_p^*$ 并计算。

$$\text{S} = e(W_i, H)^r \in G_T \tag{12.21}$$

③ 使用 Hash 函数计算挑战值 $c \in \mathbb{Z}_p^*$。

$$c = \text{Hash}(pk_i||r_i||M||C_1||C_2||\text{S}||T) \in \mathbb{Z}_p^* \tag{12.22}$$

④ 计算 $s = r + c(\alpha + \beta) \in \mathbb{Z}_p^*$。

最终，输出签名为 $\sigma_i = (r_i, C_1, C_2, T, c, s)$。

Verify(pk_i, M, σ_i)：给定消息签名对 $(M, \sigma_i) = [M, (r_i, C_1, C_2, c, s)]$，首先提取角色 r_i，调用 $\text{GenRKey}(mpk, r_i) = pk_i$ 获得角色 r_i 的公钥 $pk_i = (H, V, W_i, \{D_k\}_{r_k \in \uparrow r_i})$，然后按照以下步骤对签名进行验证：

① 计算下面等式，恢复 S 如下：

$$\text{S}' = \left(\frac{e(W_i, C_2) \cdot e(C_1, H)}{V}\right)^{-c} \cdot e(W_i, H)^s \tag{12.23}$$

② 计算 Hash 值 $c' = \text{Hash}(pk_i||r_i||M||C_1||C_2||\text{S}'||T) \in \mathbb{Z}_p^*$。

③ 如果 $c = c'$，那么输出 True；否则，输出 False。

Trace$(mpk, \text{R}_u, \text{RS}, \sigma_i)$：给定主公钥 mpk 和签名 σ_i，令疑似用户集为$\text{R}_u = \{u_1, \cdots, u_k\}$，跟踪过程需要获得每一名可疑用户 $u_s \in \text{R}_u$ 的信息 $\text{R}_s = (lab_s, \text{B}_s) \in \text{RS}$，由签名 σ_i 提取跟踪值 (C_2, T)，并验证下面等式是否成立：

$$e(W_i, C_2/\text{B}_s) = e(T, H) \tag{12.24}$$

如果成立，则返回签名者 u_s；否则，即可判定该用户不是签名者。

12.6.1 方案示例

本节将继续在前面角色基加密 RBE 方案的基础上给出角色基签名 RBS 的示例。下面将依然采用前节中 RBE 示例的前 3 步骤：系统建立、角色密钥生成、用户密钥生成，RBS 中新增的签名、验证、跟踪过程演示如下：

1. 在签名阶段

假设 r_6 中的用户 $u_{6,1}$ 对消息 M ="this is a example"进行签名，由上节可知 $sk_{6,1} = (lab_{6,1} = 531, A_{6,1} = (812, 151), B_{6,1} = (519, 230))$，此外 r_6 的公钥可知 $W_6 = (75, 471)$，签名过程如下：

① 随机选择两个整数 $\alpha = 62$ 和 $\beta = 423 \in \mathbb{Z}_p^*$ 并计算

$$\begin{cases} C_1 = \text{A}_{6,1} \cdot W_6^\alpha = (812, 151) \cdot (75, 471)^{62} = (635, 973) & \in G_1 \\ C_2 = \text{B}_{6,1} \cdot H^\beta = (519, 230) \cdot (75, 471)^{423} = (668, 990) & \in G_2 \\ T = W_6^\beta = (75, 471)^{62} = (682, 829) & \in G_1 \end{cases}$$

② 随机选择 $r = 187 \in \mathbb{Z}_p^*$ 并计算

$$\mathrm{S} = e(W_6, H)^r = e[(75, 471), (984, 151)]^{187} = 394 \in G_T \tag{12.25}$$

③ 使用 Hash 函数计算挑战值 $c \in \mathbb{Z}_p^*$:

$$c = \mathrm{Hash}(pk_6||r_6||M||C_1||C_2||\mathrm{S}||T) = 256 \in \mathbb{Z}_p^* \tag{12.26}$$

④ 计算 $s = r + c(\alpha + \beta) = 187 + 256 * (62 + 423) = 587 \in \mathbb{Z}_p^*$。

最终，输出签名为

$$\sigma_6 = (r_6, C_1, C_2, T, c, s) = [6, (635, 973), (668, 990), (682, 829), 256, 587]$$

2. 在验证阶段

采用 r_6 的公钥 W_6 进行验证，验证过程如下：

① 计算下面等式，恢复 S 如下：

$$\begin{aligned}\mathrm{S}' &= \left(\frac{e(W_i, C_2) \cdot e(C_1, H)}{V}\right)^{-c} \cdot e(W_i, H)^s \\ &= \left(\frac{e[(75, 471), (668, 990)] \cdot e[(635, 973), (984, 151)]}{302}\right)^{256} \cdot \\ &\quad e[(75, 471), (984, 151)]^{587} \\ &= \left(\frac{302 \times 105}{302}\right)^{256} \times 431^{587} \\ &= 302 \times 302 = 394 = \mathrm{S} \in G_T\end{aligned}$$

② 计算 Hash 值 $c' = \mathrm{Hash}(pk_i||r_i||M||C_1||C_2||\mathrm{S}'||T) = 256 \in \mathbb{Z}_p^*$;

③ 因为 $c = c'$，因而输出 True。

采用 r_2 的公钥 $W_2 = (748, 21)$ 进行验证，验证过程如下：

① 计算下面等式，恢复 S:

$$\begin{aligned}\mathrm{S}' &= \left(\frac{e(W_i, C_2) \cdot e(C_1, H)}{V}\right)^{-c} \cdot e(W_i, H)^s \\ &= \left(\frac{e[(748, 21), (668, 990)] \cdot e[(635, 973), (984, 151)]}{302}\right)^{256} \cdot \\ &\quad e((748, 21), (984, 151))^{587} \\ &= \left(\frac{1 \times 105}{302}\right)^{256} \times 1^{587} \\ &= 859^{256} \times 1 = 105 \neq \mathrm{S} \in G_T\end{aligned}$$

② 计算 Hash 值 $c' = \mathrm{Hash}(pk_i||r_i||M||C_1||C_2||\mathrm{S}'||T) = 340 \in \mathbb{Z}_p^*$。

③ 因为 $c \neq c'$，因而输出 False，表明签名者的角色不是 r_2。

3. 跟踪过程

给定主公钥 mpk 和签名 σ_6，令疑似用户集为 $\mathrm{R}_u=\{u_{6,1},u_{1,1}\}$，这两个用户的私钥见上节。下面分别演示跟踪过程。

① 对用户 $u_{6,1}$ 进行跟踪，只需要给定用户私钥中的部分信息 $\mathrm{R}_{6,1}=(lab_{6,1},\mathrm{B}_{6,1})=[531,(519,230)]$，跟踪过程如下：

$$\begin{aligned}e(W_i,C_2/\mathrm{B}_s)&=e[(75,471),(668,990)/(519,230)]\\&=e[(75,471),(200,763)]=859\in F_{1009}\\e(T,H)&=e[(682,829),(984,151)]=859\in F_{1009}\end{aligned}$$

因为上述两个值相等，故返回签名者为 $u_{6,1}$。

② 对用户 $u_{6,1}$ 进行跟踪，输入私钥中的部分信息 $\mathrm{R}_{1,1}=(lab_{1,1},\mathrm{B}_{1,1})=(408,(672,889))$，跟踪过程如下：

$$\begin{aligned}e(W_i,C_2/\mathrm{B}_s)&=e[(75,471),(668,990)/(672,889)]\\&=e[(75,471),(309,134)]=394\in F_{1009}\\e(T,H)&=e[(682,829),(984,151)]=859\in F_{1009}\end{aligned}$$

因为上述两个值不相等，故签名者不是 $u_{1,1}$。

12.6.2　安全分析

本节将简单讨论 RBS 签名方案的有效性和安全性。对于一个有效的签名而言，验证算法将以概率 1 使得角色 r_i 的公钥 pk_i 通过验证。首先，下面等式将用于验证用户密钥 $(\mathrm{A}_{ij},\mathrm{B}_{ij})$ 的有效性：

$$\begin{aligned}e(W_i,\mathrm{B}_{ij})\cdot e(\mathrm{A}_{ij},H)&=e(G^{\zeta_i},H^{\frac{1}{\zeta_i+x_{ij}}})\cdot e(G^{\frac{x_{ij}}{\zeta_i+x_{ij}}},H)\\&=e(G,H)^{\frac{\zeta_i}{\zeta_i+x_{ij}}+\frac{x_{ij}}{\zeta_i+x_{ij}}}=e(G,H)\end{aligned}\tag{12.27}$$

根据上述等式，验证算法的第一步将恢复出 S，也就是对于有效签名 σ，下面等式将使得 $\mathrm{S}'=\mathrm{S}$ 成立：

$$\begin{aligned}\mathrm{S}'&=\left(\frac{e(W_i,C_2)\cdot e(C_1,H)}{V}\right)^{-c}\cdot e(W_i,H)^s\\&=\left(\frac{e(W_i,\mathrm{B}_{ij}\cdot H^{\beta})\cdot e(\mathrm{A}_{ij}\cdot W_i^{\alpha},H)}{e(G,H)}\right)^{-c}\cdot e(W_i,H)^s\\&=\left(\frac{e(W_i,\mathrm{B}_{ij})\cdot e(W_i,H^{\beta})\cdot e(\mathrm{A}_{ij},H)\cdot e(W_i^{\alpha},H)}{e(G,H)}\right)^{-c}\cdot e(W_i,H)^s\end{aligned}$$

$$= \left(e(W_i, H^\beta) \cdot e(W_i^\alpha, H)\right)^{-c} \cdot e(W_i, H)^s$$
$$= e(W_i, H)^{-c(\alpha+\beta)} \cdot e(W_i, H)^s = e(W_i, H)^r = \mathrm{S} \in G_T \tag{12.28}$$

基于有效的 S'，可以求得正确的 Hash 值 $c' = c$，因而验证签名的正确性。

上述验证过程能够验证签名的原始签名者属于某一角色 r_i，但是并不能知道签名者具体是谁，也就是提供了签名者的匿名性。在某些时候需要公开签名者的身份，此时就需要签名者提供部分密钥信息 $(lab_{ij}, \mathrm{B}_{ij})$ 以对其真实身份进行验证，这被称为签名者跟踪（Signer Tracing）。跟踪算法是通过签名中附带的 $T = W_i^\beta$ 实现的，即下面等式成立：

$$e(W_i, C_2/\mathrm{B}_{ij}) = e\left(W_i, \frac{\mathrm{B}_{ij} \cdot H^\beta}{\mathrm{B}_{ij}}\right) = e(W_i, H^\beta)$$
$$= e(W_i^\beta, H) = e(T, H)$$

上述跟踪过程并不需要使用用户的私钥 A_{ij}，这样可保证跟踪者无法获得用户全部私钥进而伪造签名。

如果原始签名者提供了一个无效的 T，由于签名验证过程中并没有对 T 的有效性进行验证，那么上述跟踪算法将失效。针对这一问题，可要求签名者提供完整的密钥信息 $sk_{ij} = (lab_{ij}, \mathrm{A}_{ij}, \mathrm{B}_{ij})$，此时可不用 T 而直接通过签名信息对签名者身份进行核定：

$$\mathrm{S}' \cdot (e(C_1/\mathrm{A}_{ij}, H) \cdot e(W_i, C_2/\mathrm{B}_{ij}))^c = e(W_i, H)^s \tag{12.29}$$

最后，RBS 签名方案依然需要满足一般签名的抗伪造性要求，已有工作 [16] 对此进行了分析，分析结果表明上述 RBS 方案可达到抗存在性伪造攻击的安全性；其次，方案作为群签名的一种，也能满足其匿名性要求。

12.7 小　　结

本章在前述数字认证技术基础上对密码学安全系统的设计进行了阐述和实例分析，并结合角色基访问控制介绍了一种角色基密码（RBC）系统的概念和架构，在此基础上给出了具体的角色基加密（RBE）方案和角色基签名（RBS）方案设计及示例。通过本章的学习，读者能够对复杂密码系统设计建立一个基本的思路，并学习将数字认证技术与实际系统相结合的具体方法。

参考文献

[1] SHAMIR A. SQUASH-A new MAC with provable security properties for highly constrained devices such as RFID tags[C]//International workshop on fast software encryption. Springer, Berlin, Heidelberg, 2008: 144-157.

[2] DAMGÅRD I B. A design principle for hash functions[C]//Conference on the Theory and Application of Cryptology. Springer, New York, NY, 1989: 416-427.

[3] GAURAVARAM P, KELSEY J. Linear-XOR and additive checksums don't protect Damgård-Merkle hashes from generic attacks[C]//Cryptographers' Track at the RSA Conference. Springer, Berlin, Heidelberg, 2008: 36-51.

[4] NGUYEN P Q, REGEV O. Learning a parallelepiped: Cryptanalysis of GGH and NTRU signatures[C]//Annual International Conference on the Theory and Applications of Cryptographic Techniques. Springer, Berlin, Heidelberg, 2006: 271-288.

[5] HOFFSTEIN J, PIPHER J, Silverman J H, et al. An introduction to mathematical cryptography[M]. New York: Springer, 2008.

[6] CHAUM D. Blind signatures for untraceable payments[C]//Advances in cryptology. Springer, Boston, MA, 1983: 199-203.

[7] ZHU Y, WANG H X, HU Z X, et al. Zero-knowledge proofs of retrievability[J]. Science China Information Sciences, 2011, 54(8): 1608.

[8] ZHU Y, HU H, AHN G J, et al. Cooperative provable data possession for integrity verification in multicloud storage[J]. IEEE Transactions on Parallel and Distributed Systems, 2012, 23(12): 2231-2244.

[9] ZHU Y, AHN G J, HU H, et al. Dynamic audit services for outsourced storages in clouds[J]. IEEE Transactions on Services Computing, 2011, 6(2): 227-238.

[10] ZHU Y, MA D, HU C, et al. Secure and efficient random functions with variable-length output[J]. Journal of Network and Computer Applications, 2014, 45: 121-133.

[11] CHAUM D, VAN ANTWERPEN H. Undeniable Signatures[C]//Advances in Cryptology—CRYPTO'89 Proceedings. Springer Berlin/Heidelberg, 1990: 212-216.

[12] JAKOBSSON M, SAKO K, IMPAGLIAZZO R. Designated Verifier Proofs and Their Applications[C]//Advances in Cryptology—EUROCRYPT'96. Springer Berlin/Heidelberg, 1996: 143-154.

[13] ZHENG Y. Digital signcryption or how to achieve cost (signature & encryption)≪cost (signature)+ cost (encryption)[C]//Annual international cryptology conference. Springer, Berlin,

Heidelberg, 1997: 165-179.

[14] SHAMIR A. Identity-Based Cryptosystems and Signature Schemes[C]//Advances in Cryptology. Springer Berlin/Heidelberg, 1985: 47-53.

[15] MAMBO M, USUDA K, OKAMOTO E. Proxy signatures for delegating signing operation[C]// Proceedings of the 3rd ACM Conference on Computer and Communications Security. 1996: 48-57.

[16] ZHU Y, AHN G J, HU H, et al. Role-based cryptosystem: A new cryptographic RBAC system based on role-key hierarchy[J]. IEEE Transactions on Information Forensics and Security, 2013, 8(12): 2138-2153.

[17] ZHU Y, HUANG D, HU C J, et al. From RBAC to ABAC: Constructing Flexible Data Access Control for Cloud Storage Services[J]. IEEE Transactions on Services Computing, 2015, 8(4): 601-616.

[18] ZHU Y, HU H X, AHN G J, et al. Provably secure role-based encryption with revocation mechanism[J]. Journal of Computer Science and Technology, 2011, 26(4): 697-710.

图书资源支持

感谢您一直以来对清华版图书的支持和爱护。为了配合本书的使用，本书提供配套的资源，有需求的读者请扫描下方的“书圈”微信公众号二维码，在图书专区下载，也可以拨打电话或发送电子邮件咨询。

如果您在使用本书的过程中遇到了什么问题，或者有相关图书出版计划，也请您发邮件告诉我们，以便我们更好地为您服务。

我们的联系方式：

地　　址：北京市海淀区双清路学研大厦 A 座 714

邮　　编：100084

电　　话：010-83470236　010-83470237

客服邮箱：2301891038@qq.com

QQ：2301891038（请写明您的单位和姓名）

资源下载：关注公众号“书圈”下载配套资源。

资源下载、样书申请

书圈

图书案例

清华计算机学堂

观看课程直播